高等教育"十二五"规划教材

U0735300

计算技术

Jisuan Jishu

主　编　邵春梅　孟祥英

副主编　肖　昆　刘　博　朱庆林

主　审　郭　红

中国矿业大学出版社

内 容 提 要

本书根据财经类学校计算技术课程教学计划和教学大纲编写,书中系统翔实地介绍了珠算的基础知识、珠算基本算法、乘除法—口清算法、珠算差错与检查法和手工点钞与传票算法。全书共分七章,采用图文结合方式对各种计算方法进行阐述,通俗易懂,便于珠算学习。此外,各章节后还编排适当习题,使读者边学边练,巩固知识。本书不仅适合于高等院校等财经类院校使用,也可作为职工大学、电视大学及函授大学教学用书。

图书在版编目(CIP)数据

计算技术/邵春梅,孟祥英主编.—徐州:中国矿业大学出版社,2011.7

ISBN 978 - 7 - 5646 - 1095 - 1

Ⅰ.①计… Ⅱ.①邵… ②孟… Ⅲ.①珠算—教材

Ⅳ.①O121.5

中国版本图书馆 CIP 数据核字(2011)第 111154 号

书 名	计算技术
主 编	邵春梅 孟祥英
责任编辑	周 红 褚建萍
出版发行	中国矿业大学出版社有限责任公司
	(江苏省徐州市解放南路 邮编 221008)
营销热线	(0516)83885307 83884995
出版服务	(0516)83885767 83884920
网 址	http://www.cumtp.com E-mail:cumtpvip@cumtp.com
印 刷	徐州中矿大印发科技有限公司
开 本	787×960 1/16 印张 17.25 字数 333 千字
版次印次	2011 年 7 月第 1 版 2011 年 7 月第 1 次印刷
定 价	26.00 元

(图书出现印装质量问题,本社负责调换)

前　言

当今社会,珠算、电子计算器和电子计算机作为三大计算手段在社会经济生活中被广泛应用。珠算作为我国传统文化之一,仍然发挥着不可替代的作用,尤其是在连加连减运算方面。

本书本着深入浅出、通俗实用、易学易懂的原则,全面系统地介绍了珠算的基础知识和加、减、乘、除的计算方法。在技术上突破了传统的口诀束缚,还通过直观形象的运珠形态,使读者能在较短的时间里很快掌握运算方法。为了提高计算速度,在基本加减法的基础上介绍了珠算简捷加减法,在乘法的空盘前乘法基础上介绍了乘法的其他方法,在除法的商除法基础上介绍了除法的其他方法。为提高学生的运算准确度,介绍了珠算差错与检查法。另外,还介绍了一口清乘除法、手工点钞与传票算法等,并附有全国珠算技术等级鉴定标准练习题。本书不仅适合于高等院校、大中专及职业财经院校的珠算教学,同时也适用于珠算选手的培训和自学。

本书由邵春梅(黑龙江科技学院)、孟祥英(黑龙江科技学院)担任主编,肖昆(黑龙江科技学院)、刘博(黑龙江省对外经贸集团有限责任公司)、朱庆林(黑龙江科技学院)担任副主编。全书由郭红(黑龙江科技学院)主审。编写分工如下:第一章、第四章由邵春梅编写,第二章由孟祥英编写,第三章、第五章由肖昆编写,第六章由刘博编写,第七章由朱庆林编写。

由于编者水平有限,书中难免出现疏漏之处,敬请读者批评指正。

编　者

2011 年 3 月

目　　录

第一章　珠算的基础知识

第一节　珠算的起源和发展

　　珠算是以算盘为工具,以数学理论为依据,用手指拨动算珠进行数值计算的一门应用计算技术。我国是珠算的发明国,素有"珠算故乡"之称。珠算历史悠久,是我国文化宝库的优秀科学文化遗产之一。

一、我国珠算的起源和发展

　　在漫长的人类文明发展进程中,中华民族的祖先在识数、记数和计算方面有着突出的智慧和明显的成果。随着社会的发展,生产分工的细化,人们创造了许多计算工具和计算方法。在历史上,我国长期应用的主要是筹算和珠算。通过大量史料考证可以知道,珠算的发展历史,大致可以分为几个阶段,概括起来为:"源出商周,始于秦汉,成型唐宋,鼎盛于明,发展在今。"

　　(一)第一阶段

　　尚未固定成型的珠算及算盘与其他计算技术同时并存,大致上可将从西周之前到汉代这一阶段称之为初级阶段。

　　根据历史资料推测,我国西周时期开始用算筹和算珠作为专门工具进行计算。

　　1. 算筹

　　算筹是用竹、木或骨料制成的长条杆子,装在算袋或算筒中使用。用算筹表示数值的方法有纵和横两种。纵式表示为 ∣∣∣∣∣∣∣∣∣∣∣∣∣⊤⊤⊤⊤⊤ ,横式表示为 — ═ ═ ═ ═ ⊥ ⊥ ⊥ ⊥ ,记数以纵横相间为原则。如 234 表示为 ∣∣ ∣∣∣ ∣∣∣∣ ,204 表示为∣∣　　∣∣∣∣(0 以空格表示)。以算筹为专门工具进行计算的过程称之为筹算。

　　2. 算珠

　　算珠是用陶木、骨质原料制成的丸子,以颜色来区分数值。1976 年 3 月,在陕西省岐山县凤雏村出土的西周早期宫室遗址中的 90 颗带色陶丸,它与东汉末期《数术记遗》中所记载的一些以珠计算的史实相吻合。这说明我国古时,甚至比西周更早一些时候,已有应用珠进行计算的事实了。以算珠为专门工具进行计算的过程称之为珠算。

3.《数术记遗》中的六种算法

在珠算的古籍书册中,迄今仅发现东汉徐岳所精心撰写,北周的汉中郡守、前隶臣甄鸾所注的《数术记遗》成书为最早。

在《数术记遗》的原文中,仅记述了有珠算,"控带四时,经纬三才"一语,后来注文对算盘结构——游珠算盘,作了进一步说明,并且介绍了珠算法的一个核心问题——五升制。注曰:"刻板为三分,其上下二分,以停游珠,中间一分以定算位。位各五珠,上一珠与下四珠……所领,故云'控带四时'。其珠游于三方之中,故云'经纬三才'也。"

《数术记遗》中不仅记述了珠算,实际上在该书中还记述了另外五种算法,即"太乙"、"两仪"、"三才"、"九宫"和"个知"五种算法。这五种算法虽无珠算之名,而实际上为十进位制珠算,鲜明地反映了前人"操珠运算"的思想。通过不断地比较和改进,促进了以五升制为核心的传统珠算体系的产生和发展。

(二)第二阶段

汉代以后,从许多计算工具和计算方法演变到以筹算和珠算为主。由于筹算排列数码存在用筹多、动作多、计算费时等缺点,不能适应经济文化的发展而计算工作日益复杂的需要,从而产生了珠算。

到了唐代,我国封建社会进入到政治稳定、经济繁荣、文化发展的昌盛时期。随着生产的发展和外贸交流的扩大,经济计算工作更趋复杂、繁重,这也促进了算具的改革和发展,使古代的游珠算盘逐渐演变成为现代的穿档算盘。算盘吸取其他算具之长而改革为固定成型的算盘。从算法上,筹、珠是一脉相通,取长补短,以适应客观经济发展的需要。

唐代以后,在计算方法上有了很大改进,出现了"求一法"、"重因法"、"身外加"、"身外减"等等。

宋、元时代,珠算日趋完善,已有"算盘"这个名词,以算盘为计算工具亦开始在民间流行。北宋著名画家张择端所绘《清明上河图》左端,赵太丞家药铺柜台上就放置有一记账水牌和一架十五格(档)七个黑点(珠)大算盘。北宋钱易撰著《南部新书》书中提及"但用诸法径门,取其简要,若鼓珠之法,且凝滞于乘法"。宋末元初人刘因,曾著《静修先生文集》中有一首算盘诗。元朝初期至大三年,画家王振鹏所绘《乾坤一担图》(即货郎担图)货担上挂有一架完整的十五档七珠大算盘。元末陶宗仪著《辍耕录》中记有"凡纳婢仆,初来时曰擂盘珠,言不拨自动,稍久,曰算盘珠,言拨之则动……",以拨珠形容人物。由此可见,我国珠算早就固定成型,到宋元时期已是家喻户晓,达到普遍使用的程度了。在珠算计算方法上也有了进一步改进,如"增成法"、"多位数乘法"、"重乘法"、"损乘法"、"相乘法"、"以乘代除法"、"归除法"、"斤两法"、"正负数除法"等算法,都是当时发展起来的。

（三）第三阶段

明代是我国历史上珠算发展的鼎盛时期,珠算著书立说者相继出现,如其中一部代表作——程大位著《算法统宗》（公元 1592 年）,就系统而较完整地叙述了珠算的算理算法等内容。明朝中叶,我国算盘经朝鲜传入日本,以后又流传到世界各地。从 15 世纪中叶至 17 世纪初的明、清时代,有关珠算的书籍还有《九章详注比类算法大全》、《算学宝鉴》、《数学通轨》、《算法纂要》、《算法指南》等,珠算算法也达到了完善的地步。清朝时代不但继承和发扬了明代的珠算成果,而且有了进一步创新,甚至还将珠算纳入学校讲授的课程。综合明、清年代的珠算算法并加以改进,创新出加减法口诀,完善了以口诀为指导的珠算系统,出现了"商归法"、"飞归法"、"流法"等各种乘除计算法,发展了"凑倍乘除法"、"损乘法"以及各种"后乘法"等。

（四）近现代阶段

民国初期,随着民族工商业的发展,国内市场逐步扩大,商埠增加,金融业兴起,汇兑、存款业务随之增多,计算日趋繁重,珠算亦由此而得到进一步发展,在算法上对原有的"金蝉除法"、"商除法"、"补数乘除法"、"乘归法"等作了不少改进,并出现了"省乘省除法"等计算方法。20 世纪初在珠算教学上也得到了重视,珠算已成为小学及各类财经学校必修的课程。1912 年教育部还规定了小学课程 7 年中的后 4 年都要学习珠算,后来又增加了 1 年。由于将珠算列入教学课程,各类珠算课本、书籍出版相继增多。据不完全统计,从 1911 年开始的 30 年间,出版的珠算书籍有 80 多种版本。

新中国成立后,珠算技术得到较大发展,在普及珠算、改革算具、算法研究、三算结合教学等方面,都取得了较大的成就,并成立了"中国珠算协会",推动了珠算事业的发展。在建国初期各地广泛地举办了各种形式的珠算培训班、速成班,并解决小学珠算教学问题,推广乘除计算不用口诀的"速成珠算法",改"小九九口诀"为"大九九口诀",以便于运算。在珠算计算方法方面也有不少新的研究和改进,如推广心算和珠算结合的"加减速算法"、"乘除速算法"以及运用珠算解代数方程等新方法。珠算受到党和国家领导人的重视。1972 年,周恩来总理在会见美籍华人李政道博士时说,"要告诉下面,不能把算盘丢掉。"改革开放以后,珠算的理论研究和实际操作都有了很大的发展和提高。1979 年成立了"中国珠算协会",加强了国际间与民间的交流,各种珠算刊物相应出版,还开展了各种形式的珠算培训和普及活动,经常举办珠算技术比赛。1985 年财政部还颁发了《全国珠算技术等级鉴定标准》,作为考核会计人员珠算技术水平的标准。此外,还改进了珠算教育方法,推广了"三算"教学,改革了算盘,在原有的上二珠下五珠的七珠大算盘的基础上,又同时增加了上一珠下四珠、体积小、档位多、有定位标记和装有清盘器的菱珠小算盘,提高了计算速度。与此同时,还加强了珠算的算理和算法的研究,把珠算这门应用学科提高到一个新的水平。

二、珠算的国际化发展

我国发明的珠算技术和算盘,从明代起先后传到朝鲜、日本、越南、泰国等邻国,以后又辗转传到西方一些国家。美国是发明电子计算机的国家,近年来也派留学生去日本学习珠算技术,或请日本珠算专家到美国讲授。他们把珠算当做"新文化"引进,纳入研究课题,并成立了"美利坚珠算教育中心"加以推广运用。在日本有数以万计的珠算学校补习珠算,几十个团体及刊物开展珠算学术研究。

1980年8月中国珠算协会代表团参加了在日本召开的"国际珠算教育者会议",并由中国、日本、美国、巴西、韩国等珠算教育工作者代表联合签署了《珠算教育者会议宣言》。中国的算盘和珠算对世界产生了深远的影响。

当今是电子计算机盛行的时代,但珠算为什么仍在不断发展而又呈现着旺盛的生命力呢?那是因为,珠算从诞生至今已经形成了一个独立、完整的理论体系和独特的计算体系,并成为一门独立的学科。算盘构造简单,造价低廉,易学易会,操作方便,算理恢宏。它与电子计算器并不矛盾,两者相辅相成,相得益彰。特别是在加减运算上,珠算比电子计算器快得多。另外,打算盘通过手指的来回拨动,刺激脑髓中的手指运动中枢,使智力得以提高,而用计算器则使思维能力普遍下降。尽管当今世界的计算工具已进入电子时代,但在我国算盘仍会继续与电子计算器并存使用,并仍然具有广阔的应用前景。

在我国的经济工作中,有80%以上的计算工作靠珠算完成,每天大约有2 000万的财会人员在使用算盘。长期以来,珠算对社会、经济、文化及科学的发展起了重要作用。我们要努力学好珠算,弘扬这一文化遗产,使它更好地为社会主义经济建设服务。

第二节　珠算的功能

一、珠算具有计算功能

珠算与数学的运算关系是人们熟知的,算盘作为珠算的计算工具,在数学理论模型方面有独到的好处,如将珠算系统作为计算机模型,不仅惟妙惟肖,而且半具体半抽象,是由具体到抽象过度的桥梁。李政道博士说过:"中国在计算机方面应该比谁都先进,中国算盘就是最古老的计算机。"数学理论的公理化思想与珠算的机械化思想在电脑的惟妙惟肖的程序化中融会贯通,各展所长。

珠算本身具有电子计算器所无法取代的优势,在加、减尤其是在多笔、多位数的连加方面,按键不如拨珠方便。如:$1\,608+250=1\,858$。珠算在加、减方面的计算还是永葆青春的。而加、减运算在财经业务计算中的比重在80%以上,所以说珠算在现实计算中还占有极其重要的地位。有人计算,一个17档的7珠算盘,清盘后,从零开始,以最快的拨珠手法,将珠以"一"逐珠进位,全部进完,需要5 280余万年。算盘结构简单,算理却异常恢宏,国外有人称它是"东方的魔珠"。

二、珠算具有启智功能

珠算是靠拨动算珠运算的,学习珠算技术的过程,也是训练灵活的手指动作、敏锐的目光扫视、高强的记忆能力、紧张的脑力活动的过程。因此,经常打算盘可以训练眼、脑、手协调能力,增强思维活动,培养敏捷细致的工作作风。

正常人脑有140多亿个神经元,它们之间有许多神经纤维相连,每个神经元相当于一台电子计算机,负责接受、处理、输出各种信息,存储量相当大,其潜力可以说是无穷的。打算盘就是开发人脑智力的一种良好途径。打算盘表面看来似乎单纯只是手指在算盘上来回拨动,实则是一种高难度的立体思维运动,是智力、技能与技巧的结合。首先要眼观,然后将有关数的信息传递给大脑,通过神经系统指挥手指拨珠,最后要抄写数据。眼观——脑闪——手动三位一体的反复循环,通过手指活动刺激脑髓中的手指运动中枢,就能使全部智力得以提高。东西方学者一致认为,珠算对人类的聪明智慧开发是有巨大作用的。

日本文部省规定,从1972年,珠算是小学生的必修课,小学生珠算学习时间从原来的三年增至四年,在数学教学中禁止使用电子计算器。"读书、写字、打算盘是教育的基础",被列为日本国民应当掌握的三大基本技能。这是日本各界人士广泛认同的信条。日本大约有5万所珠算补习学校。全国每年参加珠算技术等级鉴定的人多达600万。许多单位对受聘人员提出的条件之一,必须具有珠算等级证书。日本松下电器公司就设有珠算部,他们认为,对实业界人士来说,学习珠算、尤其是学习珠心算特别有用。日本一些大型的企业在招工、考评职工时,其中珠算或暗算(心算)达到高段位者优先录用,给予奖励,其目的在于检验一个人的智慧、能力、品格水平。日本人历来以计算水平高超而自豪。日本前首相中曾根康弘曾经说:"外国人看日本之所以突飞猛进,颇感惊奇,或许他们没有想象到日本人之所以有今天,乃是因为日本曾以珠算为中心而创造了优异的计算能力。"日本的教育学、心理学、生理学、数学等方面的专家对算盘和珠算作了深入研究,使得日本的珠算水平在近几十年来一直保持世界领先地位。1984年,美国宇航员弗雷得理克·古雷格里上校专门接受了珠算的加、减、乘、除、平方的计算学习。因为宇航员无论从体力、精神和知觉判断力以及其他各方面都需要全面的、严峻的考验,而珠算对培养宇航员必须具备的这些能力是有帮助的。

三、珠算的教育功能

珠算以珠计数,珠动数出,数的概念形象具体,又可以反映计算的思维过程,它既是算具,又是教具,尤其适合对小学生进行数的启蒙教育。专家认为,4～11岁学习珠算是最佳时期,培养学生良好的心理素质(精力集中、反应敏捷等)。通过珠心算的训练可以培养学生的非智力因素。

美国在中小学增加了现代数学知识,为缩短计算时间,他们在小学生中广泛采用微型电子计算器,结果使孩子们的思维能力普遍下降。20世纪70年代,日本开始派人到美国的150所学校授课珠算。1975年,又给美国教师举办了珠算讲座。美国舆论界呼吁"珠算应作为新文化引进"。1977年,号称"计算机王国"的美国以西海岸为中心,在小学全面开设珠算课。接着,加利福尼亚大学也建立"珠算教育中心"。巴西一个州的21所高校将珠算作为必修课。

珠算等级鉴定需要在二十分钟内,做题量达到规定的要求才能达到等级标准。例如:普通级3～5级的鉴定,要求加减乘除各对8题,才能达到预定的等级。要求学生不但有熟练的技能,还要有良好的心理素质,在珠算学习中可以培养一个人顽强的意志和刻苦精神。珠心算的训练,要求学生注意力集中,看数、听数都需要大脑进行一定的储存、记忆,长期训练学生的注意力,记忆的速度和广度都有了提高,有助于培养学生良好的个性心理品质。

四、珠算具有健身功能

意念珠算教育是在珠心算基础上发展起来的教育品牌,意念珠算教育是以意念为核心,以算盘为主载体,多元早期开发儿童全脑,激发儿童固有的自然潜能的有氧健脑操。如何提高大脑的血氧饱和度,使大脑生物磁场有序、净化,提高人的学习、生活质量,将成为新世纪关注的新课题。随着有氧健身操的推广,有氧健脑操也应运而生。算盘的健身功能也在发展。打算盘通经活络,刺激手指经穴(神经末梢),"珠动、心动、十指动",给脑细胞以直接的刺激,可以防止和延缓细胞的衰竭过程。在日本,每周举行一次"老人珠算讲座",老人生命有了坚定感,脑子也不易糊涂,强身长寿。年轻时打算盘,老年受益,强脑、健身、益寿。

第三节　珠算的基础知识

一、算盘的构造和种类

(一)算盘的构造

算盘是珠算的计算工具,学习珠算首先要了解算盘的构造。尽管各种类型的算盘在珠型、档数、每档算珠数量以及制作原材料等方面存在着差异,但它们的构造是基本相同的,都是由框、梁、档、珠四部分组成,如图 1-1 所示。

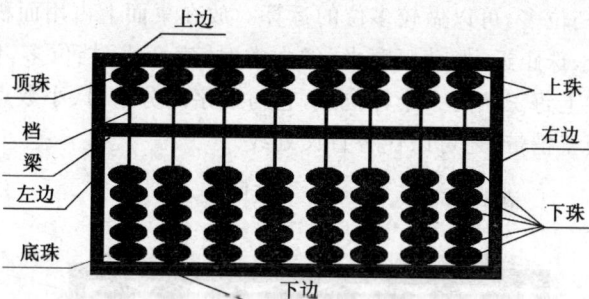

图 1-1

① 框。是算盘的四周,又叫边,分上边、下边、左边、右边。

② 梁。是中间的横条,连接左右两边。

③ 档。是穿珠用的直杆。

④ 珠。算珠,表示数,上珠(其中最上的珠叫顶珠),每珠表示 5,下珠(其中最下的珠叫底珠),每珠表示 1。

有些算盘还有计位点和清盘器。

(二)算盘的种类

算盘的种类很多,约有百种以上。它们的大小不同,档位和算珠的多少也不一样,最常用的有以下三种:

① 圆珠大算盘。圆珠,又称七珠大算盘。上珠二,下珠五,如图 1-1 所示。

② 浙式算盘。菱珠,上珠一,下珠四(或五),是介于圆珠大算盘和菱珠小算盘之间的一种算盘,比较适用。如图 1-2 所示。

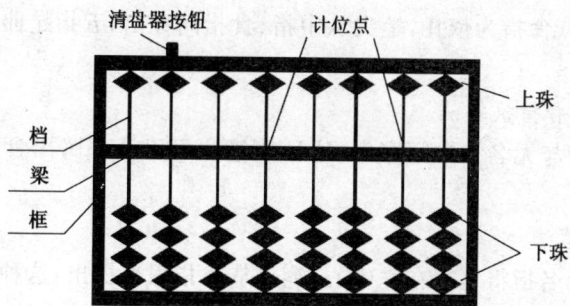

图 1-2

③ 菱珠小算盘。菱珠,上珠一,下珠四(或五)。如图 1-3 所示。这种算盘首先流行于我国东北地区,现已被广大珠算工作者所重视,已在逐步推广。其优点是:档距小,档位多,可以做较多位的运算;放在桌面上占用面积小,便于拖盘运算;珠小体轻,珠距近,拨动幅度小,省力省时,声音小;档位多,便于储存数字与核对数字;梁上每三档有一个计位点,它与数字的分节号、小数点相对应,便于记数与定位;便于携带,还可以代替直尺划线。

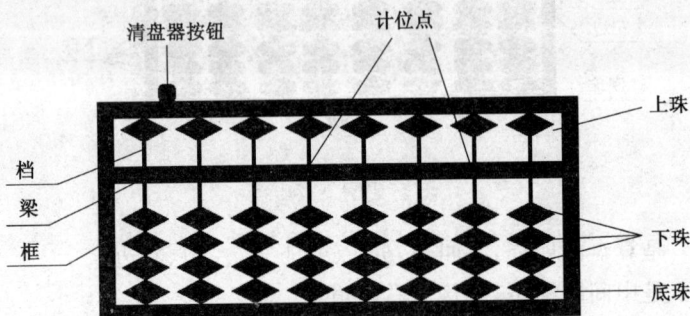

图 1-3

二、打算盘的正确姿势

(一)执笔法

计量珠算的运算速度是以秒为单位的。每一个瞬间、半秒、一秒的加快,都有不可忽视的作用。因此,养成良好的运算习惯,是加快计算速度的基本要求。执笔打算盘就是重要的良好的运算习惯。在用算盘计算时,运算当中要执笔拨珠,执笔的方法叫执笔法。执笔拨珠运算完毕,随即写出结果,节省算后取笔记数的时间。执笔法正确,有利于提高计算速度。执笔法主要有三种。

1. 中指、食指执笔法

笔杆以拇指、食指为依托,笔尖从中指、食指间穿出,五指蜷曲进行运算。如图 1-4 所示。

2. 中指、无名指执笔法

笔尖从中指与无名指中间穿出,这种执笔法可以全部腾出食指,自由运算。如图 1-5 所示。

3. 掌心执笔法

用小指与无名指将笔握在掌中心,笔尖从小指根部探出,这种执笔法可以全部腾出拇指、食指和中指,方便运算。如图 1-6 所示。

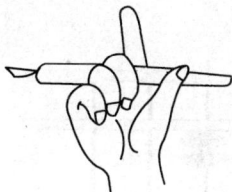　　　　　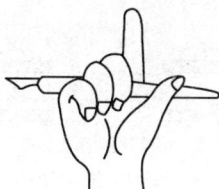　　　　　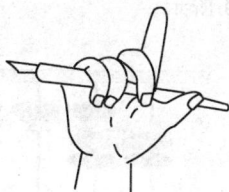

图 1-4　　　　　　　　　图 1-5　　　　　　　　　图 1-6

(二)打算盘的正确姿势

打算盘时,身要正,腰要直,头稍低,脚放平,精神高度集中,眼、脑、手全神贯注于数字的运算上,同时要有一种轻松乐趣感。运算中,只需转动眼珠,巡视计算的数据和算珠,切忌摆动头部。打算盘时,要把整个手腕略略提起,随同拨珠左右移动,靠手指的屈伸弹力来拨珠,千万不要移动整个手掌来带动算珠。拨珠时,用力要均匀、恰当,用力过猛,算珠会反弹回来,太轻了会读不清数目,都会引起不必要的差错。

三、算盘的置数方法

算盘是用珠表示数,以档表示位。位数的记法和笔算相同,高位在左,低位在右。当个位档不变,数每左移一档,数值就扩大 10 倍,每右移一档,数值就缩小 $\frac{1}{10}$ 倍。个位档的左一档是十位档,左二档是百位档,左三档是千位档……个位档的右一档是十分位档,右二档是百分位档,右三档是千分位档……

怎样把一个数置在算盘上呢?

置数之前先定位。算盘的梁上都有计位点,任意选一点作为固定个位档,那么计位点左边的一档是十位档,右边的一档是十分位档。档位如图 1-7 所示。

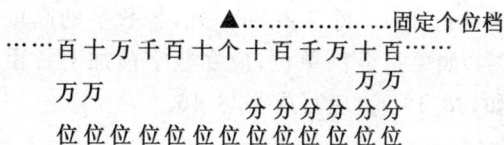

图 1-7

用算盘置数的方法是:每颗上珠表示 5,每颗下珠表示 1,记数时,要把算珠拨靠梁。如记 1、2、3、4 各数时,分别在个位档拨一颗、二颗、三颗、四颗下珠靠梁;记 5 时,应在个位档拨一颗上珠靠梁;如要记 6、7、8、9 各数时,则在个位档拨一颗上珠一与一、二、三、四颗下珠即可;如要表示 0,就以空档表示。

例如,数为 2 756,算盘表示如图 1-8 所示。又如,数为 0.52,算盘表示如图

1-9 所示。

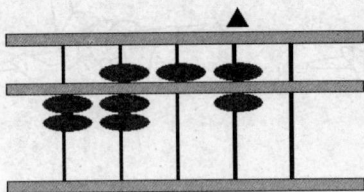

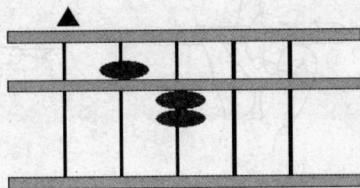

图 1-8   图 1-9

四、数字的书写与更正

正确地书写与更正数字是计算工作的重要环节,也是经济工作者应具备的基本技能之一。因此,必须认真地对待,自觉地练习,使书写的数字达到正确、工整、规范和难以篡改的要求。

(一)数字的书写

在我国经济工作中,常用的数字有两种,一种是用来表示小写数目的阿拉伯数字,一种是用来表示大写数目的汉字大写数字。

1. 阿拉伯数字

阿拉伯数字的整数部分书写时要注意三位一节。个位、十位、百位为第一节,千位、万位、十万位为第二节,以此类推。大家可以这样来记:头节前是千,百万二节前,三节前是十亿,兆位四节前。书写数字时,每节前留 1/4 空,如74 258 746。但我国以前习惯用分位点分开,如 74,258,746。小数点位于个位和十分位两个数字中间偏下的位置,如 74.68。注意:分节号和小数点要区别开。

阿拉伯数字要一个一个地写,不要连写。书写时,字向右倾斜,大致与底边的横线成 55°~60° 角。7 和 9 的尾部可略向下伸,不多于字体的 1/4;6 的头部可略往上伸,不多于字体的 1/4。除 7、9 和 6 外,各数字的高度应一致,约占一行的 1/2。书写的数字,如果是金额单位,应在数字前加上货币符号(人民币用符号"¥"表示)。例如,28.16 元,应写成¥28.16。

2. 汉字大写数字

在填写发票、收付款凭证、合同等正式单据和文件金额时,为了防止篡改,除了阿拉伯数字外,还要用汉字大写数字来表示。汉字大写数字写法如下:

壹 贰 叁 肆 伍 陆 柒 捌 玖 拾 佰 仟 万 亿 元 角 分 零 整

大写金额前必须冠以"人民币"字样。相互之间必须靠拢,避免漏字或写错数字。如果写错大写数字时,必须重新填制,不能改写。小写金额中如有一个"0"字或连续有几个"0"字时,大写金额中只写一个"零"字。例如,小写金额¥4 000 806.30,大写金额应为人民币肆佰万零捌佰零陆元叁角;大写金额元以下没有角、分的,应加写"整"字。例如,￥10.00,大写应为人民币壹拾元整,而不应写成人民币拾元。元以下有角、分的,可不写"整"字。

对于人民币金额大、小写,应熟练掌握它们之间的换写,即把人民币汉字大写数字变换成小写的阿拉伯数字,把人民币小写的阿拉伯数字变换成汉字大写数字。

(二)数字的更正

更正错误数字的方法用划线更正法。日常记账,必须使用钢笔书写。复写时要用圆珠笔书写,但要保证最后一页清晰可认。

数字写错需要更正时,不论写错的数字是一个还是几个,应把全部数字从左至右在中间用一道红线划销,并由经办人员在更正处加盖印章,以示负责。对于错误数字不允许涂改或刮擦、挖补,更不许用消字药水。

第四节 珠算的拨珠指法

珠算是靠手指拨动算珠进行运算的,拨珠指法就是用手指拨动算珠的方法。拨珠指法的正确与否,对计算的速度及其准确性都有直接的影响。因此,学习珠算者,必须学会正确的拨珠方法,养成正确的拨珠习惯。

在拨珠运算之前,要先行运用指法清盘。所谓清盘,就是使原已靠梁的算珠离梁使之归于空。其方法是,把右手拇指和食指合拢,沿着横梁由右至左迅速移动,利用指头把靠梁算珠弹回靠框,使算盘成为空档,然后拨珠运算(若不清盘,可用改数方法,最好是使用有清盘器的算盘)。

珠算拨珠的指法,有"三指拨珠法"和"两指拨珠法"。三指拨珠法主要适用于七珠大算盘。运算时,拇指专管下珠靠梁,食指专管下珠离梁,中指专管上珠的离梁、靠梁。两指拨珠法,适用于菱珠小算盘。下面我们主要介绍在使用菱珠小算盘时,用两指拨珠法和双手拨珠法的指法。

一、两指拨珠法

(一)单指独拨

1. 拇指

拇指主要管下珠的靠梁,如拨入一、二、三、四;还管两指联拨时使下珠离梁,如双下(后面介绍)。

2. 食指

食指管上珠的离梁、靠梁,如拨入五、拨去五;还要管下珠的离梁,如拨去一、二、三、四;在两指联拨时使下珠离梁,如扭进(后面介绍)。

(二)两指联拨

1. 双合

用拇、食二指同时合拢上下珠靠梁。在某一档上置 6、7、8、9 时,如 2+6、1+7、0+8 等。如图 1-10 所示。

2. 双分

用拇、食二指同时分开上下珠离梁。在某一档上直接拨去 6、7、8、9 等数时,如拨去 9-7、8-8、6-6 等。如图 1-11 所示。

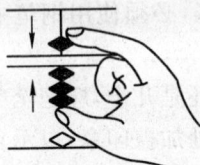
图 1-10

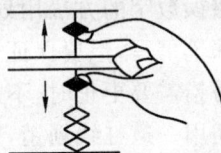
图 1-11

3. 双上

用拇指推下珠靠梁的同时,用食指挑去上珠离梁,如 5+6···9 等,或 5-1···4 等。如图 1-12 所示。

4. 双下

用食指拨上珠靠梁的同时,用拇指拨下珠离梁,如 2+4、3+3 等。如图 1-13 所示。

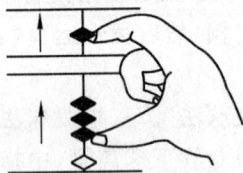
图 1-12

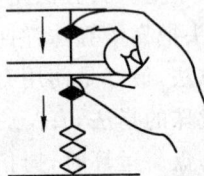
图 1-13

5. 扭进

用食指拨后一档下珠离梁的同时,拇指推前一档下珠靠梁。凡被加数为 5 以下的数进 10 时,都用这种方法,如 4+6、3+8 等。如图 1-14 所示。

6. 扭退

用食指拨前一档下珠离梁的同时,用拇指推后一档的下珠靠梁,与扭进法相反是后退的姿势,如 10-6、10-7、10-9 等。如图 1-15 所示。

7. 前后合

用拇指推前档下珠靠梁的同时,用食指拨后一档上珠靠梁,如置 15、25、35、45 等数。如图 1-16 所示。

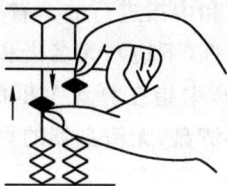 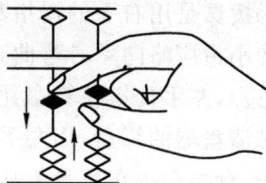

图 1-14　　　　　　　　　　　　　　　　图 1-15

8. 前后上

用食指挑后档上珠离梁的同时,用拇指推前档下珠靠梁,如 5+5、5+15 等。如图 1-17 所示。

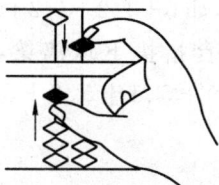 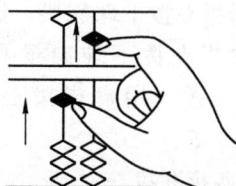

图 1-16　　　　　　　　　　　　　　　　图 1-17

9. 连冲

和部分清盘方法相同,方法是把拇指、食指二指点捏在一起,轻轻夹在梁间,由右到左,向前冲挤,使上下算珠同时离梁靠框。如 889+2 等类需要连续进位的运算,使用连冲的指法比较简便,但不宜用力过大,以免撞去其他算珠。

学习拨珠指法要注意以下几点:首先是指法要正确。初学者容易犯指法不够正确的毛病,一定本着一熟二准三快的原则反复练习。开始时不要怕慢,只要指法、换算、拨珠正确,掌握要领之后,自然会由慢到快。其次是要注意 5、10 的换算。如果 5、10 换算不清楚,拨珠就无法下手,也会影响指法的掌握。最后是拨珠要着实、干净,用力适度,防止带珠。

二、双手拨珠法

双手拨珠法实际是右手拨的进位数或退位数由左手配合来拨。由于右手省去进位或退位拨珠的动作,进位或退位时,左手同时配合拨动,所以大大加快了拨珠速度。双手拨珠还会对以后学习珠心速算有益处。众所周知,大脑主管逻辑思维,而右手运算会使左侧大脑发达,左手运算会使右侧大脑发达。珠心速算还多半用到形象思维,因此,为了学好珠心速算,在学习珠算时最好选学双手拨珠法。

双手拨珠是用右手的拇指和食指,左手的食指和中指进行的。右手的中指、无名指和小指应略向掌心弯曲,左手的拇指扶摩下框(下边),无名指和小指扶摩上框(上边),左手食指在算盘梁的上面(约 2 mm),中指在算盘上框的上边处。如果是带清盘器的算盘,用左手的无名指按清盘器清盘;无清盘器的算盘则用左手的拇指、食指合拢在算盘上从右至左清盘。

1. 右手拨珠法

右手拨珠法实际上和菱珠小盘的拨珠指法是一样的,只不过是省去了进位和退位的拨珠动作,也分单指独拨和两指联拨两种。

(1) 单指拨珠

单指拨珠是用一个手指可完成的拨珠动作。

① 拇指专拨下珠靠梁。拨 1、2、3、4 下珠入盘,如 0+4、2+1、2+2、1+3等。

② 食指专拨下珠离梁和上珠靠、离梁。用食指拨下珠离梁,如 4-3、2-1、3-2 等。用食指拨上珠靠梁和离梁,如 0+5、1+5、2+5 和 8-5、7-5、6-5 等。

(2) 两指联拨

两指联拨是在运算时两个手指同时拨珠,也就是说在运算时两个拨珠动作需同时完成。

① 双合。用拇、食二指同时合拢上下珠靠梁,不要有先后顺序,要求一个声音。可以在某一档上直接拨入 6、7、8、9,如 1+8、0+9、2+7 等。

② 双分。用拇、食二指同时分开上下珠离梁。可以在某一档上直接拨去 6、7、8、9,如 9-8、8-6、9-7 等。

③ 双上。用拇指推下珠靠梁的同时,用食指挑去上珠离梁,如 5+7、6+6、5+9或 5-1、6-2、7-4 等。

④ 双下。用食指拨上珠靠梁的同时,用拇指拨下珠离梁,如 2+4、3+3、4+1等。

这部分指法图例可参看菱珠小算盘的拨珠指法前半部分。

2. 左手拨珠法

左手拨珠法主要是单指独拨。单指独拨时,中指专拨上珠靠、离梁,食指专拨下珠靠、离梁。

3. 双手联合拨珠法

双手联合拨珠法是在左、右手指严格分工的基础上联合运用的,左手一定要配合好右手。在运算时,左手不管有没有拨珠动作,总是要放在右手的左一档上,随着右手左右移动。

① 左手食指和右手食指前后合,拨左一档下珠和右一档上珠同时靠梁。在

左手食指拨左一档下珠靠梁的同时,右手的食指也同时拨右一档上珠靠梁,如 11+15、12+25、13+35 等。

② 左手食指和右手食指前后分,拨左一档下珠和右一档上珠同时离梁。在左手食指拨左一档珠离梁的同时,右手的食指也同时拨右一档上珠离梁,如 46-35、37-25、25-25 等。

③ 左手食指上拨、右手食指下拨,拨左一档下珠靠梁同时拨右一档下珠离梁。在左手食指拨左一档下珠靠梁的同时,右手食指也同时拨右一档下珠离梁,如 4+8、2+9、3+7 等。

④ 左手食指上拨、右手双上,拨左一档下珠靠梁同时拨右一档下珠靠梁和上珠离梁。在左手食指拨左一档下珠靠梁的同时,右手拇指推下珠靠梁,食指挑去梁上珠,如 5+9、6+7、5+8 等。

⑤ 左手食指和右手食指前上后去,拨左一档下珠靠梁,同时拨右一档上珠离梁。在左手食指拨左一档下珠靠梁的同时,右手食指拨右一档上珠离梁,如 15+5、25+5、35+5 等。

⑥ 左手食指下拨,右手拇指上拨,拨左一档下珠离梁同时拨右一档下珠靠梁。在左手食指拨左一档下珠离梁的同时,右手拇指拨右一档下珠靠梁,如 11-7、13-9、12-8 等。

⑦ 左手食指下拨,右手双合,拨左一档下珠离梁同时拨右一档上下珠靠梁。在左手食指拨左一档下珠离梁的同时,右手食指和拇指也同时拨右一档上下珠靠梁,如 11-4、12-3、10-4 等。

⑧ 左手食指下拨,右手双分,拨左一档下珠离梁同时拨右一档上下珠离梁。在左手食指拨左一档下珠离梁的同时,右手食指和拇指也同时拨右一档上下珠离梁,如 27-16、18-17、29-28 等。

⑨ 左手双下,右手食指下拨,拨左一档上珠靠梁下珠离梁的同时,拨右一档下珠离梁。在左手中指拨左一档上珠靠梁和食指拨下珠离梁的同时,右手食指拨右一档下珠离梁,如 47+9、48+7、43+8 等。

通过以上双手联合拨珠法,我们会看到左手和右手是有严格分工的。凡是加法的进位和减法的退位算珠都由左手拨动,余下拨珠动作都由右手完成。以后除法的置商操作也要由左手完成。虽然双手分工严格,但需配合协调默契,否则就会失去双手联合拨珠的意义。总之,要求两手拨上下珠靠梁或离梁时都要发出同一声响。双手密切配合,随运算左右灵巧移动。

连续加 16 835 时,双手拨珠各种指法的运用如表 1-1 所示。

表 1-1 **双手拨珠各种指法的运用**

次数	盘上数	双手联拨指法的运用
一次	16 835	① 右手拇指在万位(正五位)拨下珠靠梁;右手食指、拇指在千位、百位(正四、三位)拨上下珠同时靠梁 ② 左手食指在十位(正二位)拨三个下珠靠梁的同时,右手食指在个位(正一位)拨上珠靠梁
二次	33 670	① 右手拇指在万位(正五位)拨一个下珠靠梁;右手拇指在千位(正四位)推一个下珠靠梁,在食指挑去梁上珠离梁同时左手食指在万位(正五位)拨一个下珠靠梁 ② 右手食指在百位(正三位)拨二个下珠离梁同时左手食指在千位(正四位)拨一个下珠靠梁;右手食指在十位(正二位)拨上珠靠梁同时拇指拨二个下珠离梁 ③ 右手食指在个位(正一位)拨上珠靠梁;左手食指在十位(正二位)拨一个下珠靠梁
三次	50 505	① 右手拇指在万位(正五位)拨一个下珠靠梁;右手拇指、食指在千位(正四位)拨上下珠靠梁,右手拇指在百位(正三位)推三个下珠靠梁的同时食指挑去梁上珠,右手在千位连进,左手在万位(正五位)中指拨上珠靠梁的同时食指拨梁下四珠离梁 ② 右手在十位(正二位)双分,左手在百位(正三位)中指拨梁上珠靠梁的同时食指拨梁下四珠离梁;右手食指在个位拨上珠靠梁
四次	67 340	① 右手拇指在万位(正五位)拨一个下珠靠梁;右手食指、拇指在千位(正四位)拨上下珠靠梁;右手在百位(正三位)拇指推三个下珠靠梁的同时食指挑去梁上珠;左手食指也同时在千位(正四位)拨一个下珠靠梁 ② 左手食指在十位拨四个下珠靠梁的同时右手食指挑去个位上珠离梁
五次	84 175	① 右手拇指在万位(正五位)拨一个下珠靠梁;右手在千位(正四位)拇指推一个下珠靠梁的同时食指挑去上珠;左手食指也同时在万位(正五位)拨一个下珠靠梁 ② 右手食指在百位(正三位)拨二个下珠离梁的同时,左手在千位(正四位)拨一个下珠靠梁 ③ 右手食、拇指在十位(正二位)双下,右手食指拨上珠靠梁的同时,用拇指拨梁下二珠离梁;食指在个位拨上珠靠梁

16 835 这个常数 5 次相加,双手拨珠指法的常用指法基本都用上了。在练习时,这个常数最好连续加 10 次,然后再连续减 10 次成零。双手拨珠指法就全用上了。训练时,除了 16 835 这个常数外,16 875、625 123、456 789 也是练习双手拨珠法的很好常数。把这三个常数连续加 10 次,然后再连续减 10 次,使之成零,是练习、掌握双手拨珠的最好方法。根据情况把上面介绍的四个常数分别连续加 20 次、40 次、100 次,然后再分别连续减 20 次、40 次、100 次使之成零,效果更佳。

第五节　珠 算 名 词

珠算在长期运用中,逐渐形成了一套独特的名词术语流行于世。

一、珠算的名称

① 顶珠。指最上面靠框的珠。

② 底珠。指最下面靠框的珠。

③ 实珠。指已靠梁的表示正数的珠。

④ 框珠。指离梁的珠,表示零或无数字。

二、运算名词

① "和"。两数相加的结果叫和。

② "差"。两数相减的余额叫差。

③ "积"。两数相乘所得的结果叫积。

④ "商"。除法所得的结果叫商。

三、珠算口诀术语

① "归"与"除"。单位数相除叫归,两位以上数相除叫除,简称叫做"归除"。

② "撞归"。是指归除法中按盈亏之理,即盈则不亏,亏则无除,起一退于下位,即见一无除作九一之类。有归无除,是归除法中不可缺少的辅助方法。

③ "无除"。在除法中,归了以后,实数不够除即有归无除。

④ "上"。指算盘上无数字,打数于其上。如算盘上已有数,"上几"就变成加上几,如一上一,二上二,则算盘上加一或加二,"上"字就是加的意思。

⑤ "下"。珠算中的"下"字,并非减去之意,而是指上珠拨下靠梁。如二下五去三,即盘上已有三,再加二,将上珠拨下靠梁,而下珠去三。如三下五去二,即盘上已有二,再加上三,将上珠拨下靠梁,而下珠去二。如此类推,如是除法中的"下"字,则意为"下一位"的意思。

⑥ "退"。是指由上一档退去十,而在本位档再作减,如"一退一还九",其意思是由上一位借十,即上一位减去一,余九置于本档,这样,退字就含"借"的意思。

⑦ "进"。是指在本位档之前一位打上几,如讲"进入",即在前一位进入。

⑧ "去"。珠算中的去与除,都是在算盘上去其数,如一去九进一。

⑨ "还"。是指退去还有余,如一退一还九,退十去一还余九的意思。

第六节　学习珠算的要点

一、珠算技能与技巧

人们从事某种较复杂的活动,先要对理论知识有所认识,然后才能掌握技能,获得熟练的技巧。技能是在懂得了有关知识的基础上发生的动作;熟练技巧则是在已形成的技能基础上,经过反复练习而产生的,即所谓"熟能生巧"。学习珠算的全部过程就是练习看数、拨珠、定位、写数……,使之综合为统一的技巧。必须先理解知识,勤加练习,基础要打得扎实,达到正确无误,再灵活地选用简捷算法,化繁为简,形成熟巧。这样才能使技巧趋于完善,以达到珠算稳、准、快的目的,从而充分发挥珠算的作用,体现出算盘的优越性。

珠算是一种实用技能,衡量计算技能水平的高低,是以稳、准、快为标准的。"稳"就是一次算对,并要求算盘打得正确、稳定;"准"就是看数、计算、写数都准确无误;"快"就是拨珠敏捷灵活,运算神速,时间短,效率高。"稳"和"准"的要求是绝对的,这是质量,"快"的要求是相对的,这是数量。只有数量,没有质量,是无效的劳动;只有质量,没有数量,功效低,不能满足客观的需要。因此,练习珠算,要在稳和准中求快,快中必须稳准,既稳准又快,缺一不可。决不可为快而快,一定先要在准字上下功夫,要在持久练习保证质量的前提下再求数量。

二、勤学苦练基本功

算盘要打得稳、准、快,关键在于勤学苦练基本功。只讲珠算理论和方法,而不勤于练习,这是空谈。就像只看游泳书而不下水,是学不好游泳的。拨珠指法的敏捷、灵巧,看数过目不忘,算法随题巧变,都离不开勤学苦练。基本功要按照一定的步骤去练,先易后难,循序渐进。先从加减单项练起,然后再练综合,这样可做到学新练旧。不要单打加法,而忽视打减法,以免两种计算速度差距大,而影响除法中减乘积的速度。单靠在课堂上练习是远远不够的,要利用课外时间有目的地练习。

1. 看数与写数

打算盘是一种思维综合运动。运动时眼、脑、手必须有机配合。先是眼睛看数,再反映到脑,脑再支配手去拨珠,这就要求看数要准,争取看一遍就能记住,争取做到眼看和手动并进。对多位数要分节看数,随即分节拨珠。计算的正确与迅速,同正确看数很有关系,如果看数缓慢、看错、漏看,就会影响手指拨珠的正确度和速度。要练到过目不忘数,边看边打,才能节省时间,保持操作的连续性。计算完毕后,写数一环也很重要,尤其是小数点和分节号,要点准、撇准,避免计算的得数正确,却因书写错了,造成疏忽性的错误。

2. 脑珠结合

脑算又叫心算,它不用算盘而是通过思维来计算。脑算与珠算结合,既锻炼计算能力,又提高计算水平。它是实现珠算稳、准、快的一种新方法。脑算的内容,可以由简到繁,先易后难。初学时,脑算加法的二数或三数合一,脑算乘法的少位数的二倍和五倍,先以这些基本功锻炼计算能力,逐步发展到加法的四数或五数合一……,乘法的多位数的二倍和五倍。然后与珠算结合,持久锻炼,就能进一步稳、准、快地提高计算水平。

3. 拨珠

现代拨珠方法有两种:一是利用口诀拨珠,二是利用脑算拨珠。利用口诀拨珠的基本功是要熟读珠算加减法口诀和大九九乘法口诀。按照口诀拨珠,不可边读口诀边拨算珠,而是将口诀熟读后,与拨珠融为一体,逐步摆脱口诀。利用脑算拨珠的基本功是要熟练掌握几个数的组合和数的倍数关系,提高目测脑算能力。不论口诀或脑算指导拨珠,都是初学时的过渡手段。全靠熟练后形成条件反射,才能达到稳、准、快的目的。至于采用哪一种拨珠方法,可根据自己的具体条件与情况而定。

4. 算法

加减法是基础,应该先练加减法,再练乘除法。加减法得心应手后,乘除法方能迎刃而解。先练基本算,再练简捷算。算盘打得稳、准、快,一靠操作熟练,二靠算法简捷。既有操作上的熟练,又有算法上的简捷,就能事半功倍。

5. 定位

定位是指决定小数点的位置或积商的个位档。常有人说:"算盘好打,位数难定",这是事实。定位是珠算最重要的一环。答数准,而位数定错,那就前功尽弃。乘除定位方法很多,适应性广的有两种:一是用"公式定位法"计算;二是用"盘上定位法"查看。

6. 查错

珠算有差错,就要懂得查错方面的基本知识,既要采取措施预防差错,又要掌握常用的查错方法。差错的产生一般有:听算时听错,写错或打错等,还有操作时的带珠错、定位错、重算错、漏算错、正负错、数字倒置错、大小数错等等。查错的方法有还原验算法、九除法、十一除法、二除法、九余数法等。

练 习 题

1. 把下列各数写成汉字大写数字

① 16 875 000 ② 243 656 000 ③ 1 000 000 000

④ 3 000 876 ⑤ 3.79 ⑥ 6 200.45

2. 把下列大写金额用小写金额表示

① 人民币壹拾肆万元整

② 人民币捌佰肆拾陆元伍角柒分

③ 人民币叁仟零伍元整

④ 人民币肆拾捌万陆仟贰佰玖拾壹元伍角

⑤ 人民币肆拾元零壹角陆分

3. 两指拨珠法单指独拨指法练习

① 5 015 + 1 362 =　　　　　　　② 5 434 + 1 211 =

③ 6 052 + 2 432 =　　　　　　　④ 7 489 − 2 354 =

⑤ 3 207 − 1 102 =　　　　　　　⑥ 123 013 + 321 430 =

⑦ 102 123 + 341 320 =　　　　　⑧ 100 200 + 345 125 =

⑨ 987 654 − 23 104 =　　　　　⑩ 346 521 − 145 511 =

4. 两指拨珠法两指联拨指法练习

① 2 634 + 6 965 =　　　　　　　② 9 134 + 1 865 =

③ 222.33 + 333.22 =　　　　　④ 2 324.4 + 4 343.2 =

⑤ 34 856 + 87 369 =　　　　　⑥ 28 347 + 93 654 =

⑦ 10 000 − 9 876 =　　　　　　⑧ 99 878 − 67 543 =

⑨ 35 453 − 15 253 =　　　　　⑩ 1 999 + 1 001 =

第二章 珠算加减法

　　珠算的加减法运算是珠算的基本运算,是珠算乘除法运算的基础,其他运算最终也都归结到加减法运算。珠算的优势就突出地体现在加减法运算上。算理科学明确,算法简便自如,五升十进,加中有减,减中有加,加减对应运算。珠算的加减法在实际工作中应用非常广泛,其技能熟练者,运算速度优于使用一般的电子计算机(计算器)。所以学好珠算加减法,对熟练掌握珠算技术来说,具有极为重要的意义。

　　珠算加减法在运算时一定要对准位数,可利用算盘梁上的定位点来识别位数。被加(减)数与加(减)数相加(减)时,个位对个位,十位对十位,百位对百位。值得注意的是,运算的顺序和笔算不同,它不是从最低位而是从最高位开始计算,从左到右,按一定规律逐位相加或相减,最后求出和数或差数。目前也有用来回穿梭式运算或多行分段、分节进行运算的,以提高计算速度。这属于简捷算法,珠算运算的一般顺序仍是从高位到低位。

　　珠算的加减法运算规则如下:个位数固定,数位对齐,从左到右,同位相加减。

第一节　珠算的基本加法

一、加法定义

　　求两个或两个以上数的和的计算方法叫做加法,其公式为:

$$被加数 + 加数 = 和数$$

即
$$a + b = c$$

　　加法的运算顺序是首先确定个位档,然后将被加数拨入。运算时,从高位到低位,进行同位数相加,按照五升十进的原则,计算出得数。

　　[例 2-1] 某商店有男职工 21 人,女职工 16 人,此商店共有职工多少人?

　　第一步,定出个位档,将 21 拨入算盘。如图 2-1 所示。

　　第二步,对准数位,从高位到低位,进行同位数相加,加上 16,得数为 37。如图 2-2 所示。

　　答:此商店共有职工 37 人。

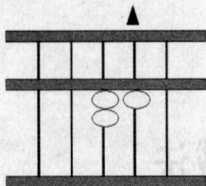
图 2-1

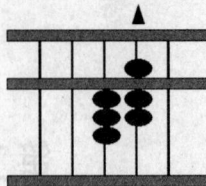
图 2-2

二、加法口诀

（一）珠算加法口诀内容

我国传统的加法算法,是把加法编成一套口诀。进行拨珠运算,只有正确掌握口诀,才能迅速而准确地计算出得数。这种口诀共有 26 句,如表 2-1 所示。

表 2-1 加法口诀表

序号	不进位加法		进位加法	
	直接的加	凑五的加	进十的加	破五进十的加
一	一上一	一下五去四	一去九进一	
二	二上二	二下五去三	二去八进一	
三	三上三	三下五去二	三去七进一	
四	四上四	四下五去一	四去六进一	
五	五上五		五去五进一	
六	六上六		六去四进一	六上一去五进一
七	七上七		七去三进一	七上二去五进一
八	八上八		八去二进一	八上三去五进一
九	九上九		九去一进一	九上四去五进一

注:① 每句口诀的第一个字代表要加的数,后面的字表示拨珠运算的过程;

② "上几"表示拨珠靠梁;

③ "去几"表示拨珠离梁;

④ "下五"表示拨动上珠靠梁;

⑤ "进一"表示向前一档拨动一珠靠梁。

1. 直接的加

这一类是最简单的加法,即加数能够在本档直接加上,不必变动原已靠梁的算珠,而只需按照加数拨珠靠梁,这种方法叫做"直接的加"。如加一(口诀是一上一)、加二(口诀是二上二)、加三(口诀是三上三)、加四(口诀是四上四)、加五(口诀是五上五)、加六(口诀是六上六)、加七(口诀是七上七)、加八(口诀是八上八)、加九(口诀是九上九)等。直接的加共 35 题,如表 2-2 所示。

表 2-2　　　　　　　　　　　　　直接的加

0+1	0+2	0+3	0+4	0+5	0+6
1+1	1+2	1+3	5+4	1+5	1+6
2+1	2+2	5+3		2+5	2+6
3+1	5+2	6+3		3+5	3+6
5+1	6+2			4+5	0+7
6+1	7+2				1+7
7+1					2+7
8+1					0+8
					1+8
					0+9

[例 2-2]　3 325+2 374=5 699

运算时,确定盘上某一个分节号为个位,从个位往左数的第一个分节号是千位,从千位开始拨上被加数 3 325,然后将加数 2 374 对准位数(千位对千位,百位对百位,十位对十位,个位对个位)从高位到低位对位相加。盘上所得的 5 699 即为和数。

[例 2-3]　12 345 678+87 654 321=99 999 999

运算时,确定盘上某一个分节号为个位,从个位往左数的第二个分节号的左两档是千万位,拨上千万位的 1 和百万位上的 2,以后一节、一节地拨上 345、678,然后按上述方法,加上加数千万位上的 8 和百万位上的 7,以后再一节、一节地加上 654、321。盘上所得的 99 999 999 即为和数。

2. 凑五的加

当算盘上的被加数已占用一部分下珠,再要加 5 以内的数,本档剩余的下珠不够用,就应拨上珠靠梁,而把多加的数从下珠中减去,这种方法叫做"凑五的加"。如下珠已有 4,要加 4,就要先下五(上珠靠梁),把多加的一去掉(口诀是四下五去一)。如下珠已有 4,要加 3,就要先下五(上珠靠梁),把多加的二去掉(口诀是三下五去二)。如下珠已有 4,要加 2,就要先下五(上珠靠梁),把多加的三去掉(口诀是二下五去三)。如下珠已有 4,要加 1,就要先下五(上珠靠梁),把多加的四去掉(口诀是一下五去四)。

凑五的加共 10 题,如表 2-3 所示。

表 2-3   凑五的加

4+1	3+2	2+3	1+4
	4+2	3+3	2+4
		4+3	3+4
			4+4

[例 2-4] 4 324+3 434=7 758

运算时,先把被加数 4 324 拨在算盘上,运用凑五的加,将 3 434 从左到右依次加在被加数上,其和为 7 758。

3. 进十的加

两数相加的和满 10 或大于 10 时,需要把多加的数直接从本档中减去,同时向前档进一。这种方法叫"进十的加"。如本档已有 9,需要加 1,先去九,再进一(左一档拨一下珠向上靠梁),口诀是一去九进一。如本档已有 9,需要加 2,先去八,再进一(口诀是二去八进一)。如本档已有 8,需要加 3,先去七,再进一(口诀是三去七进一)。如本档已有 7,需要加 4,先去六,再进一(口诀是四去六进一)。如本档已有 7,需要加 5,先去五,再进一(口诀是五去五进一)。如本档已有 4,需要加 6,先去四,再进一(口诀是六去四进一)。如本档已有 4,需要加 7,先去三,再进一(口诀是七去三进一)。如本档已有 4,需要加 8,先去二,再进一(口诀是八去二进一)。如本档已有 4,需要加 9,先去一,再进一(口诀是九去一进一)。

进十的加共 35 题,如表 2-4 所示。

表 2-4   进十的加

9+1	5+5	4+6	3+7	2+8	1+9
8+2	6+5	9+6	4+7	3+8	2+9
9+2	7+5		8+7	4+8	3+9
7+3	8+5		9+7	7+8	4+9
8+3	9+5			8+8	6+9
9+3				9+8	7+9
6+4					8+9
7+4					9+9
8+4					
9+4					

[例 2-5] 73 421+37 689=111 110

先把被加数 73 421 拨在算盘上,运用进位的加,从左到右,依次将 37 689 加在被加数上,其和为 111 110。

4. 破五进十的加

两个数相加时,本档上的被加数是 5 或大于 5,同时加数大于 5,这样,两个数相加后一定大于 10,必须将加数中的 5 和被加数中的 5 合并为 10,进到前一档,并将加数中超 5 的数拨在本档。这种方法叫"破五进十的加"。如本档已有 5,需要加 6,先上一(本档拨一下珠向上靠梁),同时去五(本档拨一上珠向上离梁),再进一(左一档拨一下珠向上靠梁),口诀是六上一去五进一。如本档已有 5,需要加 7,先上二(本档拨两颗下珠向上靠梁),同时去五(本档拨一上珠向上离梁),再进一(左一档拨一下珠向上靠梁),口诀是七上二去五进一。如本档已有 5,需要加 8,先上三(本档拨三颗下珠向上靠梁),同时去五(本档拨一上珠向上离梁),再进一(左一档拨一下珠向上靠梁),口诀是八上三去五进一。如本档已有 5,需要加 9,先上四(本档拨四颗下珠向上靠梁),同时去五(本档拨一上珠向上离梁),再进一(左一档拨一下珠向上靠梁),口诀是九上四去五进一。

破五进十的加共 10 题,如表 2-5 所示。

表 2-5　　　　　　　　　　破五进十的加

5+6	5+7	5+8	5+9
6+6	6+7	6+8	
7+6	7+7		
8+6			

[例 2-6]　6 555＋5 789＝12 344

先把被加数 6 555 拨在算盘上,运用破五进十的加,从左到右,依次将 5 789 加在被加数上,其和为 12 344。

(二)珠算加法口诀的优缺点

这些口诀是前人在长期实践中总结出来的结晶。其优点是:每句包括加数、被加数的上和下,按运珠形态,用口诀表达出来。口诀背熟了,计算时便会不假思索,得心应手。但是,口诀化还是有弱点的,主要是口诀多,难记,有些繁琐,且运算的速度也较缓慢。我国珠算界权威华印椿先生,早在 20 世纪 50 年代初期所著的《财经珠算》一书中就提到:"珠算加减用口诀守旧、呆板、落后"。它主张"放弃上法、退法口诀。应用心算方法,以熟练凑 5、破 5、进 10、退 10 为基本方法"。伴随算具的改革,各式珠算算法又有不断的创新和发展。即在"口诀法"的基础上,逐渐改进为"无诀法"。本来,直观可以回答的问题,人为的口诀化,似有繁琐之嫌。

三、五字加法

在进行珠算加法运算时,按算盘"五升十进"的特点,运用"逢五升、满十进位"的计算规律,明确记住上珠下珠的数量关系,即上梁一个珠等于下梁的五个珠,凡本档满十珠进前档一珠。以此计数规律拨珠,视觉与思维并行,按形态划分加法运算,用五个字划分更为确切。这样,在能直观和简单脑算的情况下,如用一大堆口诀,没有便利之处。

1. 上加法

在盘上还未上数(空盘)的情况下,需要上任何数。只有一个字"上"。这是运珠形态之一。

2. 合加法

在盘上有珠(已有某一数字)的情况下,需要加另一数字,但又不须变数,完全可以直观地加上,只用一个字"合"。这是运珠形态之二。如,115+212、27+22、365+123、506+422 等。如图 2-3 所示。

3. 借加法

凡在某一数位上,又加一个数时,虽不进位,但非直观,必须以上珠五加以转换。下五即借五,所以成为"借加法"。这是运珠形态之三。

因为,3+2=5,1+4=5,所以,应记住下面的规律:

凡加 3,下珠不够,借 5 必"-2"。如 2+3、3+3、4+3、23+33、42+33 等。如图 2-4 所示。

凡加 2,下珠不够,借 5 必"-3"。如 3+2、4+2、44+22 等。如图 2-5 所示。

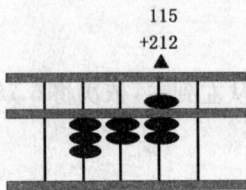

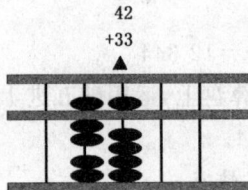

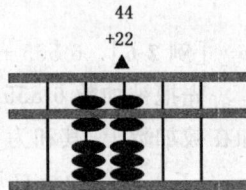

115
+212

42
+33

44
+22

图 2-3   图 2-4   图 2-5

凡加 1,下珠不够,借 5 必"-4"。如 4+1、44+11、404+101 等。如图 2-6 所示。

凡加 4,下珠不够,借 5 必"-1"。如 2+4、3+4、4+4、23+44、12+44、43+44 等。如图 2-7 所示。

借加法基本练习类型见表 2-3 所示。

44
+11
▲

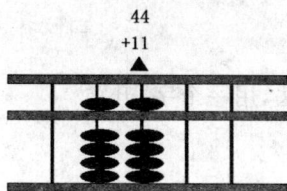

图 2-6

43
+44
▲

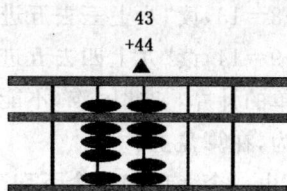

图 2-7

4. 进加法

凡在某一数位上,加上另一个数已超 9,要用"进加法",只用一个字"进"。这是运珠形态之四。如 1～9＋9～1,都满 10,超 9 就左位进,右位退。

因为,1＋9＝10,2＋8＝10,3＋7＝10,4＋6＝10,5＋5＝10,所以,应记住下面的规律:

凡加 9,进 1 必"－1";凡加 1,进 1 必"－9";

凡加 8,进 1 必"－2";凡加 2,进 1 必"－8";

凡加 7,进 1 必"－3";凡加 3,进 1 必"－7";

凡加 6,进 1 必"－4";凡加 4,进 1 必"－6";

凡加 5,进 1 必"－5"。

这一计算公式,也适用于超 10 的,如 33＋18、24＋7、42＋9 等。如图 2-8、图 2-9 所示。

33
+18
▲

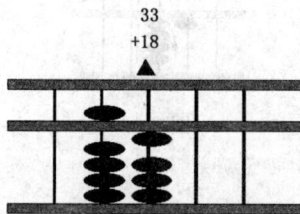

图 2-8

24
+ 7
▲

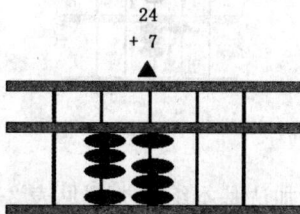

图 2-9

进加法基本练习类型如表 2-4 所示。

5. 升加法

凡两数相加超 10 进位又须破 5 的有 4 个数。其特点是上珠向上靠框,下珠向上靠梁,一齐上升,故称"升加法"。这是运珠形态之五。

这种计算是 13 诀中最难的部分。每句有七个字,如:

5＋6＝11,读"六上一去五进一";

5＋7＝12,读"七上二去五进一";

5＋8＝13，读"八上三去五进一"；

5＋9＝14，读"九上四去五进一"。

简单的计算，如此困难，不能不改。改的方法，用一个字"升"。

因为，在算盘上：

"6"由一个上珠和一个下珠来表示；

"7"由一个上珠和二个下珠来表示；

"8"由一个上珠和三个下珠来表示；

"9"由一个上珠和四个下珠来表示。

所以，凡加上 6、7、8、9 时，前档都上一个珠，本档的上珠一个珠都靠框，下珠分别为一个珠、二个珠、三个珠、四个珠靠梁。如图 2-10、图 2-11、图 2-12、图 2-13 所示。

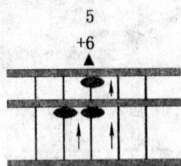

图 2-10

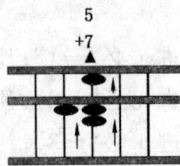

图 2-11

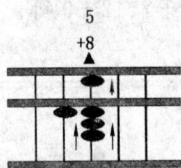

图 2-12

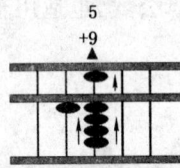

图 2-13

升加法基本练习类型见表 2-5 所示。

以上介绍的珠算加法的五种运珠形态直观、形象、易掌握，熟练后打加法就能不假思索，运用自如。在进行多位数加法时，这几种运珠形态有可能同时运用，也有可能运用其中的一种或两、三种。在多个位数相加时，关键是要对准位，不要错位。从高位到低位，顺序相加。

[例 2-7]　321＋167＝488

① 把被加数 321 置于盘上，这是"上加法"。

② 位数对齐，拨加数 167，这是"合加法"，得数 488。

[例 2-8]　432＋243＝675

① 把被加数 432 置于盘上，这是"上加法"。

② 拨加数 243,这是"借加法",得数 675。

[例 2-9] 9 865＋7 295＝17 160

① 把被加数 9 865 置于盘上,这是"上加法"。

② 拨加数 7 295,这是"进加法",得数 17 160。

[例 2-10] 3 425＋4 718＝8 143

① 把被加数 3 425 置于盘上,这是"上加法"。

② 拨加数 4 718,分别运用了"借加法"、"进加法"、"合加法"、"升加法",得数 8 143。

四、传统加法练习题及练习方法

珠算基本加法,只有反复练习和经常运用,才能做到见数拨珠,达到"珠动数出"的水平。传统的加法练习题,对初学者有很大的帮助。

1. 三盘成(三盘清)

三盘成又叫"见子打子"。确定个位档或小数点后,在算盘上拨入被加数 123 456 789,然后从左到右各档照每档原数加上(即见子打子)。连加三盘,最后在个位档再加上 9,结果得数 987 654 321。用算式表示为:

123 456 789＋123 456 789＋246 913 578＋493 827 156＋9＝987 654 321

运算时间在 20 s～30 s 之间,就算比较熟练;若不超过 20 s,就算达到较高水平。

2. 七盘成(七盘清)

确定个位档或小数点后,先在算盘上拨入被加数 123 456 789,再连加七次 123 456 789,最后在个位加 9,就得数 987 654 321。运算时间在 40 s～50 s 之间,就算比较熟练;若不超过 40 s,就算达到较高水平。

3. 九盘成(九盘清)

确定个位档后,在算盘上拨入 123 456 789,连加九次,结果得数 1 234 567 890。运算时间若不超过 60 s,就算达到较高水平。

4. 打百子

打百子就是计算 1＋2＋3＋…＋100,计算结果是 5 050。运算时间若不超过 90 s,就算达到较高水平。

打百子其中部分得数如表 2-6 所示。

表 2-6　　　　　　　　　打百子部分得数表

加到数	10	20	24	36	44	55	66	77	89	95	100
和数	55	210	300	666	990	1 540	2 211	3 003	4 005	4 560	5 050

练 习 题

1. 加法口诀练习

直接的加练习一

① 12 + 11 =　　　　② 23 + 21 =

③ 22 + 21 =　　　　④ 32 + 12 =

⑤ 31 + 10 =　　　　⑥ 23 + 20 =

⑦ 14 + 30 =　　　　⑧ 22 + 10 =

⑨ 15 + 24 =　　　　⑩ 45 + 50 =

直接的加练习二

① 36 + 62 =　　　　② 56 + 43 =

③ 21 + 67 =　　　　④ 77 + 12 =

⑤ 72 + 17 =　　　　⑥ 81 + 18 =

⑦ 61 + 38 =　　　　⑧ 11 + 88 =

⑨ 26 + 20 =　　　　⑩ 51 + 48 =

直接的加练习三

① 11 + 56 =　　　　② 42 + 52 =

③ 13 + 60 =　　　　④ 35 + 24 =

⑤ 72 + 25 =　　　　⑥ 62 + 26 =

⑦ 32 + 55 =　　　　⑧ 20 + 28 =

⑨ 512 + 475 =　　　⑩ 152 + 627 =

直接的加练习四

① 278 + 701 =　　　② 720 + 169 =

③ 435 + 551 =　　　④ 523 + 375 =

⑤ 2 222 + 2 657 =　⑥ 7 154 + 1 735 =

⑦ 3 742 + 5 155 =　⑧ 8 272 + 1 627 =

⑨ 4 056 + 5 941 =　⑩ 1 063 + 2 836 =

凑五的加练习一

① 54 + 21 =　　　　② 11 + 44 =

③ 24 + 21 =　　　　④ 31 + 14 =

⑤ 42 + 14 =　　　　⑥ 33 + 22 =

⑦ 32 + 63 =　　　　⑧ 43 + 12 =

⑨ 62 + 13 =　　　　⑩ 22 + 33 =

凑五的加练习二

① 52 + 33 =　　　　② 13 + 82 =

③ 62 + 23 =　　　　④ 72 + 23 =

⑤ 44 + 11 =　　　　⑥ 31 + 34 =

⑦ 51 + 24 =   ⑧ 21 + 54 =

⑨ 61 + 24 =   ⑩ 81 + 14 =

凑五的加练习三

① 41 + 34 =   ② 21 + 44 =

③ 42 + 13 =   ④ 43 + 13 =

⑤ 34 + 24 =   ⑥ 12 + 43 =

⑦ 241 + 324 =   ⑧ 327 + 230 =

⑨ 423 + 132 =   ⑩ 142 + 435 =

凑五的加练习四

① 232 + 323 =   ② 723 + 232 =

③ 1 242 + 3 313 =   ④ 4 453 + 1 123 =

⑤ 3 912 + 2 043 =   ⑥ 5 134 + 2 421 =

⑦ 4 042 + 3 813 =   ⑧ 4 521 + 3 434 =

⑨ 5 214 + 1 641 =   ⑩ 3 941 + 4 014 =

进十的加练习一

① 69 + 27 =   ② 99 + 91 =

③ 79 + 92 =   ④ 52 + 48 =

⑤ 63 + 39 =   ⑥ 57 + 33 =

⑦ 14 + 98 =   ⑧ 26 + 54 =

⑨ 75 + 85 =   ⑩ 35 + 45 =

进十的加练习二

① 46 + 74 =   ② 46 + 35 =

③ 69 + 94 =   ④ 46 + 65 =

⑤ 88 + 79 =   ⑥ 44 + 77 =

⑦ 99 + 63 =   ⑧ 38 + 85 =

⑨ 98 + 73 =   ⑩ 81 + 89 =

进十的加练习三

① 95 + 25 =   ② 84 + 38 =

③ 58 + 52 =   ④ 63 + 49 =

⑤ 95 + 15 =   ⑥ 37 + 84 =

⑦ 87 + 44 =   ⑧ 97 + 13 =

⑨ 489 + 521 =   ⑩ 285 + 924 =

进十的加练习四

① 258 + 753 =   ② 469 + 742 =

③ 254 + 749 =   ④ 816 + 195 =

⑤ 7 888 + 4 137 =   ⑥ 2 976 + 4 555 =

⑦ 9 983 + 8 239 =   ⑧ 3 541 + 7 476 =

⑨ 4 884 + 6 237 =

⑩ 1625 + 7 585 =

破五进十的加练习一

① 55 + 46 =

② 75 + 66 =

③ 36 + 86 =

④ 98 + 76 =

⑤ 47 + 66 =

⑥ 25 + 77 =

⑦ 86 + 37 =

⑧ 97 + 47 =

⑨ 56 + 67 =

⑩ 47 + 47 =

破五进十的加练习二

① 65 + 88 =

② 86 + 68 =

③ 35 + 68 =

④ 96 + 38 =

⑤ 57 + 78 =

⑥ 65 + 49 =

⑦ 54 + 89 =

⑧ 25 + 79 =

⑨ 85 + 69 =

⑩ 59 + 99 =

破五进十的加练习三

① 57 + 67 =

② 28 + 46 =

③ 55 + 89 =

④ 87 + 46 =

⑤ 78 + 65 =

⑥ 35 + 98 =

⑦ 614 + 747 =

⑧ 748 + 676 =

⑨ 964 + 583 =

⑩ 555 + 987 =

破五进十的加练习四

① 878 + 672 =

② 577 + 867 =

③ 5 436 + 9 645 =

④ 6 955 + 7 489 =

⑤ 8 754 + 6 279 =

⑥ 7 878 + 6 767 =

⑦ 5 667 + 9 666 =

⑧ 6 458 + 8 666 =

⑨ 1 758 + 4 676 =

⑩ 7 897 + 3 477 =

2. 五字加法练习

合加法练习

① 6 181 + 3 818 =

② 2 215 + 1 024 =

③ 2 315 + 7 163 =

④ 82 722 + 16 275 =

⑤ 52 361 + 15 122 =

⑥ 652 075 + 101 211 =

⑦ 12 345 + 52 151 =

⑧ 875 649 + 123 250 =

⑨ 345 678 + 553 221 =

⑩ 134 256 + 865 633 =

借加法练习

① 3 441 + 3 344 =

② 4 212 + 2 344 =

③ 3 434 + 4 212 =

④ 42 123 + 23 444 =

⑤ 23 344 + 44 334 =

⑥ 43 421 + 12 234 =

⑦ 24 132 + 32 423 =

⑧ 23 341 + 43 244 =

⑨ 44 132 + 24 434 =　　　⑩ 34 414 + 43 244 =

进加法练习

① 6 678 + 9 765 =　　　② 7 337 + 4 879 =

③ 6 874 + 4 237 =　　　④ 3 625 + 7 585 =

⑤ 19 596 + 81 585 =　　　⑥ 29 867 + 98 345 =

⑦ 25 444 + 95 986 =　　　⑧ 967 854 + 586 789 =

⑨ 698 547 + 855 996 =　　　⑩ 387 964 + 965 479 =

升加法练习

① 577 + 867 =　　　② 765 + 778 =

③ 556 + 978 =　　　④ 786 + 766 =

⑤ 7 585 + 6 767 =　　　⑥ 7 876 + 6 677 =

⑦ 6 855 + 7 678 =　　　⑧ 87 655 + 67 868 =

⑨ 77 856 + 76 696 =　　　⑩ 55 568 + 89 786 =

3. 计算下列各题

① 3 244 + 1 806 =　　　② 4 532 + 5 803 =

③ 208.07 + 221.51 =　　　④ 2 745 + 3 468 =

4. 计算下列各题

① 2 408 + 39 + 572 + 16 + 3 647 + 85 + 431 =

② 1 950 + 609 + 28 + 74 + 9 603 + 219 + 58 =

③ 76 483 + 208 646 + 475 076 + 752 386 + 106 734 =

④ 345 726 + 835 716 + 25 631 + 128 645 + 34 675 =

5. 计算下列各题

① "165"加一百次

② "16 875"加十次和二十次

③ "16 835"加一百次

④ 打百子练习

6. 计算下列各题（每道题在 1 分钟之内完成）

①	②	③
341	280.06	21 386
673	427.07	342 594
836	243.92	28 396
283	364.73	4 582
794	456.88	6 444
685	856.72	8 928
942	654.00	6 792
263	989.91	218 469
474	263.74	2 647

346	582.63	5 876
248	976.22	7 894
268	123.32	2 688
667	828.06	8 762
536	946.54	7 849
743	100.86	4 678

7. 加法综合练习

练习一

题号	（一）	（二）	（三）	（四）	（五）
1	784	7 423	980	739	1 823
2	502	156	396	9 615	259
3	6 487	619	641	803	9 801
4	103	3 804	582	4 620	376
5	4 862	286	4 028	531	765
6	918	472	265	673	810
7	351	9 837	8 401	367	459
8	8 735	590	746	2 804	5 364
9	203	849	197	142	503
10	6 974	302	432	759	4 918
11	107	658	2 305	2 864	749
12	7 236	1 302	789	476	429
13	915	975	1 907	519	973
14	206	516	351	9 905	308
15	549	4 091	5 073	239	6 042
1～5					
6～10					
11～15					
1～10					
6～15					
1～15					

练习二

题号	（一）	（二）	（三）	（四）	（五）
1	2 581	219	1 840	2 098	604
2	752	5 407	427	964	295
3	3 946	970	6 103	742	4 726
4	102	4 208	819	3 269	875
5	971	106	5 624	415	347
6	806	631	752	507	5 703
7	498	7 509	931	1 456	169
8	513	860	209	817	755
9	6 934	3 482	3 625	630	9 402
10	807	538	864	309	915
11	940	124	539	8 051	6 198
12	3 276	637	715	732	435
13	425	982	657	283	1 029
14	760	3 876	4 072	975	802
15	1 852	415	908	6 283	568
1～5					
6～10					
11～15					
1～10					
6～15					
1～15					

练习三

题号	（一）	（二）	（三）	（四）	（五）
1	469	5 728	458	9 825	7 240
2	9 328	149	784	297	315
3	602	6 817	329	706	468
4	1 865	304	560	571	602
5	234	8 037	198	8 391	1 856
6	7 615	293	9 623	483	247
7	372	458	249	3 517	905
8	5 091	963	8 563	184	539
9	802	5 602	691	6 043	901
10	617	752	8 012	210	6 173
11	705	829	501	974	498
12	483	205	3 047	683	2 073
13	259	6 984	104	746	126
14	1 407	306	875	4 209	8 635
15	394	714	2 357	560	947
1～5					
6～10					
11～15					
1～10					
6～15					
1～15					

第二节　珠算的基本减法

　　珠算减法与珠算加法，都是日常实际工作中用得最多的珠算运算方法，两者之间存在着逆运算的关系。珠算减法是珠算加法的基础，珠算除法是珠算减法的倍数表现。用珠算进行减法运算比用笔算、电子计算器算方便、迅速、准确。

因此,学好珠算减法是十分重要的。

一、减法定义

从一个数里减去另一个数的运算方法叫做减法。其公式为:

$$被减数-减数=差数$$

即

$$a-b=c$$

减法的运算顺序,首先确定个位档,然后将被减数拨入。运算时,从高位到低位,进行同位数相减,计算出得数。

[例 2-11]　某县手扶拖拉机供应站,有手扶拖拉机 75 台,售出 12 台,还有多少台?

第一步,定出个位档,将 75 拨入算盘。如图 2-14 所示。

第二步,对准数位,从高位到低位,进行同位数相减,减 12,得数 63。如图 2-15 所示。

答:还有 63 台。

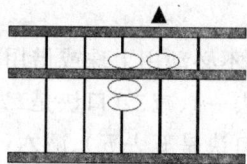

图 2-14

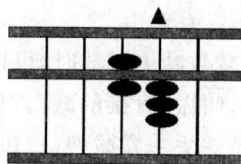

图 2-15

二、减法口诀

小学生们的珠算课,在讲减法时,强调先背诵 26 句口诀。有直接减掉的,叫"几去几"共 9 句;有"破五的减"共 4 句;有"退十的减"共 9 句;有"退十补五的减"共 4 句。如表 2-7 所示。

表 2-7　　　　　　　　减　法　口　诀

序号	直接的减	破五的减	退十的减	退十补五的减
	几去几	几上几去五	几退一还几	几退一还五去几
一	一去一	一上四去五	一退一还九	
二	二去二	二上三去五	二退一还八	
三	三去三	三上二去五	三退一还七	
四	四去四	四上一去五	四退一还六	
五	五去五		五退一还五	
六	六去六		六退一还四	六退一还五去一

序号	直接的减	破五的减	退十的减	退十补五的减
	几去几	几上几去几	几退一还几	几退一还五去几
七	七去七		七退一还三	七退一还五去二
八	八去八		八退一还二	八退一还五去三
九	九去九		九退一还一	九退一还五去四

注:① 每句口诀的第一个数字表示减数,后面的数字表示拨珠的动作以及所拨算珠代表的数;

② 去:是指将靠梁的算珠拨去靠边;

③ 上:是指拨算珠靠梁;

④ 退:指从本档的左一档上减。适用于本档上的被减数不够减去减数,要从前一档借 1 本档当 10 来减的情况;

⑤ 还:指在前一档借位后,应在本档上加。

(一)珠算减法口诀的内容

1. 直接的减

当被减数减去减数时,可以直接拨珠离梁,而不必动用上珠或借用左一档算珠的减法,叫做"直接的减"。如:减一(口诀是一去一)、减二(口诀是二去二)、减三(口诀是三去三)、减四(口诀是四去四)、减五(口诀是五去五)、减六(口诀是六去六)、减七(口诀是七去七)、减八(口诀是八去八)、减九(口诀是九去九)等。

直接的减共 35 题,如表 2-8 所示。

表 2-8　　　　　直　接　的　减

1-1	2-2	3-3	4-4	5-5	6-6
2-1	3-2	4-3	9-4	6-5	7-6
3-1	4-2	8-3		7-5	8-6
4-1	7-2	9-3		8-5	9-6
6-1	8-2			9-5	7-7
7-1	9-2				8-7
8-1					9-7
9-1					9-8
					9-9

[例 2-12]　4 899－1 243＝3 656

运算时先定好个位,将被减数 4 899 按从高位到低位的顺序(从左往右)拨在算盘上。然后再根据同位相减的规则,从左到右,用一去一、二去二、三去三的口诀,依次减去 1 243,便得出差数 3 656。

[例2-13]　67 894.53－56 372.52＝11 522.01

运算时先定好个位,将被减数 67 894.53 按从高位到低位的顺序(从左往右)拨在算盘上。然后再根据同位相减的规则,从左到右,用五去五、六去六、三去三、七去七、二去二、五去五、二去二的口诀减去 56 372.52,便得出差数11 522.01。

2. 破五的减

当被减数减去减数,本档的下珠不够减时,就应减去上珠五,同时把多减的数在下珠加回来。这种方法叫做"破五的减"。如减一(口诀是一上四去五)、减二(二上三去五)、减三(三上二去五)、减四(四上一去五)。

破五的减共 10 题,如表 2-9 所示。

表 2-9 破 五 的 减

5－1	5－2	5－3	5－4
	6－2	6－3	6－4
		7－3	7－4
			8－4

[例2-14]　765 675－342 430＝423 245

运算时先定好个位,将被减数 765 675 按从高位到低位的顺序(从左往右)拨在算盘上。然后再根据同位相减的规则,从左到右,用三上二去五、四上一去五、二上三去五、四上一去五、三上二去五的口诀减去 342 430,便得出差数423 245。

3. 退十的减

是指本档不够减时,前档需退一并在本档加上补数的算题。如减一(口诀是一退十还九)、减二(口诀是二退十还八)、减三(口诀是三退十还七)、减四(口诀是四退十还六)、减五(口诀是五退十还五)、减六(口诀是六退十还四)、减七(口诀是七退十还三)、减八(口诀是八退十还二)、减九(口诀是九退十还一)。

退十的减共 35 题,如表 2-10 所示。

[例2-15]　124 567－95 879＝28 688

运算时先定好个位,将被减数 124 567 按从高位到低位的顺序(从左往右)拨在算盘上。然后再根据同位相减的规则,从左到右,用九退十还一、五退十还五、八退十还二、七退十还三、九退十还一的口诀减去 95 879,便得出差数 28 688。

表 2-10 　　　　　　　　　　退 十 的 减

10—1	10—5	10—6	10—7	10—8	10—9
10—2	11—5	6—15	11—7	11—8	11—9
11—2	12—5		7—15	12—8	12—9
10—3	5—13		7—16	8—15	9—13
11—3	5—14			8—16	9—15
12—3				8—17	9—16
10—4					9—17
11—4					9—18
12—4					
4—13					

4. 退十补五的减

指个位不够减,十位退一,个位拨入上珠再拨去多加的几个下珠的算题。如减六(口诀是六退一还五去一)、减七(口诀是七退一还五去二)、减八(口诀是八退一还五去三)、减九(口诀是九退一还五去四)。

退十补五的减共 10 题,如表 2-11 所示。

表 2-11 　　　　　　　　　　退十补五的减

11—6	12—7	8—13	9—14
12—6	13—7	14—8	
13—6	14—7		
14—6			

[例 2-16] 14 334－8 679＝5 655

运算时先定好个位,将被减数 14 334 按从高位到低位的顺序(从左往右)拨在算盘上。然后再根据同位相减的规则,从左到右,用八退十还五去三、六退十还五去一、七退十还五去二、九退十还五去四的口诀减去 8 679,便得出差数 5 655。

(二)珠算减法口诀的优缺点

从口诀表可以看出,珠算减法口诀的优点是:减法口诀的每个字都表示运珠形态。见数读诀,珠动数出,不假思索。珠算减法口诀的缺点是:传统的减法,一律用口诀,未免繁琐,不利于脑力的发挥。这 26 句口诀,有的形同虚设,如"几去几"的 9 句,不须读就行。读的部分,先学后弃也行。"弃"是以更简便的方法代替而不是取消。

三、五字减法

五字减法中的"五字",是根据运珠的五种形态概括而来的,分述如下。

1. 去减法

在计算完毕之后,凡靠梁珠的任何数已无存在价值应拨去,称"去",如33－33,596－596,836－836 等。以"去"字代替"几去几"的九句口诀。如图2-16所示。

2. 分减法

在盘上示数的任何数,减去某数后还有余数,能直接减掉,不须加以转换,很直观。如927－602,569－513,467－315 等。因为减去的数是从某数分开的,称"分"。如图2-17所示。

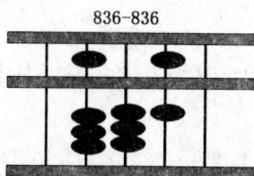

836－836

图2-16

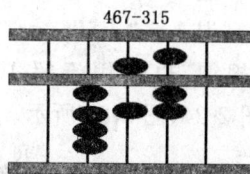

467－315

图2-17

3. 还减法

从一位上减数,不能直接分,而需用 5 转换形式的称"还"。"还"的含义是"借",借"5"为还。算盘的5,只用一颗上珠表示,在计算中须加转换。从此,减法难度大了,但它有一定规律。

因为,3＋2＝5,1＋4＝5,所以,应记住下面的规律:

凡减 3,下珠"＋2",上珠靠边还"5",如 5－3、6－3、7－3、56－33 等。如图2-18 所示。

凡减 2,下珠"＋3",上珠靠边还"5",如 5－2、6－2、66－22 等。如图2-19 所示。

凡减 4,下珠"＋1",上珠靠边还"5",如 5－4、6－4、7－4、8－4、77－44 等。如图2-20 所示。

凡减 1,下珠"＋4",上珠靠边还"5",如 5－1、55－11 等。如图2-21 所示。

4. 退减法

凡本档数不够减需借左位数的减法称退减法。传统口诀称"退十的减"有九句,每句五个字,如"一退一还九","二退一还八"……

为了简化,仅用一个"退"字代之。

图 2-18   图 2-19   图 2-20   图 2-21

因为，$1+9=10$，$2+8=10$，$3+7=10$，$4+6=10$，$5+5=10$，所以，应记住下面的规律：

凡减 9，退 1 必"+1"；凡减 1，退 1 必"+9"；

凡减 8，退 1 必"+2"；凡减 2，退 1 必"+8"；

凡减 7，退 1 必"+3"；凡减 3，退 1 必"+7"；

凡减 6，退 1 必"+4"；凡减 4，退 1 必"+6"；

凡减 5，退 1 必"+5"。

这一规律，也适用于超 10 的，如 $11-9$、$12-8$、$13-4$ 等。如图 2-22、图 2-23、图 2-24、图 2-25 所示。

图 2-22   图 2-23   图 2-24   图 2-25

5. 落减法

落减法传统口诀称"退十补五的减"。四句口诀是专门针对 $14-9$、$13-8$、$12-7$、$11-6$ 而言。因这四个数的减法，出现十位、个位（包括上珠、下珠）都向下落珠的现象，故称"落"。这种计算，是口诀中最难的部分，每句有七个字，如：

$11-6=5$，读"六退一还五去一"；

$12-7=5$，读"七退一还五去二"；

$13-8=5$，读"八退一还五去三"；

$14-9=5$，读"九退一还五去四"。

简单的计算，如此困难，不能不改。改的方法，就是用一个"落"字来概括。

因为，在算盘上：

"6"由上珠一个珠和下珠一个珠来表示；

"7"由上珠一个珠和下珠二个珠来表示；

"8"由上珠一个珠和下珠三个珠来表示；

"9"由上珠一个珠和下珠四个珠来表示。

所以,凡减去 6、7、8、9 时,前档都退一个下珠下落,本档的上珠都靠梁下落,下珠分别为一个珠、二个珠、三个珠、四个珠靠框下落。如图 2-26、图 2-27、图 2-28、图 2-29 所示。

 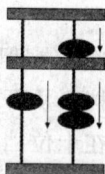  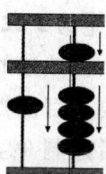

图 2-26　　　　图 2-27　　　　图 2-28　　　　图 2-29

以上我们介绍的珠算减法的五种形态直接、形象、易掌握,熟练后打减法就能不假思索,运用自如。在进行多位数减法时,几种运珠形态有可能同时运用,有可能运用一种或两、三种。在多位数相减时,关键是位数要对齐、不能减错位,从高位到低位,顺序相减。

[例 2-17]　487−356＝131

① 把被减数 487 置于盘上。

② 拨减 356,这是"分减法",得数 131。

[例 2-18]　856−413＝443

① 把被减数 856 置于盘上。

② 拨减 413,这是"还减法",得数 443。

[例 2-19]　6 325−587＝5 738

① 把被减数 6 325 置于盘上。

② 拨减 587,这是"退减法",得数 5 738。

[例 2-20]　23 434−7 869＝15 565

① 把被减数 23 434 置于盘上。

② 拨减 7 869,这是"落减法",得数 15 565。

[例 2-21]　5 431−3 728＝1 703

① 把被减数 5 431 置于盘上。

② 拨减 3 728,分别运用了"还减法"、"落减法"、"分减法"、"退减法",得数 1 703。

四、隔档借位的减法

用珠算进行减法运算,有时会遇到被减数本档不够减,需要向左一档借位,而左一档又无数可借,需向左二档或左三档借位,才能运算的情况,像这种类型的减法,就叫做隔档借位减法。隔档借位减法,可分为隔一档借位减法、隔两档借位减法、隔三档借位减法、隔四档借位减法……它是根据被减数本档到能借位的档位之间间隔档数的多少来区分的。虽然它们各自间隔的档数不同,但它们的规律是一样的。

1. 隔一档借位的减法

[**例 2-22**] 102－8＝94

被减数的个位档是 2,不够减,就向十位档借位,但十位档是 0,不能借位,这就要从百位档借位(从个位到百位,中间隔一档),从百位档借的 1 是 100,减去 8 以后还剩 92,拨珠的顺序是,从百位档退 1。在十位档加上 9,个位档加上 2。

由此可知,隔一档借位减法口诀的形式是:几退一还 9 几。

口诀中的第一个"几"指的是减数,"退 1"指在百位档减去 1,"还九几"指在百位档之后,加上"九几","九几"的几与"几退一"的几是相互为补数。

2. 隔二档借位的减法

[**例 2-23**] 1 002－4＝998

被减数的个位档是 2,不够减 4,十位档、百位档都是 0,不能借位,必须从千位档借位。因为被减数中间有 2 个零,所以从千位档退 1 后,在其后档加上两个9,在个位档加上 4 的补数 6,得数 998。

由此可知,隔两档借位的减法口诀形式是:几退一还 99 几。

3. 隔三档借位的减法

[**例 2-24**] 10 007－9＝9 998

根据隔一档、隔两档借位减法的道理,隔三档借位减法的口诀形式是:几退一还 999 几,由上可见,隔档借位减法的规律是:隔几档借位,退 1 后要还几个9,并在被减数本档加还"几"。还"几"与减数"几"互为补数。

五、倒减法(倒刨)

在减法运算过程中,当被减数小于减数时,为了计算方便,可利用虚借"1"的方法(所谓虚借,就是指盘上某一档位,原来无珠靠梁,为了能在该档位借到1,而人为地凭空把一颗算珠拨靠梁),加大被减数后,再减去减数,算出应得的差。这种方法叫倒减法(或倒刨)。继续运算,当能够归还虚借"1"时,要及时还掉,其结果为正值。如果计算结果不够归还虚借的"1"时,则算盘上的数并不是算题的答数,而它的补数的负值才是算题的答数,其结果为负值。(看补数:左边逐位凑成 9,最末位凑成 10 的数为该数的补数)。总之,在减法运算过程中不够减前档虚借"1",随借随还,不还的盘上数的补数的负值是所得的答数。

1. 能够归还虚借"1"的运算

[**例 2-25**] 47.28－56.79＋35.18＝25.67

```
         47.28
    ＋  100.00    …………虚借"1"
        147.28
    －   56.79
         90.49    …………差数
    ＋   35.18
        125.67
    －  100.00    …………归还虚借"1"
         25.67    …………所求结果(为正值)
```

2. 不能够归还虚借"1"的运算

[例2-26]　635.42－1 807.69＋796.58＝－375.69

```
         635.42
    ＋  10 000.00   …………在万位虚借"1"
      10 635.42
    －   1 807.69
       8 827.73    …………差数
    ＋    796.58
       9 624.31
    －  10 000.00
      －375.69     …………不能归还虚借的"1"(得负值)
```

3. 先虚借的数未还又续虚借的运算

[例2-27]　534－769＋24－817＝－1 028

```
        534
   ＋  1 000   …………在千位虚借"1"
      1 534
   －   769
       765    …………差数
   ＋    24
       789    …………和数
   ＋ 10 000   …………在千位虚借"1"未还,又在万位虚借"1"
     10 789
   －  1 000   …………在万位虚借"1"后,先归还千位虚借"1"
```

$$
\begin{array}{r}
9\ 789 \\
-\quad\ \ 817 \\
\hline
8\ 972 \quad\cdots\cdots\cdots\cdots 差数 \\
-\ 10\ 000 \\
\hline
-1\ 028 \quad\cdots\cdots\cdots\cdots 不能归还在万位虚借的"1"（得负值）
\end{array}
$$

六、传统减法练习题及练习方法

1. 七盘成还原

在进行加法七盘成练习所得数 987 654 321 中，连减 8 次 123 456 789，再减 9，结果为 0。要求 50 s 完成。

2. 九盘成还原

在加法九盘成的得数 1 234 567 890 中，连减 10 次 123 456 789，结果为 0。要求 70 s 完成。

3. 减百子

减百子是在盘上拨出 5 050，在这个数从 1 起，顺序减到 100，即减 1、减 2、减 3……减到 100，全部减完。

减百子其中部分得数如表 2-12 所示。

表 2-12 减百子部分得数表

减到数	10	25	35	50	60	70	80	90	100
差数	4 995	4 725	4 420	3 775	3 220	2 565	1 810	955	0

练 习 题

1. 减法口诀练习

直接的减练习一

① 23 - 11 =   ② 42 - 21 =

③ 43 - 21 =   ④ 73 - 13 =

⑤ 49 - 43 =   ⑥ 64 - 13 =

⑦ 99 - 44 =   ⑧ 79 - 24 =

⑨ 96 - 55 =   ⑩ 77 - 15 =

直接的减练习二

① 87 - 66 =   ② 96 - 56 =

③ 87 - 77 =   ④ 49 - 37 =

⑤ 69 − 18 =

⑥ 87 − 86 =

⑦ 99 − 48 =

⑧ 79 − 29 =

⑨ 39 − 19 =

⑩ 98 − 38 =

直接的减练习三

① 48 − 16 =

② 63 − 51 =

③ 76 − 65 =

④ 32 − 21 =

⑤ 87 − 25 =

⑥ 98 − 77 =

⑦ 792 − 581 =

⑧ 436 − 315 =

⑨ 298 − 163 =

⑩ 346 − 211 =

直接的减练习四

① 972 − 210 =

② 852 − 602 =

③ 2 949 − 1 736 =

④ 3 789 − 1 215 =

⑤ 4 565 − 2 510 =

⑥ 7 159 − 5 053 =

⑦ 8 458 − 2 258 =

⑧ 8 578 − 5 563 =

⑨ 6 891 − 5 311 =

⑩ 9 767 − 4 516 =

破五的减练习一

① 35 − 11 =

② 56 − 11 =

③ 95 − 51 =

④ 65 − 41 =

⑤ 75 − 11 =

⑥ 46 − 12 =

⑦ 53 − 23 =

⑧ 85 − 32 =

⑨ 65 − 53 =

⑩ 96 − 52 =

破五的减练习二

① 37 − 13 =

② 76 − 23 =

③ 57 − 33 =

④ 65 − 33 =

⑤ 85 − 73 =

⑥ 67 − 44 =

⑦ 58 − 44 =

⑧ 72 − 41 =

⑨ 85 − 34 =

⑩ 86 − 64 =

破五的减练习三

① 25 − 11 =

② 65 − 21 =

③ 67 − 34 =

④ 56 − 22 =

⑤ 86 − 53 =

⑥ 95 − 82 =

⑦ 656 − 432 =

⑧ 375 − 134 =

⑨ 867 − 434 =

⑩ 589 − 145 =

破五的减练习四

① 756 − 324 =

② 956 − 304 =

③ 5 678 − 2 434 =

④ 6 596 − 2 233 =

⑤ 7 575 − 3 344 =

⑥ 5 939 − 3 728 =

⑦ 8 165 − 4 042 =　　⑧ 4 578 − 3 334 =

⑨ 3 956 − 2 844 =　　⑩ 8 685 − 6 443 =

退十的减练习一

① 60 − 44 =　　② 20 − 11 =

③ 31 − 22 =　　④ 50 − 42 =

⑤ 72 − 63 =　　⑥ 60 − 33 =

⑦ 70 − 54 =　　⑧ 32 − 24 =

⑨ 83 − 75 =　　⑩ 52 − 25 =

退十的减练习二

① 60 − 46 =　　② 95 − 56 =

③ 65 − 47 =　　④ 80 − 27 =

⑤ 57 − 18 =　　⑥ 85 − 38 =

⑦ 76 − 48 =　　⑧ 80 − 59 =

⑨ 73 − 39 =　　⑩ 68 − 29 =

退十的减练习三

① 52 − 28 =　　② 47 − 19 =

③ 21 − 14 =　　④ 72 − 68 =

⑤ 51 − 23 =　　⑥ 85 − 57 =

⑦ 434 − 245 =　　⑧ 565 − 389 =

⑨ 278 − 149 =　　⑩ 353 − 235 =

退十的减练习四

① 841 − 652 =　　② 674 − 385 =

③ 458 − 269 =　　④ 3 266 − 1 479 =

⑤ 4 601 − 1 755 =　　⑥ 5 863 − 1 864 =

⑦ 8 111 − 4 879 =　　⑧ 7 462 − 2 499 =

⑨ 6 201 − 3 288 =　　⑩ 6 873 − 3 929 =

退十补五的减练习一

① 43 − 26 =　　② 71 − 56 =

③ 64 − 36 =　　④ 52 − 16 =

⑤ 81 − 76 =　　⑥ 42 − 27 =

⑦ 73 − 47 =　　⑧ 62 − 37 =

⑨ 44 − 17 =　　⑩ 83 − 67 =

退十补五的减练习二

① 53 − 38 =　　② 44 − 18 =

③ 43 − 28 =　　④ 74 − 58 =

⑤ 83 − 68 =　　⑥ 64 − 49 =

⑦ 54 − 29 =　　⑧ 84 − 69 =

⑨ 34 － 19 ＝

退十补五的减练习三

① 44 － 39 ＝　　　　　② 63 － 47 ＝

③ 54 － 28 ＝　　　　　④ 32 － 16 ＝

⑤ 73 － 27 ＝　　　　　⑥ 434 － 376 ＝

⑦ 373 － 297 ＝　　　　⑧ 244 － 179 ＝

⑨ 723 － 368 ＝　　　　⑩ 432 － 146 ＝

退十补五的减练习四

① 754 － 467 ＝　　　　② 512 － 367 ＝

③ 3 123 － 2 567 ＝　　④ 2 044 － 1 489 ＝

⑤ 7 123 － 4 678 ＝　　⑥ 2 345 － 1 786 ＝

⑦ 6 312 － 4 377 ＝　　⑧ 5 234 － 2 789 ＝

⑨ 3 653 － 1 896 ＝　　⑩ 8 612 － 2 456 ＝

2．五字减法练习

分减法练习

① 68 794 － 12 543 ＝　　　　② 12 349 － 11 334 ＝

③ 98 437 － 46 327 ＝　　　　④ 78 946 － 23 835 ＝

⑤ 67 483 － 52 361 ＝　　　　⑥ 753 286 － 652 075 ＝

⑦ 928 974 － 403 763 ＝　　　⑧ 9 684.39 － 4 573.28 ＝

⑨ 576 487.89 － 561 352.34 ＝　　⑩ 987 654.32 － 876 503.21 ＝

还减法练习

① 56 787 － 42 344 ＝　　　　② 87 656 － 44 323 ＝

③ 876 567 － 442 443 ＝　　　④ 676 557 － 432 434 ＝

⑤ 886 775 － 442 341 ＝　　　⑥ 6 868.76 － 4 434.32 ＝

⑦ 7 687.57 － 3 244.34 ＝　　　⑧ 88 765.77 － 44 342.44 ＝

⑨ 658 567.57 － 414 324.34 ＝　　⑩ 5 566 567.87 － 4 332 143.44 ＝

退减法练习

① 145 678 － 56 789 ＝　　　　② 187 654 － 98 875 ＝

③ 112 765 － 29 876 ＝　　　　④ 215 036 － 96 347 ＝

⑤ 1 763 621 － 975 853 ＝　　　⑥ 16 437.85 － 8 598.96 ＝

⑦ 12 643.21 － 9 759.85 ＝　　　⑧ 187 654.32 － 98 875.59 ＝

⑨ 187 654.32 － 98 875.59 ＝　　⑩ 151 035.87 － 68 647.99 ＝

落减法练习

① 11 234 － 6 789 ＝　　　　② 144 322 － 67 676 ＝

③ 823 442 － 78 986 ＝　　　④ 23 443 313 － 6 787 475 ＝

⑤ 1 234 443 － 678 678 ＝　　⑥ 23 434.24 － 6 977.68 ＝

⑦ 342 343.21 － 67 678.66 ＝　　⑧ 412 343.21 － 67 897.66 ＝

⑨ 1 324 123.15 − 877 664.78 =   ⑩ 1 438 340.61 − 989 674.85 =

3. 计算下列各题

① 5 879 − 3 201 =   ② 775 568 − 431 324 =

③ 3 434 − 1 095 =   ④ 4 434 − 2 867 =

⑤ 9 816 − 3 084 − 4 567 =   ⑥ 8 714 − 5 016 − 2 786 =

⑦ 8 291 − 1 483 − 5 076 =   ⑧ 673.91 − 237.18 − 94.25 =

⑨ 20 000 001 − 4 =   ⑩ 50 241 − 248 =

4. 计算下列各题(倒减法)

① 67 317 − 71 825 + 82 941 − 1 027 − 81 641 =

② 234 + 536 − 978 + 641 =

③ 563.24 − 287.51 − 1 547.23 − 392.07 =

④ 15 843 − 26 835 + 60 329 − 175 417 − 123 171 =

5. 减法练习

题号	(一)	−(二)	−(三)	余数
1	89 456.23	41 802.59	26 953.41	
− 2	6 340.98	549.61	2 408.69	
− 3	24 581.03	3 016.48	546.27	
− 4	17 420.96	2 451.03	3 065.72	
− 5	9 485.37	392.54	1 284.05	
− 6	25 980.45	603.81	831.94	
1～6 之差				
题号	(一)	−(二)	−(三)	余数
1	6 351 827	410 358	891 507	
− 2	745 129	64 591	50 946	
− 3	218 490	9 384	8 423	
− 4	94 038	15 023	20 158	
− 5	403 617	86 419	15 649	
− 6	59 264	3 205	4 031	
1～6 之差				
题号	(一)	−(二)	−(三)	余数
1	63 584.19	20 381.65	9 461.53	
− 2	1 905.78	816.47	205.94	

续表

题号	（一）	-（二）	-（三）	余数
-3	8 469.53	2 034.96	1 094.62	
-4	754.81	16.84	201.96	
-5	953.06	201.58	46.38	
-6	7 201.94	648.13	2 135.47	
1~6 之差				

第三节　珠算的简捷加减法

　　珠算加减法,既是财经工作和日常生活中使用得最多的运算方法,又是学习珠算乘、除法的基础。如何提高珠算加减法的运算速度,多年来一直是国内外珠算界的研究工作者、教育工作者重点研究的课题。研究的结果和实践证明,手指拨珠的频率是有限的,靠加快手指拨珠的频率来提高运算速度,所能提高的幅度也是极为有限的。最有效的方法是珠算、心算结合进行的加减法运算。珠算、心算结合的加减法,就是将原来逐笔相加或逐笔相减的珠算运算,用心算将并行相加或相减所得的结果进行累加或累减,从而减少手指拨珠的次数和在盘上运行的次数,达到快速计算的目的。这就要求必须具备扎实的珠算基础、较强的心算能力和多方面的心算技巧等。

　　一、一目多行直加法

　　一目多行直加法是将多笔同位数心算求出和数,在盘上相应的档位逐位迭加,以求多行加数和的方法。主要包括一目二行、三行和五行直加法。

　　[例 2-28]　一目二行加法

算题	心算得数	盘上得数
27 854		
49 306	77 160	77 160
184 784		
936 457	1 121 241	1 198 401
59 324		
+ 86 454	145 778	1 344 179
1 344 179		

　　此题共六行数,一次算两行,分为三组来计算:
　　① 计算第 ① 组。用心算 27 854＋49 306,从万位起,逐位计算各同位数的

数字之和,并将和数加在相应的档位上。本组的和是 77 160。

② 计算第 ② 组。用心算 184 784＋936 457 各相同数位上的数字之和加到算盘上。本组经计算求和是 1 121 241,与第 ① 组的和数相加后,所得和为1 198 401。

③ 计算第 ③ 组,用心算 59 324＋86 454,得和为 145 778,逐位加入盘上,盘终,得数 1 344 179。

拨珠入盘应注意:各列求和的个位要加拨在该列各数字所对应的档位上,十位则加拨在前一档上,依次递位迭加,最后盘上得数即为所求结果。

[例 2-29] 一目三行的加法

367 092＋730 265＋904 132＝2 001 489

```
      3 6 7 0 9 2
      7 3 0 2 6 5
+     9 0 4 1 3 2
    1 9………从百万位起拨入盘
        9………从万位起拨入盘
      1 1………从万位起拨入盘
          3………从百位起拨入盘
        1 8………从百位起拨入盘
            9………从个位起拨入盘
  ─────────────────
    2 0 0 1 4 8 9………得数
```

[例 2-30] 一目五行的加法

238 049＋394 602＋761 928＋597 064＋456 192＝2 447 835

```
      2 3 8 0 4 9
      3 9 4 6 0 2
      7 6 1 9 2 8
      5 9 7 0 6 4
+     4 5 6 1 9 2
    2 1………从百万位起拨入盘
      3 2………从十万位起拨入盘
      2 6………从万位起拨入盘
        1 6………从千位起拨入盘
        2 1………从百位起拨入盘
          2 5………从十位起拨入盘
  ─────────────────
    2 4 4 7 8 3 5………得数
```

二、一目三行抛九法加法

一目三行抛九法,也是"一目三行弃九法"或"一目三行弃九舍十法"。它是在三笔数加法运算中,从高位算起,当首次遇到三行之和满九时,就在"前位"进一;"中位"之和,超九加余,欠九减差(即和与9的差数);"末位"之和,超十加余,欠十减差(即末位之和与10的差数)。"前位"进一是指在"前位"那一位上提前加1。"前位"不一定是首数,它需在运算中临时确定。确定"前位"可以用题中三笔同位数之和来确定,即三笔同位数之和,最先满9或超9的那一位的前一位即为"前位"。"中位"是"前位"至末位前的档位。"末位"是运算的最后一个档位。这种算法简化了运算程序,因此提高了计算速度。

[例2-31]　21 648＋397 106＋52 741＝471 495

```
      2  1  6  4  8
   3  9  7  1  0  6
+     5  2  7  4  1
───────────────────
4··········3＋1＝4(十万位为前位,前位进一),从十万位起拨入盘
   7··········抛九后余7,从万位起拨入盘
      1··········抛九后余1,从千位起拨入盘
         5··········抛九后余5,从百位起拨入盘
         －1··········抛九后余－1,从十位起拨入盘,本档不够减1,
                     从百位借1,十位加9
            5··········减十后余5,从个位起拨入盘
───────────────────
4  7  1  4  9  5··········得数
```

[例2-32]　67 428＋9 580 273＋6 491 037＝16 138 738

```
         6  7  4  2  8
   9  5  8  0  2  7  3
+  6  4  9  1  0  3  7
──────────────────────
1··········千万位为前位,前位进1,从千万位起拨入盘
   6··········百万位抛九后余6,从百万位起拨入盘
      0··········抛九后无余为0,十万位档空
      1  4··········抛九后余14,前档加1,本档加4
         －1 9··········抛九后余－1,从千位起减1,本档不够减,从万
                     位借1,千位加9
            －1 7··········抛九后余－3,从百位起减3,本档不够减,从
                        千位借1,百位加7
               3··········抛九后余3,从十位起拨入盘
```

8············减十后余8,从个位起拨入盘

1 6 1 3 8 7 3 8

"抛九法"同样适用于一目五行的加法运算。

三、分节计算法

在加减的多笔数字计算中,遇到一连串位数较多、首位数排列不齐的数字,可以按分节号把数字分成若干节,按分节从左到右,从上到下依次算完全部数字。这种运算方法,叫做分节运算法。其要领是:"分节运算,先左后右,由上到下,逐行加减"。

[例2-33] 8 720 536＋7 801 653＋6 487＋5 749＋4 279 108＝20 813 533

(1)	(2)	(3)
8	720	536
7	801	653
	6	487
	5	749
＋ 4	279	108
20	813	533

运算步骤及方法:先选定个位档,首先把第一节百万位上的8、7、4相加,再把第二节的十万位、万位、千位的数相加,最后再把第三节的百位、十位、个位的数相加,得数20 813 533。

四、穿梭计算法

穿梭计算法又叫"来回打",在算盘进行多笔数加减混合运算时使用,一般是按"高位算起、逐位相加减"的方法进行。为了提高运算速度,达到"珠不重拨,手不空回"的境界,根据"固定个位,同位加减"的原则,计算时可以采用第一行从高位向低位进行加减,第二行从低位向高位进行加减,第三行再由高位向低位进行加减……如此往复进行计算。此法来回运算,可避免手空走,也不易错位,是单行加减算的较佳方法,也可用于一目多行计算。

[例2-34] 一目一行穿梭计算法

```
    9 0 3 6 4 5 2 1    ⟶
        4 9 8 6 0      ⟵
      9 4 0 1 7 5 8    ⟶
        9 3 0 1 6 7    ⟵
  ＋ 8 8 2 5 7 3 8 0    ⟶
  ─────────────────
    1 8 9 0 0 3 6 8 6
```

[**例 2-35**]　一目三行穿梭计算法

　　24 590 378

　　7 614 035

　　　39 104　从高位到低位一目三行置数

　　——————→

　　8 473 962

　　　　7 619

　　60 182 493　从低位到高位一目三行相加

　　←——————

　　　26 780

　　407 613

＋　　78 432　从高位到低位一目三行相加

　　——————

　　101 420 416

五、补数计算法

　　补数计算法是加整减零或减整加零的算法,因此,也叫"凑整加减法"。如遇到某笔加数或减数小于且接近 10 的乘方数或接近某整数时,即可利用互补、凑整关系进行计算。如某加数为 998,接近 1 000,且由于 998＝1 000－2,就可利用互补关系,在千位上加 1,在个位上减 2。又如某减数为 3 996,接近整数4 000,且－3 996＝－4 000＋4,就可利用凑整关系,在千位上减 4,在个位上加4,这样可以减少拨珠次数,加快计算速度。

[**例 2-36**]　32 746＋9 997＝32 746＋10 000－3＝42 743

　　第一步,选定个位档,将被加数 32 746 拨在算盘上,如图 2-30 所示。

　　第二步,加数 9 997 接近 10 000,即加上 10 000,如图 2-31 所示。

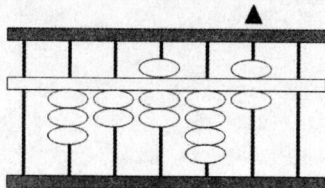
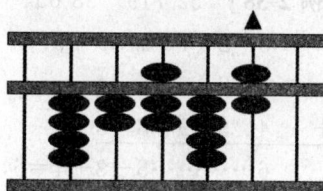

　　　　图 2-30　　　　　　　　　　　　　图 2-31

　　第三步,减去多加的补数 3,得数 42 743,如图 2-32 所示。

六、低位起加法

　　这种方法适合多笔多位长短数,也就是忽长忽短的数字,一律从右(最低位)

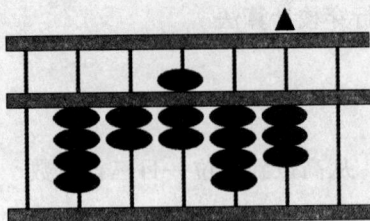

图 2-32

到左（最高位），相同的数位对齐相加，优点是不需定位，准确率高，缺点是不习惯反方向相加。

[例 2-37]　12 345 678＋962＋2 451＋728 742＝13 077 833

```
    12 345 678
 ←
           962
         2 451
 +       728 742
 ←
    ─────────────
    13 077 833
```

七、一目多行混合加减法

加减混合运算题，与单纯的加法运算相比，加减混合运算题情况复杂，运算的过程多、难度大。尽管如此，同样可以采用一目多行混合加减法的算法，主要是一目三行、一目五行的算法。运算时，题中的各个加数是正数，减数是负数。各组同位数的正数和负数相加后，余数如果是正数，就加入算盘上，如果是负数，就在算盘上减去此数，本档不够减，就从前一档退一本档当10减，减后所得的余数要加到本档上。盘终，就得到所要求的答数。

[例 2-38]　52 719－38 654＋46 983＝61 048

```
     5 2 7 1 9
 －   3 8 6 5 4
 ＋   4 6 9 8 3
    ───────────
     6 ·········5－3＋4＝6,从万位加6
     0 ·········2＋6－8＝0,千位档空档
    1 0 ·········7－6＋9＝10,从千位加1,百位档空档
       4 ·········1－5＋8＝4,从十位加4
         8 ·········9－4＋3＝8,从个位加8
    ───────────
     6 1 0 4 8
```

[例 2-39]   350 287＋593－8 706－94 025＋7 169＝255 318

```
    3 5 0 2 8 7
+         5 9 3
-       8 7 0 6
-     9 4 0 2 5
+       7 1 6 9
```

3··············   **直接从十万位起加 3**

－4··············   **5－9＝－4,从万位起减去 4,本档不够减,从十**

                           万位借 1,万位加 6

     －5··············   **－8－4＋7＝－5,从千位减去 5,本档不够**

                       减,从万位借 1,千位加 5

        1··············   **(2＋5)－7＋1＝1,从百位加 1**

        2 1··············   **(6－2)＋8＋9＝21,从百位加 2,十位加 1**

            8··············   **(7＋3)－(6＋5)＋9＝8,从个位加 8**

```
    2 5 5 3 1 8
```

练 习 题

1. 下列习题要求在 10 分钟内完成

① 865＋628＋283＋147＋398＋218＋629＋508＋867＋714＝

② 7 685＋3 516＋8 879＋9 624＋2 614＋3 519＋2 763＋5 643＋7 218＋2 915＝

③ 89 412＋27 549＋78 316＋38 249＋59 234＋72 675＋96 274＋85 863＋57 397＋
25 173＝

④ 316 826＋128 365＋315 283＋817 539＋214 629＋412 812＋184 508＋515 867＋
215 356＝

⑤ 651.25－67.98－24.68－25.79－2.85－21.76＝

⑥ 9 000－2 185.12－185.76－213.16－765.92－205.01＝

⑦ 30 202.96－1 276.54－216.06－314.25－301.06＝

⑧ 812.64－56.72－34.21－86.31－7.65－12.76＝

2. 简捷加减法练习

题号	（一）	（二）	（三）	（四）	（五）
1	9 468 537	765 124	905 384	589.08	8 217.39
2	3 082	30 478	8 571	45 782.93	− 40.26
3	74 956	8 246 135	543 092	− 7 932.50	− 935.78
4	126 370	7 619	71 256	− 45.81	32 648.01
5	5 498	52 843	9 264 103	392.85	5 829.38
6	87 013	904 157	5 083	7 839.38	732.50
7	401 562	3 286	39 612	32 520.73	− 60.93
8	180 973	65 702	782 036	− 92.75	8 291.71
9	6 254	687 490	9 157	− 7 206.19	49 359.28
10	31 890	527 016	43 578	385.28	− 371.39
11	4 729 561	9 432	597 128	83.36	49.46
12	340 728	10 687	8 219	2 340.57	− 1 093.44
13	9 215	9 583 240	456 892	− 628.18	469.02
14	708·346	127 596	48 465	3 945.02	− 89.41
15	51 609	8 903	5 573 872	− 81.37	4 870.28
1～5					
6～10					
11～15					
1～10					
6～15					
1～15					

3. 加减法综合练习

练习一

题号	（一）	（二）	（三）	（四）	（五）
1	7 240.85	41.62	32.76	8 140.32	89.46
2	− 9.73	935.87	835.98	7.69	724.59
3	68.14	6 027.19	5 027.15	− 518.05	− 8.58
4	− 503.27	− 6.48	− 7.49	− 93.57	9 548.87
5	8 216.49	− 306.72	− 606.52	7 045.62	− 6.82
6	− 4.30	98.45	48.47	854.36	− 97.39
7	85.96	7 512.30	3 512.70	− 209.57	530.84
8	− 472.01	− 639.14	− 539.17	5 398.64	5 384.78
9	3 961.54	− 706.41	− 206.41	1.98	− 9.27
10	8.01	9 385.26	7 387.29	− 65.04	− 403.48
11	739.16	48.03	58.07	742.95	65.94
12	− 42.80	− 62.79	− 42.75	9 804.28	4 278.05
13	1 056.73	510.83	410.83	− 2.84	− 307.36
14	− 974.58	8 479.26	9 472.27	− 49.90	543.83
15	391.62	− 5.90	− 4.99	276.49	8 092.77
1～5					
6～10					
11～15					
1～10					
6～15					
1～15					

练习二

题号	（一）	（二）	（三）	（四）	（五）
1	8 502	825	926	5 093	589
2	− 371	− 504	5 073	− 627	6 210
3	624	6 387	− 961	894	− 483
4	9 358	− 415	− 372	3 251	− 715
5	− 674	942	4 158	− 840	2 964
6	913	8 136	473	− 915	398
7	4 160	− 752	− 829	2 036	− 109
8	− 823	801	6 014	− 751	8 642
9	− 569	5 067	− 539	689	− 931
10	8 017	− 930	706	7 402	506
11	952	− 821	3 245	− 319	4 813
12	943	2 047	− 718	745	− 520
13	7 860	− 196	169	9 123	379
14	− 594	348	7 025	− 560	9 254
15	− 706	7 605	− 840	748	− 861
1～5					
6～10					
11～15					
1～10					
6～15					
1～15					

练习三

题号	（一）	（二）	（三）	（四）	（五）
1	7 564	701 925	60 572	534	7 193
2	896 301	− 83 569	− 521	78 601	820 564
3	− 74 259	− 5 240	705 893	− 5 431	− 931
4	− 930	98 153	− 16 348	684 170	− 56 470
5	547 681	647 026	9 527	− 52 938	1 329
6	30 126	861	83 601	817	562 094
7	− 8 395	53 294	427 539	315 360	− 39 816
8	61 480	− 5 081	− 640	− 92 074	506
9	923 518	968 342	− 31 984	6 183	− 103 247
10	− 427	− 108	7 360	− 40 268	95 784
11	10 862	34 257	845 192	981 305	4 061
12	− 5 147	− 1 098	109	297	72 935
13	643 098	429 736	− 12 935	− 70 983	650 174
14	745	− 86 104	− 7 076	− 3 052	− 797
15	− 98 013	742	928 513	941 786	− 47 495
1～5					
6～10					
11～15					
1～10					
6～15					
1～15					

4. 普通级加减算(限时 10 分钟)
普通六级习题一

一	二	三	四	五
1 478	72	381	3 618	471
47	583	56	− 584	85
257	6 901	761	52	3 206
27	42	4 207	− 47	− 8 293
8 501	851	83	6 375	4 165
82	403	4 305	81	− 69
905	961	692	− 209	− 408
36	47	49	74	73
6 094	2 583	7 812	3 086	5 209
931	69	65	− 302	89
19	4 072	309	45	− 163
3 405	57	84	1 790	4 701
86	38	5 029	− 61	− 52
632	1 096	17	289	120

六	七	八	九	十
427	3 048	93	485	2 613
6 092	39	415	76	− 47
85	527	6 208	− 54	508
317	61	94	9 302	69
48	4 367	328	87	983
2 960	58	46	293	7 201
75	412	1 509	16	− 367
243	1 590	237	4 160	45
61	607	15	− 780	− 2 450
8 095	82	6 708	− 3 059	− 89
12	74	527	− 32	762
489	6 093	73	487	38
35	219	1 904	− 61	4 501
7 106	85	68	2 509	− 19

普通六级习题二

一	二	三	四	五
4 274	385	935	9 163	3 602
74	27	40	− 845	417
527	1 609	617	52	58
72	42	1 972	− 74	− 278
1 805	518	45	3 657	39
28	304	4 071	81	5 146
950	619	802	− 409	− 96
63	74	43	72	− 804
6 049	3 825	3 579	6 038	37
319	96	68	− 203	2 509
91	7 042	269	54	98
5 304	75	35	7 019	− 316
68	83	7 019	− 16	7 410
362	6 109	716	829	− 25

六	七	八	九	十
635	4 725	514	9 203	6 132
4 961	83	39	458	− 74
73	609	2 068	76	850
972	15	47	− 45	96
80	1 740	823	239	938
243	39	64	87	7 120
37	628	5 109	61	− 637
7 964	3 906	723	1 604	54
26	147	51	− 781	− 4 205
915	2 580	7 680	− 3 509	− 98
20	14	925	− 23	627
8 108	72	37	874	5 410
4 551	583	1 409	− 16	− 91
80	69	86	5 290	324

普通六级习题三

一	二	三	四	五
2 583	45	692	6 931	45
47	316	45	− 458	871
497	9 087	716	25	4 309
16	43	4 207	− 47	5 162
6 901	725	3 540	5 763	− 36
25	1 607	318	18	728
59	85	49	− 290	− 96
628	206	3 817	74	408
4 783	78	56	6 038	73
50	9 121	390	− 320	− 2 905
713	368	86	45	98
6 019	43	5 902	7 901	− 316
28	89	71	− 61	1 704
430	2 405	28	− 289	289

六	七	八	九	十
427	4 280	145	3 209	7 201
6 309	93	39	− 458	− 983
58	275	2 068	54	69
137	61	47	− 67	508
84	7 346	823	329	− 74
2 960	58	64	78	1 236
75	134	1 509	− 61	376
423	5 019	327	4 160	45
16	960	51	817	− 2 504
5 809	82	6 908	− 3 095	98
91	47	257	32	627
428	7 630	73	748	− 83
53	192	1 049	− 16	1 405
6 017	58	68	5 209	− 19

普通五级习题一

一	二	三	四	五
369	2 709	147	784	8 526
287	631	398	9 601	− 479
4 105	584	2 506	− 235	531
5 280	4 708	693	481	3 475
713	526	524	− 3 507	269
697	391	1 807	126	− 108
219	4 063	392	657	4 680
604	509	465	− 219	− 175
5 837	128	789	3 408	932
1 408	7 234	2 436	952	− 1 305
759	918	805	− 347	964
236	456	917	861	− 287
3 105	3 609	3 108	− 1 407	6 109
742	125	742	326	283
869	847	6 905	5 809	457

六	七	八	九	十
712	936	8 203	2 508	8 905
809	587	961	− 376	721
3 046	421	475	1 409	− 3 406
987	5 604	192	892	169
423	187	5 340	536	748
5 601	893	1 672	− 147	− 735
274	759	506	3 246	8 761
318	2 486	247	− 508	− 260
9 650	301	839	971	459
963	6 042	714	− 3 507	6 301
504	175	9 605	439	− 279
2 187	938	832	182	548
285	2 017	963	− 249	8 502
179	3 904	281	8 503	− 374
6 403	856	7 504	761	961

普通五级习题二

一	二	三	四	五
317	8 926	628	7 309	5 709
5 902	354	137	−246	−63
486	107	4 095	185	208
347	395	971	2 501	−745
568	742	364	−748	6 809
2 190	816	8 502	−4 205	312
589	8 605	726	369	691
3 706	591	431	837	−7 408
142	423	5 809	−1 409	532
267	7 102	134	265	−378
3 704	859	609	723	4 605
198	346	7 028	801	219
649	9 804	159	−1 607	−157
1 830	765	694	362	4 209
527	1 302	5 378	5 498	368

六	七	八	九	十
752	3 507	195	237	6 708
469	148	6 807	189	235
1 384	296	243	6 405	1 904
675	930	8 032	−307	429
2 104	1 805	961	4 186	−517
389	147	457	−295	6 208
871	429	9 760	481	−134
923	6 853	2 108	−2 508	389
5 406	217	634	697	−6 507
934	563	640	−348	298
271	1 408	513	1 905	−143
568	927	2 679	267	−507
7 809	342	854	5 209	164
621	1 508	369	−318	253
4 503	697	827	647	9 327

普通五级习题三

一	二	三	四	五
381	247	3 854	192	1 590
629	386	2 970	6 580	263
547	1 590	106	− 347	− 378
5 691	683	275	482	5 239
4 806	4 265	604	1 742	801
327	791	1 893	826	− 647
278	172	167	− 485	− 2 760
3 509	569	289	2 460	359
4 160	3 840	354	− 1 854	481
695	105	2 690	365	5 230
187	2 870	134	428	− 697
432	943	578	2 306	478
746	248	3 052	− 42	3 260
3 290	791	789	786	475
185	5 063	136	2 460	− 198

六	七	八	九	十
584	5 367	165	3 459	375
269	219	492	− 173	− 291
7 301	846	783	2 680	8 460
849	1 605	486	157	− 189
3 501	284	257	− 4 290	354
267	397	3 190	806	− 6 720
2 410	3 902	4 708	241	475
386	461	236	763	108
795	578	591	− 8 952	2 563
859	2 051	5 603	760	− 689
4 327	364	1 870	− 489	537
601	789	429	391	2 140
4 980	3 407	5 624	3 250	− 389
152	185	129	− 687	251
163	698	730	419	4 760

普通四级习题一

一	二	三	四	五
718 062	6 473	62 078	897	3 725
241 508	80 291	947	26 051	− 849
36 764	173 058	2 153	814	34 061
85 029	245	37 094	− 1 062	650 312
1 435	576	6 182	782 053	− 2 139
7 026	72 139	456	395	487
3 485	4 807	705	− 6 078	− 756
1 867	548 903	4 837	− 52 409	8 614
6 093	372	360 918	9 617	− 72 805
729	4 196	691	741 803	493
584	265	3 596	432	7 089
419	9 018	714	2 856	605 132
328	874	523 087	639	295
197	6 531	268	− 9 314	− 4 013
506	209	9 053	− 758	786

六	七	八	九	十
83 154	947	870 925	7 846	905 613
793	6 051	614	406 257	− 861
4 081	763	546	− 2 931	3 524
365	93 852	1 283	749	− 64 072
10 472	146	48 507	− 625	6 718
2 396	510 679	7 632	238	239
75 609	394	9 403	9 120	− 40 186
528	4 287	251	− 56 178	945
9 472	856	86 740	305 784	872
380 124	795	8 235	− 913	− 538
671	60 948	196	− 5 197	263 091
8 065	513 092	702	− 43 780	− 7 926
589	3 941	9 318	605	9 480
7 013	7 032	589 071	248	4 061
294	1 806	948	3 609	985

普通四级习题二

一	二	三	四	五
9.42	541.26	83.12	31.86	6 315.07
51.06	3.97	6.54	7 256.04	6.81
3.69	18.04	3.17	− 13.32	42.35
285.37	6.53	3 290.45	4.79	− 720.46
6.41	93.62	705.82	− 5.26	81.72
7 960.15	2 479.18	23.76	8.32	9.34
4.39	769.35	94.30	21.90	− 314.05
78.24	8.26	11.52	871.65	5.49
5.86	73.49	867.04	3 054.87	2.87
9.53	4 120.83	53.28	− 9.14	9 106.23
847.06	6.17	6.91	78.56	− 72.96
2 930.18	85.06	7.02	− 347.80	48.80
41.92	9.35	93.18	5.06	− 60.13
23.07	70.18	7 109.85	8.42	5.89
60.81	4.92	6.47	− 18.53	4.24

六	七	八	九	十
7 913	7 328	18 602	8 136	516 307
506	19 496	947	572 604	− 618
63 981	580 371	5 312	− 1 392	2 453
793	245	94 076	749	− 75 024
8 617	657	2 815	− 625	8 176
921	39 124	654	382	392
5 438	7 085	507	9 140	− 86 104
416	903 647	8 394	− 78 651	549
805 263	253	619 087	305 748	728
6 704	6 914	164	− 419	− 835
852	562	6 953	7 951	910 362
397	8 109	417	− 34 870	− 6 297
1 435	476	780 324	605	7 480
92 764	3 158	862	248	3 061
7 816	902	3 905	6 903	8 659

普通四级习题三

一	二	三	四	五
9 148	6 907	627 031	783	507
205 367	1 583	5 948	195	2 719
841	246	731 026	326 401	- 305
5 029	709	84 509	- 4 062	2 846
763	3 851	713	38 759	- 413
29 148	79 642	4 862	578	8 206
503	5 108	95 031	8 102	510 284
489	2 094	476	- 3 081	- 9 673
703	683 715	9 508	646	- 71 905
6 152	71 803	123	- 792	364 827
19 205	465	497	914	901
367 841	927	6 108	- 2 603	4 635
209	643 081	523	8 759	- 91 728
7 635	295	954	- 26 041	493
6 784	324	7 268	159 763	896

六	七	八	九	十
6 371	8 206	302	528 073	912
902 845	1 549	514	- 6 941	- 748
173	738	8 769	873 205	3 065
2 096	602	203	- 14 069	21 984
548	9 451	4 815	837	256 037
96 371	62 837	458	- 4 152	- 891
208	5 104	2 601	96 073	7 906
159	4 082	260 473	916	- 3 091
608	675 913	8 159	- 2 804	462
4 237	19 703	76 903	537	857
36 902	842	215 487	719	473
845 173	561	906	5 304	- 5 602
906	483 079	1 523	- 286	1 984
5 482	652	96 784	694	56 037
4 517	973	379	8 251	- 145 328

普通三级习题一

一	二	三	四	五
38.79	860.23	6.37	2 068.19	405.86
5 340.26	75.98	7 608.25	4.78	7 803.19
709.65	6 034.15	7.91	−780.63	6.78
2.59	240.39	4.26	6 947.12	−53.21
870.31	5.84	903.48	−25.34	−1 860.75
2 081.68	17.68	2 580.19	8.93	205.94
57.34	8 230.51	18.36	415.26	−61.89
3.16	316.97	470.52	−92.07	3.72
465.07	9.72	7 048.96	548.30	740.91
8 519.42	50.94	3.65	−26.91	4 083.26
9.37	7 612.08	291.43	−6 140.85	8.59
301.25	856.81	42.98	1 056.38	−910.75
1 890.42	290.76	8 760.51	8.43	−43.26
71.68	4.35	615.74	390.27	6 095.12
432.59	6 279.43	230.98	937.51	483.71

六	七	八	九	十
70 852	6 417	268	841 706	94 185
674	390 065	5 034	−27 563	487 062
9 451	526	359 701	6 028	−9 603
290 763	70 842	240 567	384	53 961
71 845	2 631	84 612	690 541	−284
486	43 589	7 826	−41 827	150 237
562 037	624	20 934	−7 359	892
1 239	941 308	1 325	162	74 206
65 928	15 023	975 106	936	6 198
830	791 056	438	289 704	−347 015
231 409	2 837	857 123	37 218	−96 371
8 735	57 194	29 046	−1 085	810 523
357 816	608	529	607	706
40 769	18 963	64 718	732 059	−28 594
92 140	450 179	975 106	−91 684	3 579

普通三级习题二

一	二	三	四	五
49.71	702.43	6.17	8 125.06	586.24
8 204.36	98.75	5 280.36	8.74	7 130.46
965.75	143.06	91.75	−360.82	3.76
2.59	430.92	4.26	2 196.74	−28.35
130.87	8.45	843.09	−43.52	−5 706.81
6 815.02	67.81	1 908.52	9.38	594.02
34.75	503.26	53.81	625.14	−86.91
6.13	798.13	250.74	−70.29	27.03
705.64	2.97	6 948.07	458.70	190.46
2 491.58	49.05	5.63	−19.26	6 328.01
7.39	8 012.76	314.92	−5 804.19	9.53
521.03	186.53	98.24	8 356.01	−570.19
4 209.81	670.92	1 506.78	4.38	−62.34
86.17	5.34	475.16	720.65	2 159.06
925.14	3 497.26	890.32	157.38	713.84

六	七	八	九	十
35 802	8 417	175 902	706 145	98 147
746	560 793	638	−35 726	260 873
1 594	526	3 405	8 209	−4 609
367 029	24 807	759 034	438	16 395
54 817	1 362	26 148	145 069	−482
648	98 543	8 276	−72 814	9 537
730 256	627	31 902	−3 957	732 051
9 312	803 149	5 231	26 145	692
82 956	52 031	608 379	639	48 206
380	705 916	97 106	403 782	3 914
904 123	3 872	834	81 293	−901 743
5 378	49 157	231 758	−5 801	−56 371
617 852	806	46 093	736	325 018
96 704	63 918	259	−960 278	607
392 808	971 054	81 647	48 619	−24 985

普通三级习题三

一	二	三	四	五
802.27	79.14	91.57	6 129.04	586.42
39.64	657.09	8 520.63	8.75	7 310.94
4 145.03	2 406.38	6.18	− 43.25	3.67
230.92	2.95	4.27	9.38	− 82.53
4.85	130.74	348.09	526.14	− 5 607.18
86.17	6 815.02	9 105.32	− 70.29	492.05
3 501.28	34.75	63.81	458.70	− 81.96
697.13	6.31	250.74	− 19.26	2.73
2.94	705.64	6 984.05	− 3 865.01	190.45
59.08	4 291.58	7.63	270.91	6 382.07
2 081.67	7.39	241.29	4.38	9.85
156.43	521.06	5 106.78	153.74	− 570.19
670.92	9 204.81	82.94	6 379.82	26.34
3.54	86.17	475.13	− 346.08	2 159.06
7 349.26	592.34	890.62	789.05	− 731.84

六	七	八	九	十
9 184	52 308	3 405	706 541	620 784
526	4 169	683	− 63 275	85 147
650 793	376 092	710 562	2 809	− 3 609
24 807	81 547	26 148	415 062	91 365
1 326	730 265	957 034	843	− 428
543	846	8 627	− 27 915	7 953
427	9 123	43 209	− 9 276	325 071
803 194	82 950	106 752	62 145	629
52 031	380	5 231	936	48 206
716 509	409 123	79 603	403 872	9 814
3 827	5 376	845	81 293	− 701 543
609	618 752	213 756	− 590 237	− 69 371
49 157	89 407	64 039	756	852 038
571 094	20 914	18 746	950 237	607
63 981	7 329	34 590	− 84 619	− 49 852

普通二级习题一

一	二	三	四	五
898.75	69 750.38	8 904.16	7 694.25	241.69
3 680.49	92.64	465.72	40 789.52	869.75
59.83	7 408.32	52.93	56.31	− 4 750.19
86 203.71	10.97	7 560.34	− 431.06	26.81
3 946.02	235.16	203.98	8 274.93	− 450.98
170.34	5 940.91	69 430.81	19.52	5 497.32
7 619.28	34 825.07	821.39	406.97	38 620.74
94.15	3 674.21	12.85	− 3 610.58	95.36
60 785.91	867.95	9 106.47	− 76.81	− 547.03
308.26	51.24	67.52	− 925.76	76 039.18
24.73	2 935.06	421.37	3 019.68	− 9 180.43
5 970.94	384.67	65.18	46 901.23	26.17
63.19	6 403.59	43 798.05	− 487.52	176.25
205.48	10.78	1 869.03	− 2 310.94	− 3 504.98
364.71	978.12	6 507.63	38.75	29.83

六	七	八	九	十
89 875	81 694	3 604 725	2 736	605 128
8 759	740 832	926 351	2 206 847	7 306 952
34 678	3 895	7 319	25 109	− 4 361
6 398 451	8 620 371	54 804	106 983	680 514
406 891	206 493	206 817	94 256	− 73 209
54 906	45 071	3 076	350 812	91 863
609 896	829 167	6 190 354	8 371	3 742
5 789	5 149	25 841	94 937	8 519 274
3 571 954	6 078 519	159 263	203 786	− 102 758
5 901	7 138	7 812	8 950 274	− 490 827
1 786	84 502	4 353	35 167	73 906
391 897	291 654	76 589	9 136	− 8 251
60 785	54 312	2 315	138 209	41 935
7 629	1 972	40 529	957 134	8 670
9 820	947 582	490 672	2 806	958 364

74

普通二级习题二

一	二	三	四	五
285.37	794.21	832.51	74 062.91	6 359.28
96.84	4 803.46	68.97	57.38	54 810.63
1 704.59	10 698.45	40 517.32	− 3 410.59	24.76
61.05	76.21	9 206.85	89.02	− 720.45
82 047.63	482.53	21.73	− 726.43	9 085.31
3 412.97	39.87	190.65	9 205.76	36.92
68.32	8 570.29	3 489.56	45 130.68	897.05
5 980.76	61.32	58 037.14	2 583.14	− 1 602.74
701.29	923.41	74.69	− 697.81	87.21
41 056.83	21 045.97	658.04	53.26	− 936.87
14.95	194.03	2 193.07	− 7 406.93	7 140.29
6 342.71	5 407.68	4 501.29	875.14	32 097.54
962.43	49.36	82.73	9 640.57	− 638.15
8 527.04	386.75	637.82	18.20	− 5 952.43
280.95	7 250.81	1 950.64	− 321.89	68.14

六	七	八	九	十
416 067	7 485	58 726	132 605	6 385 071
3 982	6 305 128	341 059	8 407 963	− 937 462
5 709 143	90 563	6 914	− 5 472	2 948
68 425	419 702	1 730 482	256 017	50 163
823 671	53 679	495 703	− 90 348	− 821 706
97 034	321 064	28 063	47 129	4 087
358 706	2 841	872 931	3 584	7 290 465
2 869	84 957	9 526	1 629 853	36 152
15 293	719 403	7 081 692	− 618 302	49 376
9 461	1 960 385	40 137	831 095	− 105 028
7 864 152	87 264	698 075	− 70 948	3 281
540 396	4 728	1 428	2 637	87 645
35 718	903 142	30 650	46 925	− 513 948
1 603	7 013	567 293	1 780	− 4 619
2 980 074	9 045 812	4 238	− 475 169	2 044

普通二级习题三

一	二	三	四	五
4 160.87	714.62	217.84	38 015.96	87 043.25
93.25	6 803.94	75.69	64.27	5 429.17
752.64	528.06	40 368.21	−2 380.94	31.25
938.25	49.73	105.74	79.01	−603.41
3 406.75	17 036.52	589.03	−516.32	4 094.82
18 034.69	813.96	18.62	−4 901.56	25.96
219.83	57.21	2 976.45	82 034.83	769.04
85.26	9 406.57	74 026.38	−695.78	−8 501.36
6 740.19	819.06	53.69	24.15	67.18
52.76	38 054.74	475.30	9 036.24	−295.73
317.24	83.29	1 982.06	764.38	3 680.19
65.18	5 312.68	8 403.19	5 930.64	12 096.43
50 897.34	958.12	71.26	78.10	−725.84
9 205.68	4 716.03	625.17	−812.76	−9 401.32
3 690.81	170.94	9 840.53	2 051.36	75.86

六	七	八	九	十
3 674	74 526	483 065	2 754	218 405
2 504 836	832 094	2 791	−926 351	6 307 952
90 152	5 983	6 904 832	1 937	−4 631
689 601	943 602	57 314	40 865	156 048
24 569	6 280 371	712 568	718 602	−70 932
810 235	71 045	96 023	5 323 076	36 819
7 183	267 981	247 605	1 960 354	4 273
39 467	1 954	1 759	52 841	8 915 742
683 902	38 026	84 192	39 365	−457 201
9 850 247	7 086 591	9 358	−408 197	−728 094
76 153	2 743	7 603 841	−2 718	90 637
3 617	695 074	430 295	−69 534	1 526
209 831	3 781	24 687	−284 906	53 914
421 750	20 048	197 036	450 379	−643 859
6 082	546 192	87 603	3 892	3 967

普通一级习题一

一	二	三	四	五
427 610.58	58.71	7 120.45	824 069.51	325 106.53
6 409.35	6 302.49	356.09	34.27	7 485.19
87 016.92	380 754.12	48.27	− 7 516.08	932.68
95.81	69 217.05	950 836.42	875.16	26.04
284.36	659.43	19 708.35	90 158.39	− 1 078.35
520 961.83	40.86	341 027.84	− 2 380.47	801.47
1 238.04	1 824.37	56.19	76.91	94.26
756.28	654 079.28	79 423.06	− 538.64	58 642.39
65.19	291.43	6 507.21	987 462.05	735 209.81
95 402.83	603.12	843 926.05	− 62 079.18	− 3 085.18
894.72	73 980.65	174.98	136.07	21 976.03
703 951.18	32 750.46	61.27	493 087.52	− 326 908.47
91 072.82	25 410.37	4 083.16	65.84	845.21
690 721.83	62.34	58 914.32	− 8 249.35	− 63.95
9 045.71	3 425.87	679.51	16 796.28	17 850.91

六	七	八	九	十
412 907	8 129	14 506	86 914 702	43 750 918
8 356	57 604	8 972	3 905	6 489 702
56 134 029	246 735	7 103 485	− 78 643	− 26 531
7 806 835	39 812 046	976 203	5 916 082	7 495
35 278	4 519 213	349 528	− 391 568	812 603
904 586	108 375	12 836 479	− 745 101	75 249 316
6 127	6 482	9 065 382	52 183 946	6 524
76 150 482	86 714 509	3 617	67 219	14 209
836 902	21 367	34 921	4 538	− 6 421 075
3 951 896	4 693	91 457 084	− 9 406 821	27 360 981
9 563	8 690 821	316 728	− 763 164	− 908 785
86 735 201	301 756	5 083 617	20 593	41 538
58 916	16 984 507	45 902	61 547 369	− 6 354 019
7 406 352	63 248	21 786 435	2 380 915	597 364
75 089	2 910 735	4 091	6 873	8 127

普通一级习题二

一	二	三	四	五
7 409.12	98.12	416.05	750 831.94	85 026.41
38.65	460.75	98.27	64 982.07	784.36
651 430.92	7 502.64	71 053.48	- 315.62	- 93.75
87 061.35	618 073.62	465 981.32	74.59	720 419.86
278.59	54 819.36	3 805.94	- 1 603.28	- 2 350.19
9 347.06	1 372.08	9 320.67	306 248.75	- 4 572.06
81.24	94.65	70 563.48	95.63	904 183.52
510 347.86	890 176.84	26.17	420.91	219.67
2 963.40	753.12	941.32	- 28 107.46	73.54
53 817.29	49.85	628 750.91	890 361.72	- 49 068.12
649.07	68 204.93	1 375.68	- 9 745.08	- 7 931.85
102 437.68	3 018.72	3 536.71	583.17	846.02
912.53	705 893.61	902.54	45 012.63	390 574.61
78 049.12	627.84	469 783.21	- 3 979.54	28 309.15
4 592.17	92 103.56	40.39	81.26	63.87

六	七	八	九	十
354 069	7 158	216 054	82 409 615	6 315 072
7 810 692	260 394	63 507	4 382	- 574 819
5 738	8 307 412	4 829	- 573 106	96 347
87 124	6 921 705	75 038 462	- 61 874	29 860 451
25 096 431	96 543	1 980 734	9 017 953	3 062
162 083	4 086	34 107 285	- 283 049	- 108 735
45 738	182 437	5 618	7 631	47 108
6 517	54 607 928	9 742 306	54 358	9 426
9 530 264	48 603	650 721	10 209 715	5 864 239
79 482	7 390 165	50 926 348	70 136	73 520 218
30 795 136	5 241 037	89 174	52 087 493	- 708 315
2 849	478 295	7 169	2 563	2 179 803
630 518	9 681	409 812	- 924 835	- 36 290 264
1 907 283	28 903 451	8 591 423	1 679 082	75 842
46 271 095	39 078 562	35 976	- 7 593	- 6 429

普通一级习题三

一	二	三	四	五
8 309.65	64.95	258.01	14 026.58	310 475.98
47.12	6 301.28	49.36	− 342.87	28 946.03
125 870.96	412 036.79	53 071.23	79.31	− 751.26
23 052.79	81 459.67	7 104.89	630 958.24	38.19
634.17	5 763.04	128 497.56	− 7 610.95	− 5 207.64
7 983.01	92.81	30 216.08	1 836.02	702 684.31
25.46	190 538.42	62.53	908 547.16	91.27
510 847.32	317.56	895.76	6 591.23	860.95
9 672.80	82.91	264 310.95	37.18	− 64 503.82
71 354.69	24 609.87	7 543.12	− 89 024.56	49 225.36
248.03	7 054.63	10 472.53	3 975.41	9 381.04
91.28	302 948.25	906.81	482.06	− 147.53
605 173.42	276.48	892 347.65	790 138.25	81 056.27
956.71	69 503.71	80.97	− 64 709.51	7 935.68
43 089.56	473.92	7 890.96	− 27.43	8 902.35

六	七	八	九	十
821 093	4 625	763 028	57 109 362	3 862 047
1 506 369	730 891	38 204	1 857	− 271 539
2 485	58 042 167	1 579	− 248 603	93 214
53 671	3 976 402	42 875 137	36 941	79 530 126
72 093 186	93 218	6 950 481	− 9 064 528	8 076
637 067	1 053	86 104 752	758 019	− 605 482
12 458	657 184	2 365	4 936	34 605
3 264	21 304 965	9 417 803	21 825	9 173
9 280 731	15 397	310 476	60 137 965	− 2 561 789
49 157	57 108	20 973 815	− 3 709 424	47 280 956
80 492 653	4 890 632	59 146	− 40 683	− 405 862
7 189	87 904 084	4 639	27 054 198	7 649 508
480 265	1 845 729	109 567	7 231	83 790 461
6 104 758	9 356	5 296 178	− 971 584	− 41 523
13 746 092	397 401	82 943	6 329 056	3 189

5. 能手级加减算

习题一—(1)

一	二	三	四	五
5 796.83	90 245 618.73	802 931.54	73 185 926.04	9 543 627.18
4 352.08	2 901.84	9 376 425.08	− 6 574.01	38 902 741.56
20 543.96	13 762.45	7 128 504.96	− 40 765.28	4 203.16
720 819.35	3 674 109.52	51 204 963.78	7 928.15	− 5 896 302.74
79 432.08	84 296 137.05	57 216.89	− 80 134 597.62	659 718.32
69 081.47	8 139.26	40 689 153.27	6 219 384.75	16 428 359.07
4 987 162.53	50 876.39	3 574.61	306 475.98	− 370 465.81
8 607.51	407 586.19	90 321.74	95 608 417.23	7 154 293.06
935 028.64	7 321 495.86	2 139.06	4 721 869.03	− 70 198.52
9 341 706.28	93 024.71	38 641 572.09	92 651.34	581 074.29
51 863 794.02	150 243.68	47 068.25	− 940 132.57	1 352.48
60 812 375.49	5 832 971.04	713 096.42	1 809.73	35 984.67
104 253.76	7 685.02	2 765 849.31	82 013.69	− 9 817.04
73 406 285.91	368 052.97	590 687.13	− 2 563 908.41	25 046.93
2 598 646.01	16 709 528.34	6 405.38	257 041.86	− 20 467 831.95

六	七	八	九	十
738 465	93 586 142	95 312	75 649 203	5 674
86 394 275	970 613	8 670	5 907 124	− 1 563
207 184	9 826	28 107	− 268 307	60 972 345
69 253 718	74 603	3 509 428	7 694	8 461 257
4 806 913	29 637 518	3 785	750 481	− 613 702
27 534	40 759 123	7 896	84 056	38 091
10 426 789	481 509	9 047 635	− 40 537	− 25 718 364
41 309	8 105 974	4 361	6 803 752	− 703 649
5 702 641	3 452	835 904	52 401	9 402 568
1 890	8 341	420 157	97 415 386	1 307 296
30 426	16 078	42 316 809	4 926 713	384 921
64 538 102	5 093 281	51 023	− 3 071 968	2 148
2 069 857	6 248 935	10 294	− 308 295	42 859 731
640 379	4 230	2 604 781	− 6 128	− 80 972
3 815 692	60 759	80 294 567	849 576	73 189
157 206	97 862 405	1 683 479	− 71 364 829	29 184 607
73 045	162 798	47 931 586	1 239	290 835
5 917	7 209 346	64 172 953	− 2 910	− 7 025 413
9 128	501 427	516 243	38 645	96 805
6 583	51 867	905 862	20 537 891	− 6 450

习题一—(2)

十一	十二	十三	十四	十五
7 391. 26	40 587 961. 23	306 254. 18	86 327 419. 05	4 578 169. 32
40 786. 91	5 406. 18	2 579 861. 03	− 9 785. 03	82 406 973. 51
19 025. 83	1 634. 59	80 932 415. 67	9 134 625. 87	31 762 854. 09
8 923 514. 76	70 129. 34	5 178. 94	609 587. 42	− 890 715. 23
2 103. 75	802 719. 64	20 564. 78	47 902 538. 16	9 357 648. 01
340 259. 67	63 295. 87	7 463 108. 29	− 50 897. 12	7 608. 31
39 862. 54	3 928 604. 75	14 608 295. 73	8 412. 37	− 5 241 806. 97
8 674. 02	18 549 632. 07	17 649. 32	− 20 356 748. 91	104 932. 86
10 254 637. 89	7 135 426. 08	745 029. 86	3 204. 86	85 241. 19
598 476. 31	69 204 751. 38	6 791 283. 54	21 036. 94	− 4 239. 07
36 801 427. 95	2 917. 05	210 937. 45	− 1 796 402. 53	65 071. 48
4 792 183. 05	391 075. 42	9 801. 53	178 053. 29	− 60 719 293. 45
967 042. 18	2 356 847. 19	6 452. 09	5 813 294. 06	− 90 342. 56
9 685 301. 42	43 058. 26	53 984 176. 02	41 973. 65	523 097. 64
75 216 398. 04	670 583. 91	87 093. 61	− 450 361. 78	3 856. 72

十六	十七	十八	十九	二十
952 678	27 539 486	98 745	98 174 603	9 178
27 536 198	210 947	3 120	8 409 567	− 5 916
109 426	2 369	53 402	− 612 309	10 374 689
8 901 764	7 856	378 906	86 705	− 706 193
4 230	3 784	650 482	49 758 321	3 804 912
50 617	49 013	65 741 809	7 461 953	5 607 431
76 852 401	5 027 634	85 047	− 3 095 412	628 455
1 073 289	9 283 275	40 596	− 302 648	4 582
760 593	8 670	5 106 234	− 1 562	84 293 765
5 248 731	90 152	30 596 812	274 891	− 20 374
489 701	21 396 805	4 137 629	− 95 317 264	76 523
95 068	496 123	62 974 831	5 634	43 528 108
8 349	1 602 789	25 425 978	− 6 450	430 269
3 412	504 861	841 567	32 178	− 7 049 856
7 825	54 391	908 315	60 839 245	31 092
83 175 942	18 901	7 809 653	9 147	2 816 498
6 207 345	62 971	7 238	980 725	− 1 890
19 856	80 152 467	2 391	27 081	− 156 704
40 617 923	834 502	9 062 178	− 70 893	62 035
64 503	3 405 218	6 713	1 203 986	− 49 783 263

习题二(1)

一	二	三	四	五
3 160 975.82	15 703 942.68	1 840 753.69	83 501 729.46	91 436 078.52
61 308 597.24	7 510 428.36	48 106 375.92	− 5 380 297.14	− 8 620 531.47
5 231.09	9 675.04	3 918.07	7 453.02	1 786.06
9 124.83	70 198.25	6 792 305.84	50 876.93	− 5 679.48
2 614 803.57	182 435.97	70 532.48	− 67 193 045.28	7 269 408.13
342 086.75	89 325 067.41	52 067 483.19	869 213.75	− 897 042.31
3 129.08	36 289.74	954 160.72	14 967.52	8 675.05
30 654.71	3 468 903.51	7 892.61	1 246 709.38	80 219.36
45 871 023.96	40 298.15	9 482 601.35	− 20 976.83	293 546.18
647 981.53	28 034 159.76	129 064.53	96 012 837.54	26 804 153.79
82 745.39	621 730.48	1 897.06	498 510.26	47 391.83
8 924 507.16	4 568.37	10 432.58	− 2 346.15	4 579 103.62
74 089 615.32	786 031.29	23 658 091.74	4 836 105.79	− 50 319.26
90 754.32	6 158 308.92	425 768.31	− 564 018.97	39 045 251.87
276 380.94	7 564.03	69 512.18	5 342.01	732 840.59

六	七	八	九	十
4 217	59 410 863	2 985	48 390 752	72 630 185
26 170 539	7 541	94 850 317	− 6 439	− 9 763
603 845	6 279 084	6 903 841	805 167	4 701 628
39 652	6 271	620 378	7 349 081	− 490 156
5 127 068	3 968 125	12 368 597	− 4 305	89 164 375
2 193	20 735 918	4 756	79 026 538	− 326 980
57 904 316	81 709	548 321	− 52 874	2 534
761 924	52 630	17 963	983 246	86 749
3 846 051	906 278	1 634 058	1 407 385	9 942 126
57 406	8 451 092	1 625	56 731 942	− 5 281 347
9 635 782	63 985	60 279 543	− 160 723	8 493
3 847	81 037 649	35 204	8 291	− 40 957 231
80 492 675	5 406	7 413 569	− 983 650	13 092
28 390	194 357	96 170	52 416	74 850
8 205 163	2 508 496	401 623	5 168 073	208 419
840 591	67 842 153	9 801	− 10 624 897	− 7 608
34 518 729	270 834	17 439	5 169	1 673 024
761 430	9 312	35 072 184	79 608	− 85 217
6 978	194 760	3 895 046	− 2 857 914	13 948 853
39 284	63 527	548 792	41 520	325 569

习题二(2)

十一	十二	十三	十四	十五
8 230 564.91	65 203 789.41	6 910 324.78	96 284 031.75	87 405 912.63
32 809 456.17	2 560 897.34	19 607 234.85	-1 450 786.23	-4 780 129.56
4 282.05	7 425.08	2 869.03	6 314.07	9 647.01
80 347.62	3 841 709.56	3 985.76	2 739 608.45	40 893.27
74 962 018.53	80 971.65	8 195 706.35	-70 869.54	832 157.94
376 592.48	91 034 657.24	658 071.42	89 027 546.13	-39 527 064.18
91 674.85	495 230.81	6 983.07	385 210.79	56 239.41
9 157 406.23	8 541.32	60 125.49	-7 493.21	5 163 902.78
67 095 324.81	214 035.97	52 749 086.31	3 549 201.68	-10 293.87
50 638.32	4 652 302.79	154 379.36	-193 025.86	23 051 879.46
163 890.57	2 548.03	78 452.63	1 437.02	628 450.13
5 217.98	20 671.95	7 385 204.91	10 569.84	-1 763.54
1 327 908.46	169 835.72	30 452.19	-54 102 678.39	6 873 504.92
871 093.64	17 395 042.86	45 073 192.69	598 724.61	-436 058.29
8 215.09	34 917.28	841 670.35	23 896.17	4 761.05

十六	十七	十八	十九	二十
3 874	25 170 489	1 654	20 581 463	50 824 795
82 740 156	5 217	69 520 834	-5 196	-8 439
5 932 017	508 364	3 719 085	2 103 947	1 587 063
14 302	4 127 053	3 712	75 392 618	-2 716 954
6 251 498	89 542	70 146 928	-250 389	1 589
5 934	47 096 815	82 109	4 862	-47 390 612
90 368 241	2 108	4 938 287	-649 570	60 897
89 560	751 926	67 340	78 135	45 120
9 801 725	3 204 158	903 718	7 254 039	701 586
930 167	86 413 720	6 503	-14 960 378	-4 301
53 179 486	350 291	43 369	7 256	6 349 075
427 350	5 973	82 041 359	36 504	-12 764
2 649	751 680	8 562 097	-8 473 621	69 028 127
56 893	89 236	295 461	21 780	973 148
205 931	8 365 041	7 608 593	407 253	5 406 271
56 218	8 367	710 845	3 916 042	-580 263
1 784 029	9 584 732	31 857 264	-1 907	18 636 942
8 705	30 692 474	9 427	35 085 794	-973 810
14 063 672	47 606	295 130	-78 431	7 295
427 683	23 890	34 671	649 815	12 428

习题三(1)

一	二	三	四	五
7 420 593.86	57 102 683.92	5 290 317.64	35 809 461.72	79 304 815.26
24 708 359.61	1 759 835.29	92 506 137.48	8 530 614.97	- 3 970 158.42
3 674.05	6 917.08	1 452.03	4 785.06	8 239.01
8 561 309.42	8 794.21	50 918.72	- 6 572.98	4 126 805.97
91 085 243.76	149 025.36	81 672 045.39	7 352 908.41	- 10 586.79
50 931.24	9 574 210.63	987 352.18	- 827 093.15	56 041 798.32
692 780.51	1 789.02	64 781.53	8 576.09	257 340.16
5 461.77	10 556.37	5 349 107.29	80 432.16	- 1 926.43
6 241 807.39	443 821.61	30 718.92	- 24 015 078.37	2 796 403.85
716 082.93	45 237 091.85	78 063 921.54	321 695.28	- 362 047.58
7 465.08	29 346.18	479 560.38	97 135.48	3 921.04
70 132.94	2 894 603.75	4 248.65	9 672 401.53	30 786.59
13 894 067.52	80 364.57	4 928 605.17	- 60 242.35	765 149.83
219 584.37	34 023 675.19	584 069.71	12 096 342.87	- 68 459 023.17
86 913.75	935 120.84	4 231.06	713 890.62	42 586.31

六	七	八	九	十
1 259	57 830 612	92 370 156	70 293 514	76 150 834
24 590 378	4 583	8 937	- 2 361	- 6 715
7 614 035	701 946	5 482 013	7 304 659	3 269 081
39 104	6 853 079	5 487	82 467 138	- 4 938 527
8 473 962	12 765	40 869 271	- 720 496	3 265
7 619	63 024 187	17 802	5 917	- 20 647 958
60 182 493	5 801	6 251 749	- 156 280	85 609
26 780	378 254	94 560	89 372	72 340
407 613	1 947 068	4 901 325	508 724	2 708 193
78 432	1 943	480 163	4 631 057	- 260 841
3 529 046	2 716 395	58 134 796	- 3 608	36 812 574
2 307	90 425 736	2 674	41 092 865	- 591 630
39 081 954	63 407	723 850	- 89 543	9 452
945 821	59 120	56 948	156 932	34 726
6 203 547	9 506 871	205 481	8 725 046	903 268
610 385	14 689 352	9 305	- 35 610 489	- 7 103
71 356 928	940 628	56 219	8 721	8 175 316
945 170	7 239	17 068 532	41 205	- 34 987
4 896	378 410	1 397 024	- 9 584 173	85 046 029
78 261	12 594	723 698	37 890	591 476

习题三(2)

十一	十二	十三	十四	十五
4 780 392.51	32 809 674.51	3 670 281.49	84 729 036.51	54 102 896.73
87 405 239.16	8 230 746.95	76 304 128.95	− 6 110 524.73	− 1 450 968.27
2 147.03	6 582.07	1 936.02	4 369.05	8 714.09
40 826.97	9 751 604.23	2 695.43	7 538 402.91	10 583.64
62 597 014.38	70 461.32	9 765 403.18	− 50 248.19	536 924.81
869 357.24	41 097 326.85	359 047.81	28 075 194.63	− 38 264 071.95
51 962.43	543 890.71	3 692.04	321 670.58	27 638.19
5 316 209.78	7 251.98	30 715.86	− 5 938.76	2 973 806.46
90 053 872.41	815 093.46	51 486 093.27	3 198 706.42	− 90 683.54
30 926.87	5 321 908.64	768 246.13	− 683 071.24	63 029 548.17
198 450.36	8 257.09	49 851.32	6 935.07	765 120.93
3 716.54	80 361.42	4 295 108.67	60 148.29	− 9 473.21
1 876 504.29	314 792.68	20 815.76	19 607 452.38	7 543 201.86
461 058.92	16 942 058.73	85 042 761.39	182 579.46	− 137 025.68
4 713.05	95 416.87	987 340.25	73 284.65	1 479.02

十六	十七	十八	十九	二十
5 849	37 840 261	3 627	30 781 529	70 235 964
83 490 726	9 384	61 270 594	− 7 162	− 2 516
2 153 074	706 592	9 831 052	3 109 654	8 729 041
79 503	2 834 075	9 827	47 963 218	− 3 984 675
6 327 918	61 723	80 346 175	− 370 986	8 726
2 159	24 019 687	57 301	5 823	− 59 160 483
10 568 397	3 806	4 195 786	− 256 740	45 209
81 260	478 139	68 940	48 137	47 830
1 807 432	5 302 876	109 835	4 375 096	908 724
150 764	69 285 431	6 209	− 15 620 948	− 5 108
25 741 986	590 218	94 156	4 372	4 156 097
934 520	7 145	57 043 921	92 705	− 83 945
3 691	478 960	5 267 018	− 8 549 231	46 032 819
26 815	61 359	812 364	13 480	691 352
302 157	6 597 028	8 605 219	504 379	7 504 198
26 378	6 594	830 542	9 612 053	− 720 431
7 489 031	1 762 453	93 528 764	− 1 604	82 417 653
8 402	50 913 742	1 478	92 087 465	− 691 280
79 065 243	24 907	721 380	− 48 592	9 367
934 685	35 610	94 683	245 817	83 572

习题四（1）

一	二	三	四	五
2 310 695. 74	57 602 914. 83	9 180 473. 52	35 409 782. 61	68 703 125. 94
13 207 569. 48	6 750 149. 28	81 905 347. 26	− 4 530 827. 96	− 7 860 291. 39
5 423. 06	9 867. 01	3 291. 04	7 645. 08	1 978. 02
6 348. 72	60 593. 47	5 426 307. 18	40 371. 25	− 2 894. 37
4 138 702. 59	453 127. 96	40 736. 81	− 17 925 064. 83	9 684 307. 15
284 071. 95	39 247 086. 15	76 054 813. 92	312 895. 74	− 749 036. 51
2 346. 07	28 439. 61	278 950. 46	96 217. 48	7 894. 03
7 648 509. 31	1 783. 26	90 836. 71	− 8 561. 94	3 294 105. 85
98 076 135. 34	638 025. 49	63 571 029. 48	6 351 904. 72	− 20 514. 58
60 958. 13	8 573 206. 94	867 451. 39	− 416 093. 27	54 032 681. 79
491 270. 68	6 781. 02	52 763. 94	4 568. 09	956 730. 24
20 158. 93	2 183 904. 75	4 126. 59	9 861 702. 53	76 614. 58
85 793 042. 61	10 493. 57	2 816 509. 37	− 80 271. 35	634 238. 19
189 673. 52	43 021 579. 68	962 058. 73	21 098 357. 46	− 41 368 097. 26
74 985. 26	845 620. 13	9 124. 05	623 490. 81	39 541. 72

六	七	八	九	十
4 316	72 510 396	2 184	59 380 174	83 620 413
37 160 853	8 751	15 840 639	− 6 538	− 9 862
5 947 081	209 483	3 725 068	2 501 397	1 593 046
86 407	3 571 024	3 723	76 132 854	− 7 314 258
2 758 693	96 237	70 291 546	− 260 143	1 592
5 946	31 068 952	64 205	9 482	− 50 978 321
90 423 768	7 509	9 536 471	− 893 670	42 903
39 520	125 678	17 390	74 526	85 170
705 948	9 482 035	7 105 853	907 261	5 804 631
52 783	9 481	720 698	1 358 092	− 590 476
8 136 079	6 283 147	23 687 419	− 5 307	19 465 289
3 105	40 867 213	5 047	18 046 739	− 236 910
86 024 517	31 802	458 230	− 74 915	3 825
671 234	74 960	39 172	893 456	17 859
9 308 715	4 703 529	503 726	7 269 013	311 594
940 821	98 354 176	1 802	− 20 645 087	− 8 601
54 819 632	480 365	39 561	7 268	4 683 035
67 450	2 614	64 092 385	− 18 609	− 17 348
7 169	125 890	6 814 057	− 4 971 825	42 079 163
52 394	96 748	459 912	42 740	236 789

习题四(2)

十一	十二	十三	十四	十五
4 870 925.36	23 897 946.15	3 760 814.25	91 605 724.83	72 985 031.64
78 403 592.61	8 320 469.71	67 302 481.59	− 6 190 247.58	− 1 540 682.93
5 648.09	9 183.04	4 537.08	8 861.02	2 315.06
3 961 502.87	4 315.78	30 649.17	− 2 831.56	9 637 208.54
21 039 785.46	851 024.67	94 217 053.86	8 913 506.74	− 60 827.45
90 251.78	1 235 708.96	691 927.43	− 638 059.47	87 096 452.13
627 430.91	8 314.07	25 194.67	6 182.05	384 190.67
9 861.34	80 295.63	2 859 401.76	60 973.51	− 6 537.91
6 781 304.52	256 473.08	80 149.67	37 541 087.29	3 457 901.28
416 037.25	59 763 018.42	10 028 475.35	934 251.76	− 173 094.83
4 859.03	71 659.83	516 320.89	48 337.62	1 536.09
40 751.28	7 415 906.32	8 759.23	5 283 704.19	19 427.85
15 328 064.97	40 694.35	5 689 213.41	− 20 473.91	478 695.21
712 938.54	65 073 239.81	395 026.14	43 052 917.68	− 45 109 268.37
36 215.49	252 870.46	3 758.02	849 650.23	94 872.16

十六	十七	十八	十九	二十
5 918	41 530 628	4 879	50 762 814	90 216 353
96 180 274	9 453	85 970 163	− 7 231	− 2 675
7 356 021	103 796	6 247	5 204 389	4 923 087
28 506	6 543 017	6 245 019	97 435 126	− 1 348 596
4 672 938	28 164	20 438 571	− 570 463	4 925
7 358	63 089 251	17 405	8 615	− 63 759 841
30 549 682	4 502	3 561 728	− 183 790	85 201
93 740	315 849	82 630	96 257	69 410
607 352	2 791 065	2 801 956	809 574	9 608 734
74 629	2 793	249 138	4 321 085	− 920 817
2 198 063	8 126 374	64 192 783	− 2 309	42 879 561
9 107	70 984 136	5 371	41 067 938	− 537 240
28 045 716	63 901	759 460	− 96 842	3 159
961 496	47 280	63 824	183 672	41 692
3 902 167	7 405 415	506 241	9 578 043	314 928
350 241	29 657 348	8 906	− 28 310 496	− 6 704
75 213 894	790 685	63 518	9 571	8 765 039
861 570	1 837	17 034 695	41 708	− 41 386
6 483	315 902	1 987 052	− 6 894 152	85 012 473
74 935	28 479	759 384	25 960	537 162

习题五(1)

一	二	三	四	五
3 250 461.97	96 704 581.23	1 930 248.75	74 502 368.91	46 527 038.91
52 309 146.78	7 690 815.42	39 107 824.56	− 5 470 683.29	− 8 710 926.53
1 732.04	5 276.08	8 519.02	3 954.06	6 387.09
4 278.93	70 953.16	7 256 804.93	50 731.84	− 9 734.58
7 528 903.16	931 846.57	20 486.39	− 13 284 095.67	3 174 508.62
387 095.61	35 416 027.89	46 072 398.15	718 624.35	− 843 051.26
3 274.09	42 135.78	543 170.26	29 813.56	8 739.05
30 518.62	4 823 501.69	2 956.71	2 691 308.47	80 164.27
81 962 073.45	80 153.96	5 396 701.84	− 60 831.74	142 957.68
586 492.13	13 048 965.72	165 073.48	81 026 743.59	17 805 692.34
97 681.34	219 740.83	1 952.07	987 520.61	53 246.89
9 478 106.25	8 623.47	10 386.49	− 6 491.25	5 934 602.71
68 094 521.37	732 049.15	68 749 051.23	9 741 205.38	− 90 246.17
40 618.52	2 963 407.51	364 279.81	− 519 027.83	24 059 176.83
765 390.48	7 628.04	75 468.12	5 496.02	321 850.94

六	七	八	九	十
3 472	78 150 429	1 259	67 940 318	91 370
45 720 186	6 715	23 590 864	− 5 694	− 8 937
508 931	2 368 041	7 208 536	701 253	5 906 314
86 514	2 365	710 845	3 964 072	− 580 623
1 742 059	9 824 537	61 857 924	− 6 901	48 635 792
4 708	30 697 854	3 497	34 085 197	− 713 840
12 063 875	45 608	935 160	− 18 736	1 275
257 643	73 290	64 271	479 865	42 958
8 935 017	802 364	6 713 085	2 603 971	4 581 063
12 305	4 175 083	6 719	15 392 468	− 2 146 759
6 581 294	29 847	70 142 398	− 250 389	4 587
8 932	45 096 218	89 103	7 842	− 50 829 176
90 364 521	7 102	4 368 972	− 479 519	67 801
49 860	581 976	27 640	18 625	95 420
9 401 758	3 704 182	306 718	1 257 039	104 586
930 167	26 413 579	2 506	− 20 586 743	− 9 304
83 179 246	360 491	64 382	1 254	6 379 015
257 380	8 953	89 041 653	34 507	− 42 169
5 629	581 620	8 529 037	− 8 723 426	67 028 431
86 493	29 736	935 421	62 180	713 298

习题五(2)

十一	十二	十三	十四	十五
6 870 495.21	12 905 873.46	4 650 273.98	91 804 762.35	81 754 062.93
78 602 549.13	9 210 738.54	56 409 327.81	− 8 190 627.43	− 2 430 951.76
5 168.04	8 492.07	3 846.02	7 381.06	1 624.09
60 753.98	5 746 803.21	2 681.94	4 635 702.19	20 318.54
35 298 016.47	70 386.12	8 561 904.37	− 60 275.91	385 974.12
739 428.56	36 057 128.94	418 095.73	25 046 917.83	− 34 207 195.68
21 935.64	431 950.76	4 682.09	329 840.65	76 581.29
2 413 509.87	7 246.59	40 531.76	− 6 135.48	7 968 105.43
93 024 785.61	964 051.38	13 976 084.25	3 915 408.35	− 90 518.34
40 953.78	4 126 509.83	517 296.34	− 853 049.27	58 070 341.26
197 620.43	9 247.05	98 713.42	8 136.04	653 270.98
4 813.26	90 186.42	9 281 307.65	80 975.21	− 7 568.72
1 783 206.59	163 752.89	20 731.56	− 57 421 038.69	6 348 702.15
631 027.95	68 532 049.71	71 092 563.48	952 641.78	− 286 073.51
6 814.02	54 368.97	875 490.21	43 257.86	2 469.07

十六	十七	十八	十九	二十
9 418	75 420 698	7 286	80 165 394	97 640 821
42 180 365	3 742	29 860 143	− 1 529	− 5 964
206 793	9 135 064	5 201 894	307 814	3 908 672
65 234	9 132	570 138	4 259 038	− 350 816
3 148 027	8 596 217	47 185 623	− 5 207	25 863 491
4 106	10 387 536	9 365	49 061 723	− 476 520
38 059 612	62 305	698 740	− 76 345	7 143
821 549	71 980	43 257	932 651	21 935
6 792 031	509 136	4 579 018	8 504 237	2 357 086
38 902	6 472 051	4 576	71 428 956	− 1 728 439
5 263 874	98 567	50 732 961	− 810 462	2 354
6 798	62 038 954	16 709	3 698	− 30 519 748
70 954 283	7 409	3 941 652	− 932 170	84 507
47 650	254 973	25 430	76 581	93 210
7 403 126	1 706 459	904 571	7 813 042	702 358
790 351	93 641 278	2 804	− 53 290 476	− 9 602
69 317 845	130 684	43 912	7 819	8 694 073
821 960	5 821	16 037 489	49 103	− 21 789
2 587	254 390	1 826 095	− 6 374 985	84 015 267
65 479	98 713	698 327	58 760	476 195

习题六(1)

一	二	三	四	五
3 280 149.56	25 608 347.91	4 650 273.98	91 804 762.35	81 754 062.93
82 305 914.67	6 520 473.89	56 409 327.81	− 8 190 627.43	− 2 430 951.76
9 632.01	3 965.04	3 846.02	7 381.06	1 624.09
1 267.53	60 231.75	2 681.94	4 635 702.19	20 318.54
6 827 503.94	217 485.36	8 561 904.37	− 60 275.91	385 974.12
376 058.49	13 875 096.42	418 095.73	25 046 917.83	− 34 207 195.68
3 261.05	89 713.64	4 682.09	329 840.65	76 581.29
5 167 904.28	4 591.86	40 531.76	− 6 135.48	7 968 105.43
47 051 829.36	619 082.73	13 976 084.25	3 915 408.72	− 90 518.34
10 497.82	9 251 806.37	517 296.34	− 853 040.27	58 079 341.26
648 350.17	6 594.08	98 713.42	8 136.04	653 270.98
30 897.42	8 491 307.52	9 281 307.65	80 975.21	− 9 468.72
79 542 063.18	40 731.25	20 731.56	− 57 421 038.69	6 348 702.15
874 152.93	71 084 253.69	71 092 563.48	952 641.78	− 286 073.51
56 479.31	972 680.41	875 490.21	43 257.86	2 469.07

六	七	八	九	十
3 418	85 420 699	8 287	92 580	60 194 623
32 180 366	3 742	49 860 145	− 7 946	− 3 482
506 794	5 135 069	6 201 898	76 143 790	4 715 059
75 233	4 132	670 135	− 260 154	− 9 635 275
4 148 028	3 596 218	77 185 627	3 585	4 712
3 105	20 387 528	8 355	− 624 690	− 46 850 739
49 059 613	42 306	998 740	65 937	42 108
721 548	81 984	63 259	408 364	47 390
7 792 033	409 139	3 579 014	2 497 027	8 405 864
48 904	5 472 503	6 577	− 8 409	− 810 597
6 263 876	38 567	76 732 761	27 056 847	41 587 248
5 798	82 083 746	26 708	− 65 215	− 368 130
80 954 283	7 439	4 941 656	624 597	6 627
57 650	354 873	55 430	5 362 017	69 474
9 403 125	2 706 459	704 573	− 20 659 272	803 716
990 352	83 641 279	3 803	7 363	− 5 803
79 317 846	330 684	63 914	27 601	8 842 069
721 960	5 721	76 037 564	− 4 281 737	− 49 654
3 587	354 390	2 826 099	63 850	82 091 376
75 479	98 719	798 328		468 943

习题六(2)

十一	十二	十三	十四	十五
8 720 536.14	62 305 197.84	6 610 425.93	49 103 875.62	84 507 329.16
27 801 653.49	3 260 971.58	17 709 542.38	− 1 940 758.36	− 5 480 293.71
6 487.05	1 832.09	5 376.04	8 619.07	3 154.02
5 749.18	30 614.72	9 438 502.61	10 482.59	− 2 416.75
4 279 108.63	647 952.13	40 258.16	− 28 359 061.74	1 846 705.39
8 745.01	41 572 083.96	28 094 165.73	425 739.81	− 561 078.93
1 549 603.72	58 741.39	321 790.48	36 528.17	5 412.07
39 015 276.84	9 284.53	70 158.26	− 7 962.31	7 216 309.48
50 368.27	384 056.71	85 926 037.41	6 492 301.85	− 20 936.84
432 810.59	8 624 507.17	182 496.57	− 126 034.58	96 072 843.51
80 269.37	3 289.05	93 285.74	1 967.03	198 570.26
96 137 048.52	5 984 107.26	3 168 907.52	3 762 805.94	50 836.94
293 517.68	90 714.62	783 091.25	− 70 582.49	869 274.35
14 396.85	74 059 621.38	7 634.09	52 037 498.16	− 63 794 015.28
894 012.36	876 350.94	4 638.97	654 130.72	71 963.52

十六	十七	十八	十九	二十
9 863	32 170 596	8 752	60 241 953	54 390 722
87 630 152	4 317	76 520 941	− 2 185	− 6 539
4 801 675	8 305 129	604 389	7 629 038	402 167
490 126	94 518 736	7 504	− 19 850 374	− 5 302
59 164 382	840 561	41 697	7 625	7 359 041
376 590	2 678	92 018 456	35 209	− 28 475
7 234	721 490	9 572 063	− 4 973 561	79 086 234
52 849	96 384	265 178	16 740	943 856
705 491	9 842 051	3 709 564	907 623	1 507 342
52 718	9 847	380 915	3 815 096	− 160 783
1 683 074	6 295 783	48 953 271	− 1 807	26 731 958
8 605	80 463 275	6 123	35 042 789	− 943 620
13 029 567	57 402	265 840	− 74 931	4 891
376 289	38 960	41 738	598 412	28 516
5 497 016	209 845	4 386 095	6 103 897	2 164 073
13 907	5 137 028	4 382	72 386 514	− 8 427 915
2 751 348	96 253	30 817 629	− 620 348	2 169
5 493	57 064 912	92 806	9 456	− 10 685 497
40 928 731	3 109	1 649 237	− 598 270	79 604
84 520	721 634	73 410	74 162	51 280

第三章 珠 算 乘 法

乘算在日常经济活动中随时都可能遇到,如米、油、盐、糖、烟、酒、鱼、肉、蛋、鞋、布、袜等在进行交易时,都要按价结算货款。例如,食盐每千克 0.175 元,三位顾客分别买 3 kg、5 kg、10 kg,各为多少钱? 只有通过 0.175×3,0.175×5,0.175×10,才能得出答案。因此,用算盘进行乘算是大量而广泛的。

珠算乘法,应遵循以下基本规则:乘法交换律,指被乘数和乘数可以相互交换位置而乘积不变的规律,即 $a×b=b×a$。乘法结合律,指几个数字相乘,可以将容易相乘的数据结合起来,其积不变的规律,即 $a×b×c=(a×c)×b$。乘法分配律,指在被乘数上增加或减少一个补数,其代数和与乘数相乘的积数等于各个加数与乘数相乘的代数和的规律。如 $a×b=989×25=(1\ 000-11)×25=(1\ 000×25)-(11×25)=25\ 000-275=24\ 725$,可以简化计算。在珠算中运用这些规律,可以有效地提高运算效率。

第一节 珠算乘法概述

一、乘法定义

求一个数的若干倍是多少的算法叫做乘法。其公式为:

$$被乘数×乘数=积数$$

即
$$a×b=c$$

乘法的运算顺序,如果用盘上定位法,首先确定个位档,然后将被乘数和乘数按要求布数上盘。整数和小数均按整数运算,尾数有 0 的数当做无 0 看待。如果采用"后乘法",运算从右到左,先从被乘数的最低位乘起,依次乘到最高位。如果用"前乘法",运算从左到右,先从被乘数的最高位乘起,依次乘到最低位。用大九九口诀乘积,迭位迭加,计算出得数。

[例 3-1] 某商场出售棉布,每米料 25 元,买 12 米需要多少钱?

第一步,定出个位档,将被乘数 25 与乘数 12 拨入算盘。如图 3-1 所示。

第二步,采用掉尾乘法(后面详细介绍)运算,运算从右到左先从被乘数的最低位乘起:5×12=60,依次乘到最高位:2×12=24,将两次积迭位迭加,得数 300。如图 3-2 所示。

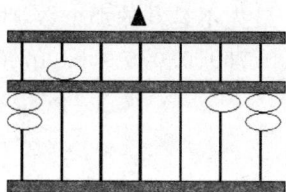

图 3-1

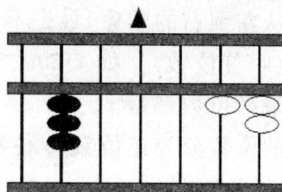

图 3-2

二、乘法口诀

乘法口诀有大九九和小九九两种。珠算采用大九九口诀,大九九口诀完全适应各种乘法算题,在计算时,不必颠倒乘数与被乘数的位置,不易发生差错。大九九口诀共有八十一句,包括小九九口诀与逆九九口诀。小九九口诀小数在前,大数在后,读起来比较顺口,又叫顺九九。如表3-1中粗线右上部分所示。逆九九口诀大数在前,小数在后。如表3-1中粗线左下部分所示。

表 3-1　　　　　　　　　　　　大九九口诀表

序号	一	二	三	四	五	六	七	八	九
一	一一 01	一二 02	一三 03	一四 04	一五 05	一六 06	一七 07	一八 08	一九 09
二	二一 02	二二 04	二三 06	二四 08	二五 10	二六 12	二七 14	二八 16	二九 18
三	三一 03	三二 06	三三 09	三四 12	三五 15	三六 18	三七 21	三八 24	三九 27
四	四一 04	四二 08	四三 12	四四 16	四五 20	四六 24	四七 28	四八 32	四九 36
五	五一 05	五二 10	五三 15	五四 20	五五 25	五六 30	五七 35	五八 40	五九 45
六	六一 06	六二 12	六三 18	六四 24	六五 30	六六 36	六七 42	六八 48	六九 54
七	七一 07	七二 14	七三 21	七四 28	七五 35	七六 42	七七 49	七八 56	七九 63
八	八一 08	八二 16	八三 24	八四 32	八五 40	八六 48	八七 56	八八 64	八九 72
九	九一 09	九二 18	九三 27	九四 36	九五 45	九六 54	九七 63	九八 72	九九 81

三、乘法种类

乘法可以分为后乘法和前乘法两种。这里只介绍后乘法的留头乘法、掉尾乘法、破头乘法和前乘法的空盘前乘法。掌握这些方法后,对于乘法的其他算法便可触类旁通了。

四、数的位数

在进行珠算运算时,需要把相应的数拨入盘上,这叫做置数(也叫布数)。置数方法除了认准数字的首位数(最高位数)与算盘上的对应数位,从高位到低位拨入数字以外,还可根据数的位数与算盘档位间的对应关系进行。一个数最高位是指从左到右的顺序,最先不是 0 的那一位。最先不是 0 的那个数,叫做最高位数(也叫首位数)。如 7 690、769、76.9、7.69、0.769、0.076 9、0.007 69,这七个数的最高位数都是 7。

数的位数分为正位数、0 位数和负位数。

1. 正位数

一个数的整数部分有自然数,就是正位数。整数部分有几位数,就叫做"正几位"。如 368 整数部分有三位数,叫做正 3 位(写成+3 位);36.8 的整数部分有二位数,叫做正 2 位(写成+2 位)。

2. 0 位数

在纯小数中,十分位不是 0 的数叫做 0 位数。如 0.368、0.306 8、0.752,这些数的位数都叫做 0 位数。

3. 负位数

纯小数中,小数点与最高位数之间有零,即为负位数。小数点后与其最高位之间有几个 0,就叫做负几位。如 0.036 8,叫做负 1 位(写成-1 位),0.003 68,叫做负 2 位(写成-2 位)。

数的位数,在珠算的加、减、乘、除运算的置数环节和积、商的定位环节都有着极为重要的作用。因此,必须掌握确定数的位数的方法。算盘上数的位数表示如图 3-3 所示。

传统	十万位	万位	千位	百位	十位	个位	十分位	百分位	千分位	万分位
现代	正六位	正五位	正四位	正三位	正二位	正一位	零位	负一位	负二位	负三位

图 3-3

在乘、除法运算中,数的位数与算盘的档位配合,不但可以解决被乘数、被除数的置数问题,而且还可以解决积、商的定位问题。具体使用方法,详见乘、除法的定位方法。

第二节　珠算乘法定位方法

乘法运算要得出准确的积,就必须掌握好它的定位方法。

一、公式定位法

设 m 表示被乘数的位数,n 表示乘数的位数,则积的位数公式是:

$$积的位数＝m＋n \tag{1}$$

$$积的位数＝m＋n－1 \tag{2}$$

既然有两个定位公式,在使用上就需要有所选择。选用公式的方式如下:

① 凡是积的最高位数字小于两因子中任一因子的最高位数字时,选用公式(1)定位。

[例 3-2] $62.8×0.5＝31.40$

因为积的最高位数 3 小于被乘数的最高位数 6,所以用公式(1)定位。

$$积的位数＝(＋2 位)＋(0 位)＝＋2 位$$

[例 3-3] $0.001\,25×8\,000＝10.00$

因为积的最高位数 1 小于乘数的最高位数 8,所以用公式(1)定位。

$$积的位数＝(－2 位)＋(＋4 位)＝＋2 位$$

② 凡是积的最高位数字大于两因子中任一因子的最高位数字时,选用公式(2)定位。

[例 3-4] $12.25×400＝4\,900.00$

因为积的最高位数 4 大于被乘数的最高位数 1,所以用公式(2)定位。

$$积的位数＝(＋2 位)＋(＋3 位)－1＝＋4 位$$

③ 当积的最高位数同两个因子的最高位数字相同时,就比较第二位、第三位……再按上述方法选用公式。如果均相同,视同积数首位数大,用公式 $m＋n－1$ 定位。总之,可以用一句话概括两个公式:积大减 1 积小和。

[例 3-5] $150×1.2＝180.00$

因乘积的最高位数同两个因子的最高位数字相等,都是 1,就比较它们的第二位数字,积的第二位数字 8,大于 5 和 2,所以用公式(2)定位。

$$积的位数＝(＋3 位)＋(＋1 位)－1＝＋3 位$$

二、盘上定位法

(一)掉尾乘法、留头乘法、破头乘法的盘上定位法

掉尾乘法、留头乘法、破头乘法的盘上定位法,即算前定位法,确定的是被乘数的首位数的档位,其公式为:$m＋n$。其中,m 表示被乘数的位数,n 表示乘数的位数。它是将被乘数与乘数的位数相加,如果和为正一位,就将被乘数的首位数置于选定的个位档上;如果和为正二位,就将被乘数的首位数置于个位档左边的十位档⋯⋯如果和为 0 位,就将被乘数的首位数置于个位档的右边第一档上;如果和为负一位,就将被乘数的首位数置于个位档右边第二档上⋯⋯布数上盘运算后,反映在盘上的数就是积数。下面以掉尾乘法为例解释盘上定位法。

[例 3-6]　$0.34 \times 0.12 = 0.040\ 8$

第一步,定出个位档。被乘数首位:$m + n = 0$ 位 $+ 0$ 位 $= 0$ 位,将被乘数首数置于个位档右边第一档上,拨入 34,将乘数 12 拨入算盘右边,或乘数 12 不拨入算盘,用眼看 12。如图 3-4 所示。

第二步,运算从右到左,先从被乘数的最低位乘起:$4 \times 12 = 48$,口诀四二08,四一04。如图 3-5 所示。

第三步,依次乘到最高位:$3 \times 12 = 36$,并与乘积 48 进行迭位迭加。口诀三二06,三一03,得数 0.040 8。如图 3-6 所示。

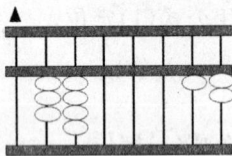
图 3-4

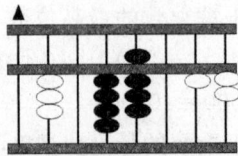
图 3-5

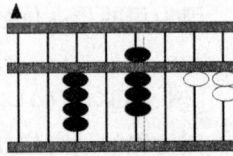
图 3-6

(二) 空盘前乘法的盘上定位法

空盘前乘法的盘上定位法,即算前定位法,确定的是首次乘积(被乘数与乘数首位相乘)十位数应拨入的档位,其公式为:$m + n$。其中,m 表示被乘数的位数,n 表示乘数的位数。它是将被乘数与乘数的位数相加,如果和为正一位,就将首次乘积的十位数置于选定的个位档上;如果和为正二位,就将首次乘积的十位数置于个位档左边的十位档⋯⋯如果和为 0 位,就将首次乘积的十位数置于个位档右边第一档上;如果和为负一位,就将首次乘积的十位数置于个位档右边第二档上⋯⋯布数上盘运算后,反映在盘上的数,就是积数。

练 习 题

1. 用公式定位法将下列各题的乘积定位。

① $487 \times 63 =$　　　　　② $9\ 821 \times 4\ 783 =$

③ $1\ 000 \times 1\ 000 =$　　　④ $76 \times 594 =$

2. 用盘上定位法,以个位档为准,指出下列各题被乘数首位应拨入哪档?

① 76×26(　　)　　　② $8\ 042 \times 329$(　　)

③ 68.75×9.38(　　)　④ 0.007×0.006(　　)

3. 指出下列各数的最高位数字、位数。

① 0.002 765　　　　　② 790.6

③ 0.438 01　　　　　④ 0.000 074

⑤ 718.000 6　　　　　⑥ 6 018.94

⑦ 2.619 2　　　　　　⑧ 2 847 000

⑨ 0.738 6　　　　　　⑩ 0.051 08

第三节　空盘前乘法

一、空盘前乘法原理

空盘乘法是指盘上不置被乘数和乘数的乘法。前乘是指从被乘数的最高位开始乘起。在乘法运算中，两数相乘时，是从乘数的首位起，依次同被乘数首位、次位……末位相乘。按照这种运算顺序，直到两数末位相乘为止。运算时，从左到右，被乘数与乘数均不上盘，要默记乘数，眼看被乘数。直接在盘上得出乘积。这种方法叫做空盘前乘法。它的优点是：计算速度快，档次清楚，准确率高，不怕数多。许多优秀珠算比赛选手都使用这种方法。

二、空盘一位前乘法

空盘一位前乘法是指乘数是一位的空盘前乘法。其步骤如下：

1. 乘的顺序

由乘数乘被乘数的最高位，依次乘到被乘数的末位止。

2. 乘积的记法

在算盘上任选某一记位点档为个位档（即正 1 位），乘数与被乘数首位数乘积的十位数加在某一记位点（按空盘前乘法盘上定位法确定的积的最高位十位数档）的档上，个位数拨在其右一档上。如果乘积的十位数是 0，空出记位点档，个位数仍拨在其右一档上。与被乘数其他各数相乘时可以应用"加（减）积规律"。

3. 乘积

每个乘数被被乘数中每位数都乘过以后，盘上的数就是乘积。加（减）积规律：上次乘积的个位档，即是本次乘积的十位档，本次乘积的个位档，即是下次乘积的十位档，依次类推。"加（减）积规律"适用于各种用九九口诀计算的珠算乘除法，一般乘法采用加，除法为减。

[例 3-7]　746×3＝2 238

第一步，确定首次乘积十位数的档位：$m+n＝(+3)+(+1)＝+4$ 位。在算盘上任选某一记位点档为个位档（即正 1 位），在正 4 位档，用乘数 3 乘被乘数的首位数位 7，"三七 21"，乘积的十位数 2 加在正 4 位档上，其右一档加 1。如

图 3-7 所示。

　　第二步,用乘数 3 乘被乘数的第二个数字 4,"三四 12",乘积的十位数 1 加在上次乘积的个位档上,并在其右一档加 2。如图 3-8 所示。

　　第三步,用乘数 3 乘被乘数的第三个数字 6,"三六 18",乘积的十位数 1 加在其上次乘积的个位档上,右一档加 8,得数 2 238。如图 3-9 所示。

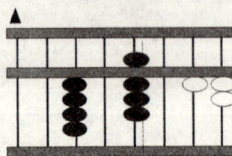

图 3-7

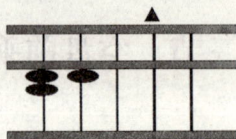

图 3-8

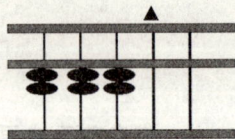

图 3-9

　　[例 3-8]　1 426×4=5 704

　　第一步,确定首次乘积十位数的档位:$m+n=(+4)+(+1)=+5$ 位。在算盘上任选某一记位点档为个位档(即正 1 位),在正 5 位档,用乘数 4 乘被乘数首位数 1,"四一 04",正 5 位档空出,并在其右一档加积的个位数 4。如图 3-10 所示。

　　第二步,用乘数 4 乘被乘数的第二位数字 4。"四四 16",乘积的十位数 1 加在上次乘积的个位档上,在其右一档加 6。如图 3-11 所示。

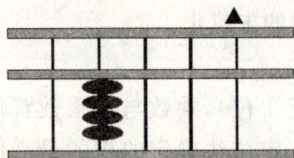

图 3-10

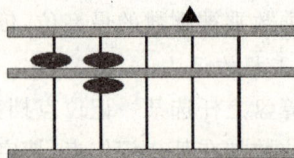

图 3-11

　　第三步,用乘数 4 乘被乘数的第三位数字 2,"四二 08",其上次乘积的个位档不加,在其右一档加积的个位数 8。如图 3-12 所示。

　　第四步,用乘数 4 乘被乘数的第四位数 6,"四六 24",乘积的十位数 2 加在其上次乘积的个位档上,在其右一档加积的个位数 4,得数 5 704。如图 3-13 所示。

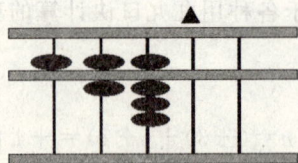

图 3-12

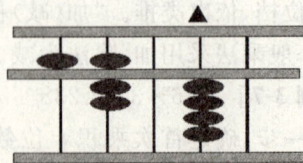

图 3-13

三、空盘多位前乘法

空盘多位前乘法是指被乘数和乘数都是两位或两位以上的空盘前乘法。它的运算要点是：

1. 定位

选定某计位点为个位档,按空盘前乘法的盘上定位法,确定首次乘积十位数应拨入的档位。

2. 运算顺序

先用乘数的首位数同被乘数首位数相乘,一直乘到被乘数末位数字。再用乘数其余各位数字由高位到低位照同样方法进行运算,直到都乘过为止。

3. 积的记数

用乘数首位与被乘数首位相乘时,其积的十位数,加在用盘上定位法计算出的档位上,个位数加在右一档上。与被乘数第二位相乘时,乘积与上一次相比,右退一档累加。以后各位,依次右移。用乘数第二位与被乘数首位相乘时,乘积的记数位置比首位相乘右移一档,其后各位,依次右移。

4. 乘积

当乘数末位依次乘完被乘数各位后,反映在算盘上的数,即为得数。

要选择中间带零或有相同数字的因子作为乘数,运算比较方便。运算中,要眼看被乘数,默记乘数,手拨积数。

[例 3-9]　705×6 842＝4 823 610

第一步,按盘上定位法,确定首次乘积十位数应拨入的档位:$m+n＝（+3$ 位)$+（+4$ 位)$＝+7$ 位,从个位档左边第六档起,拨入乘积的十位数。如图 3-14 所示。

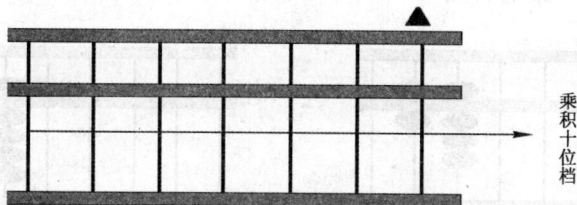

图 3-14

第二步,两数相比,应选择 705 做乘数,方便运算,用首位 7 依次乘 6 842。口诀:七六 42、七八 56、七四 28、七二 14,得出 4 789 400。如图 3-15 所示。

第三步,用末位 5 依次乘 6 842。口诀:五六 30,五八 40,五四 20,五二 10。由于 705 的第二位是 0,所以,第一次乘数的十位数 3 在个位档左边的第四档起拨入。得数 4 823 610。如图 3-16 所示。

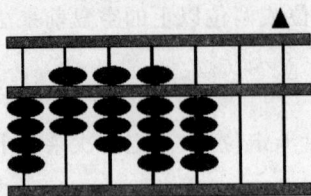

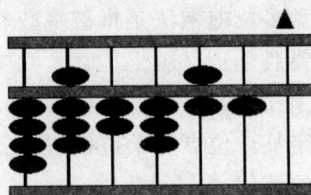

图 3-15   图 3-16

[例 3-10]　0.002 1×0.043＝0.000 090 3

第一步,按盘上定位法,确定首次乘积十位数应拨入的档位:$m+n$＝(－2位)＋(－1 位)＝－3 位,从个位档右边第四档起,拨入乘积的十位数。如图 3-17 所示。

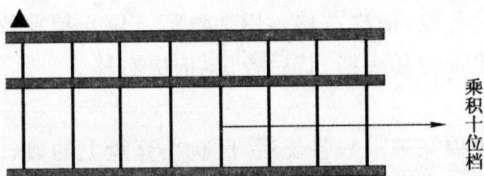

图 3-17

第二步,用乘数的全数 43,从首位起,依次乘被乘数的首位 2。口诀:二四 08、二三 06,可以得出 0.000 086。如图 3-18 所示。

第三步,用乘数的全数 43,从首位起,依次乘被乘数的末位数 1。口诀:一四 04、一三 03,最后得数 0.000 090 3。如图 3-19 所示。

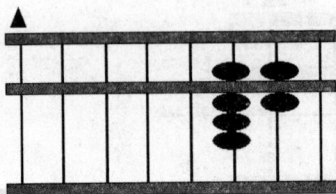

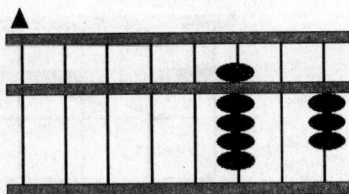

图 3-18   图 3-19

[例 3-11]　209×502＝104 918

第一步,按盘上定位法,确定首次乘积十位数应拨入的档位:$m+n$＝(＋3位)＋(＋3 位)＝＋6 位,从个位档左边第五档起,拨入乘积的十位数。如图 3-20所示。

第二步,用被乘数的全数 209(选 502 做乘数),从首位起,依次乘乘数的首

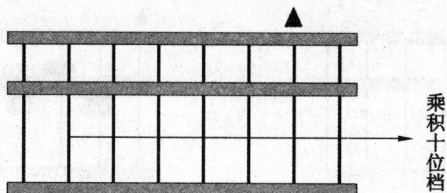

图 3-20

位 5。口诀:二五 10、零五 00、九五 45,迭位相加,可以得出 104 500。如图 3-21 所示。

第三步,用被乘数的全数 209,从首位起,依次乘乘数的末位数 2。由于 209 的第二位数是零,所以本次乘积十位数应拨入的档位是+4 位。口诀:二二 04、零二 00、九二 18,迭位相加,最后得数 104 918。如图 3-22 所示。

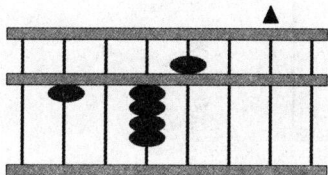

图 3-21

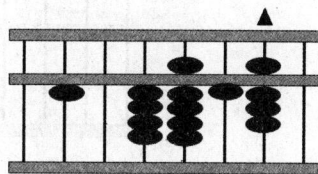

图 3-22

[例 3-12]　0.32×0.79＝0.25(保留两位小数)

第一步,按盘上定位法,确定首次乘积十位数应拨入的档位:$m+n=$(0 位)＋(0 位)＝0 位,从个位档右边第一档起,拨入乘积的十位数。如图 3-23 所示。

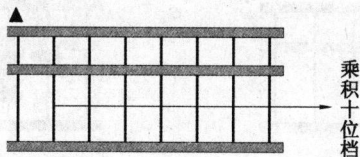

图 3-23

第二步,两数相比,选择 0.79 做乘数,用首位 7 依次乘 32。口诀:七三 21、七二 14,得出 0.224。如图 3-24 所示。

第三步,用末位 9 依次乘 32。口诀:九三 27,九二 18。这一次乘数的十位数 2 在－1 位(个位档右边的第二档起)拨入,得数 0.2528,保留两位小数,即 0.25。如图 3-25 所示。

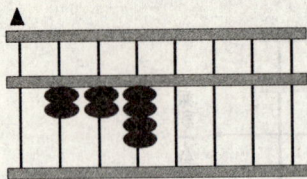 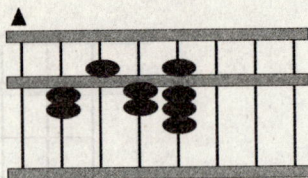

图 3-24   图 3-25

[例 3-13] $2.8 \times 7.05 = 19.74$(保留两位小数)

第一步,按盘上定位法,确定首次乘积十位数应拨入的档位:$m+n=(+1$位$)+(+1$位$)=+2$位,从个位档左边第一档起,拨入乘积的十位数。如图 3-26 所示。

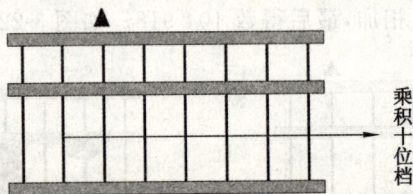

乘积十位档

图 3-26

第二步,两数相比,应选择 2.8 做乘数,方便运算。用首位 2 依次乘 7.05。口诀:二七 14、二零 00、二五 10,得出 14.10。如图 3-27 所示。

第三步,用末位 8 依次乘 7.05。口诀:八七 56,八零 00,八五 40。这一次乘数的十位数 5 在 +1 位(个位档)起拨入,得数 19.74。如图 3-28 所示。

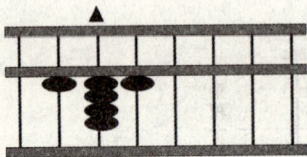 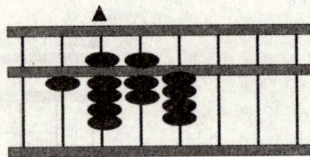

图 3-27   图 3-28

[例 3-14] $0.075 \times 41 = 3.08$(保留两位小数)

第一步,按盘上定位法,确定首次乘积十位数应拨入的档位:$m+n=(-1$位$)+(+2$位$)=+1$位,从个位档起,拨入乘积的十位数。如图 3-29 所示。

第二步,两数相比,选择 41 做乘数,方便运算,用首位 4 依次乘 75(不考虑零)。口诀:四七 28、四五 20,得出 3。如图 3-30 所示。

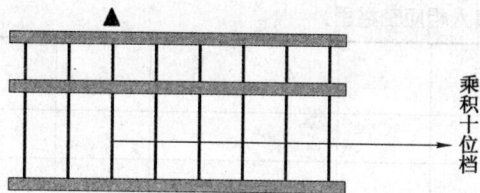

图 3-29

第三步,用末位1依次乘75。口诀:一七07、一五05。这一次乘数的十位数0在0位(个位档右边的第一档)拨入,得数3.075,保留两位小数即3.08。如图 3-31 所示。

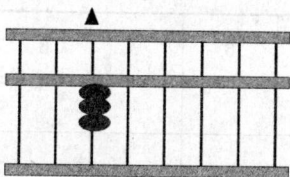

图 3-30

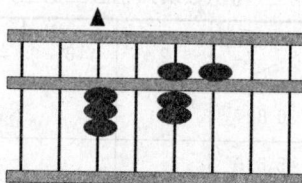

图 3-31

练 习 题

1. 计算下列各题

① 4 386×2 =　　　　　　② 96 376×3 =

③ 12 892×4 =　　　　　　④ 14 878×5 =

⑤ 76 792×6 =　　　　　　⑥ 5 683×7 =

⑦ 14 828×8 =　　　　　　⑧ 68 935×9 =

2. 计算下列各题(保留四位小数,以下四舍五入)

① 381.2×0.07 =　　　　　② 0.047×600 =

③ 248.7×0.06 =　　　　　④ 2.05×0.09 =

⑤ 0.062 7×0.008 =　　　　⑥ 0.095×900 =

⑦ 0.095 17×600 =　　　　⑧ 43.26×4 000 =

⑨ 140 500×4 000 =　　　　⑩ 4.290 5×200 =

3. 一位数乘法练习

练习一(将积数填入相应空格里)

乘数\被乘数	2	3	4	5	6	7	8	9
238								
716								
4 509								
1 873								
514								

练习二(将积数填入相应空格里)

乘数\被乘数	2	3	4	5	6	7	8	9
30 827								
45 619								
513 748								
61 072								
13 069								

练习三(将积数填入相应空格里)

乘数\被乘数	2	3	4	5	6	7	8	9
43 065								
2 081								
74 923								
4 608								
3 756								

4. 用空盘前乘法计算下列各题(保留两位小数,以下四舍五入)

① $9.4 \times 0.580\ 6 =$　　　　② $9\ 876 \times 24 =$

③ $7\ 002 \times 805 =$　　　　④ $3\ 456 \times 81.24 =$

⑤ $985.64 \times 7.6 =$　　　　⑥ $98\ 076 \times 804 =$

⑦ $948\ 635 \times 7.64 =$　　　　⑧ $789 \times 29\ 865 =$

⑨ $423 \times 596 =$　　　　⑩ $2.34 \times 49.86 =$

5. 多位数乘法练习

练习一(将积数填入相应空格里,保留四位小数,以下四舍五入)

	185.69	318.64	18.507 2	9.736 5
0.247 63				
814.509				
47 018				
256.73				
601.524				

练习二(将积数填入相应空格里,保留四位小数,以下四舍五入)

	47.365	20.518	3.715 6	501.47
0.072 18				
4.378 6				
25 607				
384.69				
17.385 2				

练习三(将积数填入相应空格里,保留四位小数,以下四舍五入)

	807.93	156.72	0.478 56	54.602
2.387 6				
418.59				
0.031 708				
159.24				
71.485				

6. 在五分钟内乘法十题得出正确答案(保留两位小数,以下四舍五入)

普通五级习题一

① $701 \times 93 =$　　　　　② $2.6 \times 7.08 =$

③ $5\ 043 \times 71 =$　　　　④ $908 \times 26 =$

⑤ $71 \times 534 =$　　　　　⑥ $826 \times 985 =$

⑦ $43 \times 6\ 017 =$　　　　⑧ $715 \times 629 =$

⑨ 26 × 403 =

普通五级习题二

① 428 × 62 =

② 0.67 × 0.801 =

③ 185 × 64 =

④ 91 × 528 =

⑤ 806 × 49 =

⑥ 0.306 × 0.82 =

⑦ 93 × 169 =

⑧ 249 × 802 =

⑨ 704 × 369 =

⑩ 53 × 8.904 =

普通五级习题三

① 38 × 245 =

② 907 × 13 =

③ 0.760 9 × 0.41 =

④ 24 × 8 639 =

⑤ 508 × 948 =

⑥ 46 × 105 =

⑦ 0.057 × 8.23 =

⑧ 781 × 46 =

⑨ 49 × 507 =

⑩ 701 × 86 =

普通四级习题一

① 8 013 × 89 =

② 618 × 8.017 =

③ 0.470 5 × 3.56 =

④ 34 × 3 409 =

⑤ 7 152 × 62 =

⑥ 27 × 7 621 =

⑦ 394 × 583 =

⑧ 5 608 × 17 =

⑨ 926 × 294 =

⑩ 4.9 × 0.408 5 =

普通四级习题二

① 7.6 × 0.560 4 =

② 637 × 391 =

③ 1.604 × 63 =

④ 593 × 458 =

⑤ 45 × 1 296 =

⑥ 3 815 × 64 =

⑦ 34 × 9 028 =

⑧ 0.508 7 × 6.51 =

⑨ 468 × 9 528 =

⑩ 8 501 × 74 =

普通四级习题三

① 16 × 5 092 =

② 258 × 604 =

③ 3 907 × 865 =

④ 0.42 × 0.793 1 =

⑤ 5 139 × 28 =

⑥ 76 × 3 512 =

⑦ 804 × 571 =

⑧ 481 × 2 756 =

⑨ 2 962 × 48 =

⑩ 496 × 5 089 =

普通三级习题一

① 102 × 496 =

② 615 × 80 439 =

③ 5.87 × 0.380 6 =

④ 845 × 932 =

⑤ 0.703 4 × 6.51 =

⑥ 296 × 175 =

⑦ 938 × 194 =

⑧ 4.206 8 × 7.15 =

⑨ 241 × 5 702 =

⑩ 379 × 278 =

普通三级习题二

① 195×864 =

② 9 275×893 =

③ 3.105 7×6.84 =

④ 138×4 601 =

⑤ 269×267 =

⑥ 0.602 3×5.48 =

⑦ 734×921 =

⑧ 584×70 329 =

⑨ 4.76×0.270 5 =

⑩ 801×395 =

普通三级习题三

① 849×745 =

② 716×2 407 =

③ 1.703 5×4.92 =

④ 9 853×691 =

⑤ 793×642 =

⑥ 0.408 1×3.26 =

⑦ 512×987 =

⑧ 2.54×0.805 3 =

⑨ 362×5 189 =

⑩ 607×193 =

普通二级习题一

① 0.270 5×84.16 =

② 296×8 792 =

③ 5 936×6 029 =

④ 83.69×150.3 =

⑤ 9 851×251 =

⑥ 37.4×0.064 3 =

⑦ 78 203×378 =

⑧ 40.81×0.378 4 =

⑨ 175×50 946 =

⑩ 6 024×917 =

普通二级习题二

① 498×652 =

② 9 273×465 =

③ 0.410 7×62.38 =

④ 7 958×4 102 =

⑤ 65.1×0.006 58 =

⑥ 69.03×0.518 2 =

⑦ 92 405×215 =

⑧ 317×80 796 =

⑨ 8 406×913 =

⑩ 82.95×205.7 =

普通二级习题三

① 0.380 6×17.25 =

② 379×1 983 =

③ 6 479×7 039 =

④ 45.8×0.074 5 =

⑤ 9 126×623 =

⑥ 50.21×0.528 4 =

⑦ 83 104×418 =

⑧ 268×60 579 =

⑨ 7 053×892 =

⑩ 17.49×240.6 =

普通一级习题一

① 70 615×3 704 =

② 9 214×2 743 =

③ 3.904 7×81.65 =

④ 83.06×4.209 3 =

⑤ 6 752×1 596 =

⑥ 2 864×9 205 =

⑦ 25.71×5.061 7 =

⑧ 1 637×7 348 =

⑨ 408.3×0.932 8 =

⑩ 580.9×61.84 =

普通一级习题二

① 80 726×4 850 =   ② 9 325×3 854 =

③ 4.905 8×12.76 =   ④ 4.92×5.309 4 =

⑤ 7 853×2.697 =   ⑥ 3 195×9 306 =

⑦ 36.82×6.072 8   ⑧ 2 784×9 306 =

⑨ 501.4×0.941 3 =   ⑩ 610.9×71.24 =

普通一级习题三

① 60 584×2 603 =   ② 9 183×1 632 =

③ 2.903 6×71.544 =   ④ 72.05×3.109 2 =

⑤ 641×8 295 =   ⑥ 1 763×9 104 =

⑦ 14.78×4.058 6 =   ⑧ 8 265×6 437 =

⑨ 307.2×0.921 6 =   ⑩ 470.9×58.73 =

7. 能手级乘算（保留四位小数，以下四舍五入）

习题一

一	906 183×83 602 =	十一	76.132 8×6.418 =
二	8 590×9 035 =	十二	4 278×2 579 =
三	0.348 5×52.970 3 =	十三	4 613×2.713 69 =
四	61.273×7.132 56 =	十四	5.678 2×0.347 89 =
五	7.129 06×0.614 7 =	十五	9 304×8 059 =
六	27 349×4 681 =	十六	5.349 62×30 467 =
七	2.587 4×43.912 8 =	十七	8 059×92 508 =
八	64 315×7 206 =	十八	89 057×90 251 =
九	1 726×1 684 =	十九	3 094×58 603 =
十	1 602×17 234 =	二十	98 501×8 954 =

习题二

一	801 674×74 102 =	十一	78 095×80 296 =
二	7 980×8 049 =	十二	4 083×97 104 =
三	0.437 9×92.850 4 =	十三	2.975 3×34.862 7 =
四	25 438×3 176 =	十四	13 469×5 201 =
五	16.254×5.642 91 =	十五	5 621×6 173 =
六	6 102×65 243 =	十六	6.628 01×0.163 5 =
七	51.642 7×1 367 =	十七	3 164×256 418 =
八	3 257×2 958 =	十八	9.157 2×0.435 78 =
九	9.438 12×40 315 =	十九	8 403×7 098 =
十	87 906×7 893 =	二十	7 358×82 906 =

习题三

一	706 185 × 85 603 =	十一	1 236 × 1 689 =
二	8 470 × 7 054 =	十二	2. 137 06 × 0. 619 2 =
三	0. 598 4 × 43. 720 5 =	十三	61. 325 × 2. 153 46 =
四	32 597 × 9 681 =	十四	1 603 × 12 359 =
五	9 615 × 3. 215 67 =	十五	26. 153 8 × 6. 918 =
六	4. 628 3 × 0. 592 87 =	十八	9 328 × 3 427 =
七	7 509 × 8 047 =	十七	4. 597 63 × 50 936 =
八	8 047 × 73 408 =	十八	87 042 × 70 341 =
九	69 514 × 2. 306 =	十九	5 097 × 48 605 =
十	3. 482 9 × 95. 713 8 =	二十	78 401 × 8 749 =

习题四

一	408 723 × 23 809 =	十一	4 304 × 2 065 =
二	2 640 × 4 036 =	十二	2 064 × 49 602 =
三	0. 352 6 × 69. 410 3 =	十三	6. 354 89 × 30 581 =
四	91 354 × 5 837 =	十四	42 607 × 2 465 =
五	87. 913 × 1. 739 68 =	十五	24 061 × 40 967 =
六	7 809 × 71 935 =	十六	3 045 × 62 803 =
七	18. 739 2 × 8. 572 =	十七	9. 621 5 × 53. 479 2 =
八	5 912 × 9 614 =	十八	85 376 × 1 908 =
九	5 873 × 9. 173 84 =	十九	7 198 × 7 825 =
十	6. 812 9 × 0. 351 24 =	二十	1. 794 08 × 0. 875 1 =

习题五

一	208 437×37 805 =	十一	65.297 4×5.824 =
二	3 620×2 076 =	十二	8 764×7 361 =
三	59 712×1 834 =	十三	8 529×7.629 51 =
四	0.713 6×65.290 7 =	十四	3.564 7×0.986 41 =
五	6.712 85×70 189 =	十五	1 908×4 031 =
六	23 604×3 261 =	十六	4 031×17 304 =
七	32 069×20 564 =	十七	3.981 57×90 856 =
八	7 021×63 807 =	十八	14 302×4 138 =
九	1 847×5.947 82 =	十九	41 036×10 732 =
十	6.893 5×0.719 32 =	二十	9 018×34 509 =

习题六

一	105 249×49 507 =	十一	2 701×3 062 =
二	4 310×1 093 =	十二	3 062×25 603 =
三	0.984 3×37.160 9 =	十三	5.639 1×17.245 3 =
四	76 981×8 542 =	十四	81 746×9 508 =
五	7.346 8×89.127 4 =	十五	4 958×4 831 =
六	58 923×6 705 =	十六	9.452 08×0.841 9 =
七	2 675×2 548 =	十七	84.597×9.475 68 =
八	6.270 5×0.528 6 =	十八	4 805×49 571 =
九	52.769×6.297 35 =	十九	98.475 3×8.143 =
十	2 507×26 798 =	二十	1 593×5 692 =

第四节　乘法的其他方法

乘法的运算方法很多,这里主要介绍留头乘法、掉尾乘法、破头乘法和简捷乘法。

一、留头乘法

在乘法运算中,两数相乘时,用乘数逐位乘被乘数,先从乘数的第二位开始运算,依次到末位,最后到首位,与被乘数的末位相乘,依次乘到被乘数的首位。按照这种运算顺序,依次向被乘数的首位进行计算,直到两个数首位相乘,并用乘数的首位改变被乘数本档的算珠,得出乘积,这种运算方法叫做留头乘法。

留头算法的优点是:被乘数、乘数不用默记,比较直观,容易掌握。但留头乘法对乘数取数与读数顺序不一致,不能口念乘数进行运算,所以速度较慢。它的运算要点是:

1. 置数

按盘上定位法确定被乘数首位数应拨入的档位,依次布入被乘数,将乘数拨入算盘的右边,或默记乘数,或眼看乘数。

2. 运算顺序

从被乘数的末位开始,从右到左,依次逐位用乘数去乘,直到乘完首位。每位的运算顺序先用乘数的第二位去乘被乘数,然后依次用乘数的第三位、第四位……直到末位去乘,最后,用乘数的首位去乘,并改变被乘数本档算珠为其乘积的十位数。

3. 积的记数

每乘一位时,用乘数的第几位去乘,其积的个位就加在该被乘数的右边第几档上,积的十位则在个位的左一档上。

4. 乘积

当用乘数乘完被乘数的首位以后,反映在算盘上的数就是乘积。

运算过程中,如果满十不能进位时,只能默记,乘完后再补进。

[例3-15] 493×385=189 805

第一步,按盘上定位法,确定被乘数首位应拨入的档位:$m+n$=(+3位)+(+3位)=+6位。从个位档左边第五档起,依次拨入被乘数493,将乘数385拨入算盘的右边,或默记乘数385。如图3-32所示。

第二步,用乘数的第二位8去乘被乘数末位3,用乘数末位5去乘被乘数末位3,用乘数首位3去乘被乘数末位3。口诀三八24,三五15,三三09,得数1 155。如图3-33所示。

第三步,用乘数的第二位8去乘被乘数倒数第二位9,用乘数末位5去乘被乘数倒数第二位9,用乘数首位3去乘被乘数倒数第二位9。口诀九八72,九五45,九三27,得数35 805。如图3-34所示。

第四步,用乘数的第二位8去乘被乘数首位4,用乘数末位5去乘被乘数首位4,用乘数首位3去乘被乘数首位4。口诀:四八32,四五20,四三12,得数189 805。如图3-35所示。

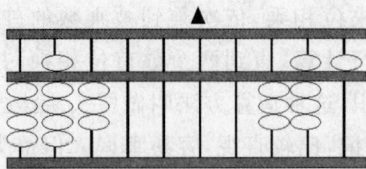

图 3-32

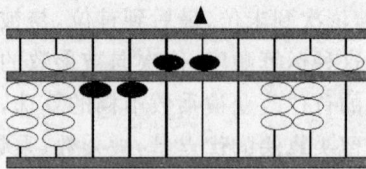

图 3-33

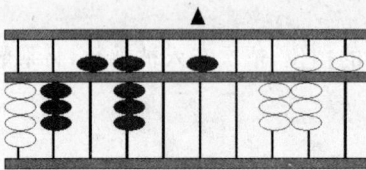

图 3-34

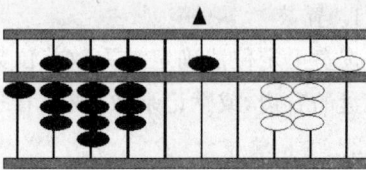

图 3-35

二、掉尾乘法

在乘法运算中,两数相乘时,用乘数逐位乘被乘数,先从乘数的末位开始运算,与被乘数的末位相乘,依次乘到被乘数的首位。按照这种运算顺序,依次向被乘数的首位进行计算,直到两数首位相乘,并用乘数的首位改变被乘数本档的算珠,得出乘积,这种运算方法叫做掉尾乘法。它的优点是:运算方法同笔算运算顺序相同,会笔算的人对照学习,容易理解和掌握。但掉尾乘法定位难度较大,容易错档。运算顺序从右到左,很不方便,实效不佳。它的运算要点是:

1. 置数

按盘上定位法,确定被乘数首位应拨入的档位,依次布入被乘数,将乘数拨入算盘的右边,或默记乘数,或眼看乘数。

2. 运算顺序

从被乘数的末位开始,从右到左,依次逐位用乘数去乘,直到乘完首位。每位的运算顺序先用乘数的末位去乘被乘数,然后依次用乘数的倒数第二位、第三位……直到首位去乘,并且改变被乘数本档算珠为其乘积的十位数。

3. 积的记数

每乘一位时,用乘数的第几位去乘,其积数的个位数就加在该被乘数的右边第几档上,积的十位数则在个位的左一档上。

4. 乘积

当用乘数乘完被乘数的首位以后,反映在算盘上的数就是乘积。

运算过程中,如果满十不能进位时,乘完再补进。

[例 3-16] $623 \times 47 = 29\ 281$

第一步,按盘上定位法,确定被乘数首位应拨入的档位:$m+n=(+3$ 位)$+$ (+2 位)$=+5$ 位。从个位档左边第四档起,依次拨入被乘数 623,将乘数 47 拨入算盘的右边,或默记乘数 47。如图 3-36 所示。

第二步,用乘数的末位 7 去乘被乘数末位 3,用乘数首位 4 去乘被乘数末位 3。口诀:三七 21,三四 12,得出 141。如图 3-37 所示。

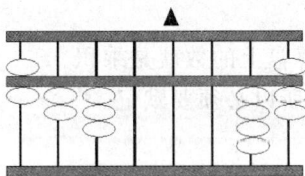

图 3-36

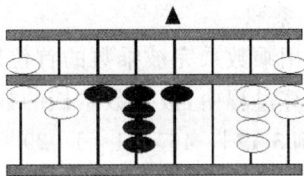

图 3-37

第三步,用乘数的末位 7 去乘被乘数倒数第二位 2,用乘数首位 4 去乘被乘数倒数第二位 2。口诀二七 14,二四 08,得出 1 081。如图 3-38 所示。

第四步,用乘数的末位 7 去乘被乘数首位 6,用乘数的首位 4 去乘被乘数首位 6。口诀:六七 42,六四 24,得数 29 281。如图 3-39 所示。

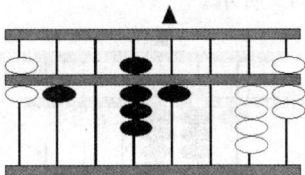

图 3-38

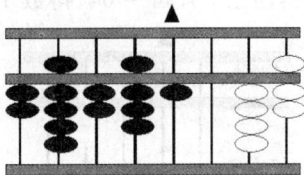

图 3-39

三、破头乘法

在乘法运算中,两数相乘时,用乘数逐位乘被乘数,先从乘数的首位开始运算,依次到末位,与被乘数的末位相乘,依次乘到被乘数的首位。按照这种运算顺序,依次向被乘数的首位进行计算,直到两数首位相乘,并用乘数的首位改变被乘数本档的算珠,得出乘积。这种运算方法叫做破头乘法。它的优点是:按乘数的自然顺序运算,从左到右拨珠,眼看数字习惯,手拨乘积速度快。它的运算要点是:

1. 置数

按盘上定位法,确定被乘数首位应拨入的档位,依次布入被乘数,将乘数拨入算盘的右边,或默记乘数,或眼看乘数。

2. 运算顺序

从被乘数的末位开始,从右到左,依次逐位用乘数去乘,直到乘完首位。每次运算顺序先用乘数的首位去乘被乘数,然后,依次用乘数的第二位、第三位……直到末位去乘,并用改变被乘数本档算珠为其乘积的十位数。

3. 积的记数

每乘一位时,用乘数的第几位去乘,其积数的个位就加在该被乘数的右边第几档上,积的十位数则在该被乘数的本档上。

4. 乘积

当用乘数乘完被乘数的首位以后,反映在算盘上的数就是乘积。

运算过程中,被乘数本档的数因相乘去掉,所以必须要默记。

[例 3-17] $49 \times 21 = 1\ 029$

第一步,按盘上定位法,确定被乘数首位应拨入的档位:$m+n=$(+2 位)+(+2 位)=+4 位,从个位档左边第三档起,依次拨入被乘数 49,将乘数 21 拨入算盘的右边,或默记乘数 21。如图 3-40 所示。

第二步,用乘数的首位 2 去乘被乘数末位 9,用乘数末位 1 去乘被乘数末位 9。口诀:九二 18,九一 09,得出 189。如图 3-41 所示。

第三步,用乘数的首位 2,去乘被乘数首位 4,用乘数末位 1 去乘被乘数首位 4。口诀:四二 08,四一 04,得数 1 029。如图 3-42 所示。

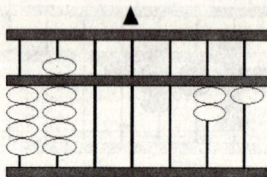

图 3-40

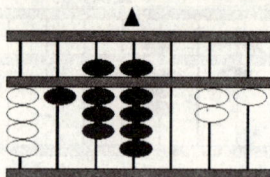

图 3-41

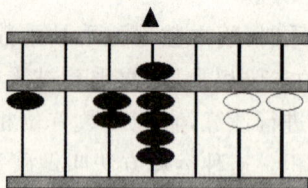

图 3-42

四、简捷乘法

掌握了几种乘法的基本运算方法之后,为了进一步提高运算速度,可以利用数字之间的一些关系,使其在一定条件下能够简化运算程序,减少拨珠次数,从而达到既快又准的目的。

1. 被乘数或乘数有相同数字

如果被乘数首位和第二位数字相同,先用第二位数字与乘数相乘,首位数不用同乘数相乘,只加盘上积数即可;如果相同数字不在首位,可先算相同数字部分,然后再算其他数字;如果乘数出现上述情况,可把乘数当做被乘数,被乘数当做乘数。

[例3-18]　214×333＝71 262

第一步,按盘上定位法,确定首次乘积十位数应拨入的档位:$m+n=$（+3位）+（+3位）＝+6位,从个位档左边第五档拨入:三二06,三一03,三四12,得出64 200。如图3-43所示。

第二步,照搬642,从个位档左边第三档拨入642,得出70 620。如图3-44所示。

第三步,照搬642,从个位档左边第二档拨入642,得数71 262。如图3-45所示。

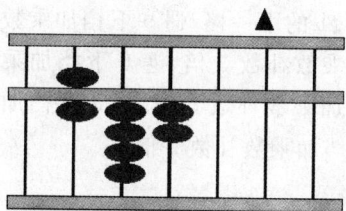

图 3-43

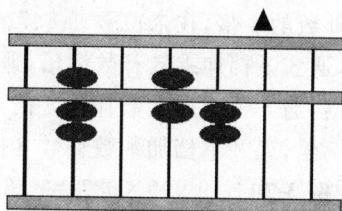

图 3-44

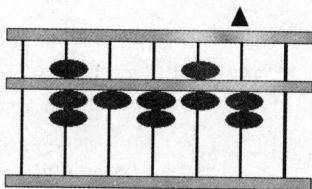

图 3-45

2. 被乘数有 1 的时候

因为1与任何数相乘其积不变,同时还不能进位,所以,当被乘数有1的时候,在相应的档位加上乘数即可。

[例3-19]　21×736＝15 456

第一步,按盘上定位法,确定首次乘积十位数应拨入的档位:$m+n=$（+2位）+（+3位）＝+5位,从个位档左边第四档拨入:二七14,二三06,二六12,

得出 14 720。如图 3-46 所示。

第二步,因被乘数第 2 位数是 1,它的积就是乘数 736,从个位左边第二档起依次加 736,得数 15 456。如图 3-47 所示。

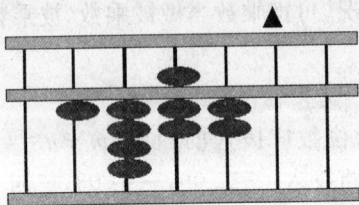

图 3-46

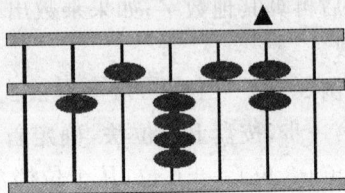

图 3-47

3. 被乘数中连续出现 9

被乘数中前几位都是 9,末位数分别是 9、8、7、6、5、4、3、2、1 时,运算可遵循下面的规律:把被乘数布在算盘上,其前几位 9 不动,同时,在被乘数的首档减其乘数补数的 1 倍,在末位数 9、8、7、6、5、4、3、2、1 的下一档,遇 9 下档加乘数补数一倍,遇 8 下档加乘数补数 2 倍,遇 7 下档加乘数补数 3 倍,遇 6 下档加乘数补数 4 倍,遇 5 下档加乘数补数 5 倍,遇 4 下档加乘数补数 6 倍,遇 3 下档加乘数补数 7 倍,遇 2 下档加乘数补数 8 倍,遇 1 下档加乘数补数 9 倍。

[例 3-20] $9\,999 \times 637 = 6\,369\,363$

$$
\begin{array}{r}
9\,9\,9\,9 \\
+\,3\,6\,3 \\
-\quad\quad 3\,6\,3 \\
\hline
6\,3\,6\,9\,3\,6\,3
\end{array}
$$

因为,乘数 637 的补数是 363,所以,在末位 9 下档加 363 的 1 倍,首档减 363 的 1 倍。

[例 3-21] $998 \times 899 = 897\,202$

$$
\begin{array}{r}
9\,9\,8 \\
+\,2\,0\,2 \\
-\quad 1\,0\,1 \\
\hline
8\,9\,7\,2\,0\,2
\end{array}
$$

因为,乘数 899 的补数是 101,所以在末位 8 下档加 101 的 2 倍,首档减 101 的 1 倍。

练 习 题

1. 分别用留头乘法、掉尾乘法、破头乘法计算下列各题（保留两位小数，以下四舍五入）

① $6\ 947 \times 7\ 093 =$ ② $14.89 \times 270.42 =$

③ $506 \times 68 =$ ④ $0.004\ 17 \times 0.000\ 706 =$

⑤ $894 \times 753 =$ ⑥ $397 \times 1\ 893 =$

⑦ $2\ 734 \times 263 =$ ⑧ $12.63 \times 456.78 =$

⑨ $608 \times 180\ 905 =$ ⑩ $27.36 \times 4.82 =$

2. 简捷乘法练习

① $5\ 428 \times 2\ 777 =$ ② $685 \times 766 =$

③ $621 \times 987 =$ ④ $584 \times 189 =$

⑤ $998 \times 996 =$ ⑥ $99\ 999\ 998 \times 72\ 456 =$

第四章 珠 算 除 法

第一节 珠算除法概述

在珠算除法中包含着珠算加、减、乘各种运算及其方法与技巧,所以学习珠算除法既是珠算加、减、乘的综合运算,又是珠算四则的综合练习,具有重要意义。从实用方面看,珠算除法在财经工作中也是经常应用的。

珠算除法是由珠算加、减、乘和一些特殊步骤(如估商)所组成的程序,学习时应着重注意程序的结构及其简捷性,再者就是估商的方法。对于各种除法,要会分析对比其程序及估商特点,并针对具体应用场合选出较优的方法。通过有效练习达到熟练程度。

珠算除法,应遵循以下三个基本规则:用除数去除被除数时,应从左到右,先从被除数的最高位除起,依次除到最低位;珠算除法是用大九九口诀乘积递位迭减,是乘法的逆运算(递位迭减就是每乘一位将乘积退一位减去);被除数和除数不能交换位置。

一、除法定义

求一个数被另一个数(不是 0)来分,可以分成多少份的计算方法,叫做除法。其公式为:

$$被除数 \div 除数 = 商数$$

即

$$a \div b = c$$

就除法的运算性质来说;它是乘法的逆运算:

$$a \div b = c \quad c \times b = a$$

除法的运算顺序,如果用盘上定位法,首先确定个位档,然后将被除数按要求布入算盘。整数和小数均按整数运算,尾数有 0 的数当做无 0 看待。运算中,从左到右,先从被除数的首位数除起,依次除到末位数。用大九九口诀,迭位减去商与除数的乘积,计算出结果,即为商数。

[例 4-1] 某农场果树队有 45 人,要编写 9 个作业组,每组有多少人?

第一步,定出个位档,采用商除法运算,将被除数 45 与除数 9 拨入盘。如图 4-1 所示。

第二步,在个位档上商 5,用 9 乘 5 等于 45,从被除数 45 中减去试商与除数的乘积,得数为 5。如图 4-2 所示。

答:每组有 5 个。

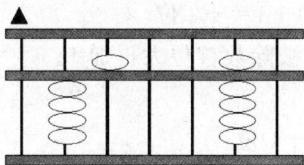
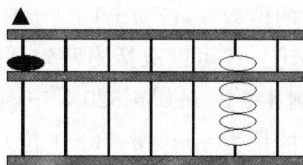

图 4-1　　　　　　　　　　　　　　　图 4-2

二、除法口诀

本书着重介绍商除法,用乘法口诀估商。因此,熟记大九九口诀即可。

三、除法种类

除法按运用的口诀不同,一般可以分为归除法和商除法两种。如果按立商的档次不同,可以分为隔位除法和挨位除法。这里只介绍隔位除法的商除法和挨位除法的改商除法。掌握这些方法后,对于除法的其他算法亦能很快学会。

第二节　珠算除法定位方法

珠算除法运算后在盘上得出的结果,如果没有经过定位,那还不是准确的商。为了得出准确的商数,必须掌握好定位方法。

一、公式定位法

公式定位法是以被除数、除数的位数之差,并视首位数字的大小,用一定公式来确定商的位数的方法。这种定位法有两个公式:

① 被除数首位数小于除数首位数,或者首位数相同,而第二位数小于除数的第二位数……

求商的位数是:被除数位数减除数位数。设 m 代表被除数位数,n 代表除数位数。

$$商的位数 = m - n$$

[例 4-2]　$255\,150 \div 378 = 675$

∵ 2 < 3　∴ 商的位数 $= m - n = (+6 \text{ 位}) - (+3 \text{ 位}) = +3$ 位。

② 被除数首位数大于除数首位数,或者首位数相同而第二位数大于除数第二位数……或者都相同(视同被除数首位数大)。

求商的位数是:

$$商的位数 = m - n + 1$$

[例 4-3] 5 562÷206＝27

∵ 5＞2 ∴ 商的位数＝m−n+1＝(+4 位)−(+3 位)+1＝+2 位

[例 4-4] 1 000÷100＝10

商的位数＝m−n+1＝(+4 位)−(+3 位)+1＝+2 位

上述公式可以概括为两句话:前位减后位,被除数首位大再加1。

[例 4-5] 0.036 520 5÷0.009 7＝3.765

商的位数＝m−n＝(−1 位)−(−2 位)＝+1 位

[例 4-6] 0.752÷0.002 5＝300.80

商的位数＝m−n+1＝(0 位)−(−2 位)+1＝+3 位

二、盘上定位法(又称算前定位法)

采用算前定位法,要在运算前,选定算盘上某一计位点作为运算后商的个位档,并以这一档为基点确定被除数首位的置数位置,运算终了即得商数。

由于商除法与改商除法置商的位置不同,所以采用算前定位时,被除数首位的置数位置也不同,现分述如下。

1. 商除法运用算前定位法定位

用 m 表示被除数的位数,用 n 表示除数的位数,商除法采用算前定位法定位时,所用的公式是:被除数首位置数档(即被除数首位应拨入的档位)＝m−n−1,具体做法如下:

① 运算前,先在算盘上选择一个计位点作为商数的小数点。

② 以小数点为准,把算盘的档位分为两部分,小数点所在档为+1 位,从小数点左边第一档起依次定为+2、+3、+4…档,从小数点右边第一档起依次定为0、−1、−2、−3、−4…档。

③ 根据公式求出被除数首位置数档,然后根据所求得的置数档位,将被除数拨入算盘上相应的档位。运算终了,盘上显示的数便是商数。

[例 4-7] 50 482÷86＝587

第一步,在盘上选定个位档,按盘上定位法,被除数首位应拨入的档位:m−n−1＝(+5 位)−(+2 位)−1＝+2 位。如图 4-3 所示。

第二步,从个位档左边第一档拨入被除数 50 482,将除数 86 拨入算盘的右边。如图 4-4 所示。运算终了,即得数 587。

2. 改商除法运用算前定位法定位

改商除法用算前定位法定位时,置数档位的公式是:被除数首位置数档＝m−n。根据公式求出的被除数首位置数档后按档拨入被除数,即可运算。运算终了,盘上显示的数就是商数。

算前定位法,可以直接从盘上看出商的位置,是除法运算中最简捷的定位方

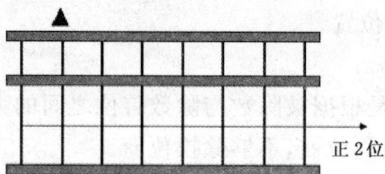

正2位

图 4-3

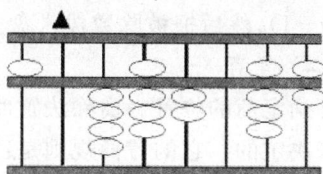

图 4-4

法。在实际工作中,大部分除法题是除不尽的。用算前定位法,可以根据计算内容的要求,及时地进行舍位,避免无效劳动。

练 习 题

1. 用公式定位法确定下列各题商的位数

① 574 145÷715 =   ② 55 844÷607 =

③ 3.180 6÷2.06 =   ④ 7 884÷108 =

⑤ 3 400÷85 =   ⑥ 0.314 89÷0.079 =

⑦ 790 716÷1 006 =   ⑧ 3 843÷1 008 =

⑨ 202 28÷38.9 =   ⑩ 405 080÷5.33 =

2. 以选定个位档为准,用盘上定位法确定下列各题被除数首位数置数的档位

① 288 296÷632 =   ② 59 844÷67 =

③ 208 510÷290 =   ④ 0.006 541 7÷0.003 72 =

⑤ 420 552÷891 =   ⑥ 316 448÷496 =

⑦ 202.28÷38.9 =   ⑧ 304 180÷4 540 =

⑨ 459 621÷587 =   ⑩ 504 080÷53 =

第三节 商 除 法

在除法运算中,两数相除时,用被除数与除数进行对比,估出商数,然后用大九九口诀,将商数与除数相乘,从被除数中减去乘积,计算出商数。这种运算方法叫做商除法。它的优点是:不需用繁杂的归除口诀,运算原理同笔算除法基本相似,易学好掌握,计算速度快。

一、商除法的运算要点

(一)置数

即确定被除数的位置。

① 如果用公式定位法定位,可在算盘右边第三档起拨上被除数,默记除数(或眼看除数)。

② 如果用盘上定位法定位,则根据公式求出被除数首位置数档

$(m-n-1)$，然后把被除数拨入盘上相应的位置。

（二）置商

即确定商的位置。商除法置商的位置是根据被除数与除数首位之间的大小关系来决定的。它的置商规则是：被除数大隔位商，不够除挨位商。

确定商的位置时，先比较被除数和除数的有效数字的首位数，首位数相同，比较第二位，第二位数还相同，就比较第三位……依次类推。当被除数的首位数或前几位数，大于或者等于同样多位数的除数时，称之为被除数大（或够除），即数大，商数的位置在被除数（或余数）首位的左边第二档（即隔位商），运算时数大隔位商，隔档减商与除数的乘积；当被除数首位数或前几位数，小于同样多位数的除数时，称之为被除数小（或不够除），即数小，商的位置在被除数（或余数）的左边第一档（即挨位商），运算时数小挨位商，挨档减商与除数的乘积。

（三）估商

即估计商是多少。估商的快慢与准确，直接影响到计算速度。为了达到快速准确的目的，一般可采用以下几种方法：

1. 除数首位数估商法

快速估商是不用整个除数与被除数比较估商的，而是用除数的首位数字与被除数的一位或两位数字比较估商，这种方法叫做除数首位估商法。

例如，$15\,433\div61=$？这时用除数首位数 6 去同被除数前两位数 15 估商，得初商 2。

值得注意的是用这种方法估商，是不考虑除数的第二位数及其后面各位数字的，即把大的除数看成小的除数来估商，因此所得的初商有时比正确商大，需要用退商的办法调小。退商是件麻烦事，实属不得已而为之。为了免除退商之苦，估商时要宁小勿大，具体来说可以在立商时比所估的商略小 1。

2. 除数首位数加 1 估商法

当除数的第二位大于或等于 5 时，我们可以将除数首位加 1 后估商。当除数的第二位数字大于或等于 5 时，我们用除数首位数估商法估商，出现的误差比较大。根据估商的"宁小勿大"的原则，就采用除数首位加 1 的办法。例如，$8\,256\div289=$？若用除数首位 2 去估商，就会发生退商；如果用除数首位数加 1 估商法，即用 2 加 1 之和 3 去估商，得商 2，不需调商。

用"除数首位加 1 估商法"，实际上就是把小的除数看成是比除数首位数大 1 的整数，因此估出的商一般比正确商略小，可用补商的方法调大。

3. 除数首二位数估商法

当除数首位数是 1 时，用除数首位数估商法或除数首位数加 1 估商法进行估商，都会出现较大的误差，遇此情况用除数首二位数（即前两位）估商法一般较为准确,即用除数的首二位数和被除数的首二位数估商。例如,9 128÷163=56,如果用除数首位数估商得9,会发生退商;如果用除数首位数加1估商得4,需要补商,用除数首二位数估商,91比16估商得5,不需调商。

（四）减积

即在被除数中减去商与除数的乘积。估得初商后,要从被除数的高位往低位依次逐位减去商与除数的乘积。减积的关键是要档次准确。减积的方法是:本位商与除数的第几位(从高位到低位数)相乘,就在本位商数的右边第一档减去积数的十位数,积数的个位数则向后移一档减去,在减前一次积数个位数的档位上减去后一次积数的十位数。为了避免减错档次,减积时可以采用手指点档法。即:点在前积个位档,减去后积十位数。

（五）定位

确定商的位数。

① 如果用公式定位法定位,运算终了时,即可根据被除数与除数首位的大小来选择公式定位,求出商的位数。

② 如果是用盘上定位法,运算终了盘上显示的数就是商数。

（六）退商与补商

在商除法运算中,最好是一次将商估准。但往往会出现置商过大或过小的情况,这便需要用退商或补商的办法,调整置商,才能继续运算。因此,退商与补商是试商误差的矫正方法。

1. 退商

在运算中,置商估大了,被除数不够减去商与除数的乘积。这样,只能将置商改小,直到够减为止;如果置商已减过乘积,才发现置商过大,这样,只能退商,退商几,就要在置商右边相应的档位上补加被"除数"乘过的几个积。

2. 补商

运算中,置商估小了,被除数减去商与除数的乘积后,余数中含有除数的一倍到几倍,有几倍就在置商中再补加几,同时在被除数里减去几倍除数的乘积。

二、一位数除法

除数是一位数的除法,叫一位数除法。

[例4-8] 45÷3=15

第一步,定出个位档,按盘上定位法,确定被除数首位应拨入的档位: $m-n-1=(+2$ 位) $-(+1$ 位) $-1=0$ 位。从个位档右边第一档,拨入被除数45。将除数3拨入算盘的右边,或默记除数3。如图4-5所示。

第二步,被除数首位数4中,有一个3,商1。因为够除,所以要隔位上商数,商数1要置在个位档左边第一档上。如图4-6所示。

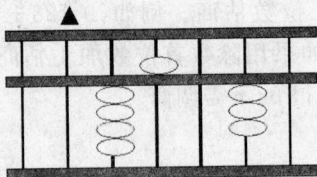
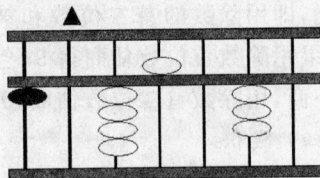

图 4-5   图 4-6

第三步,用商数 1 乘除数 3,口诀:一三 03,从被除数中减去,余数 15。如图 4-7 所示。

第四步,余数 15 中,有 5 个 3,商 5,因为不够除,所以要挨位上商,商数 5 要置在个位档上。如图 4-8 所示。

第五步,用商数 5 乘除数 3,口诀:五三 15,从被除数中减去,盘面除尽,得数 15。如图 4-9 所示。

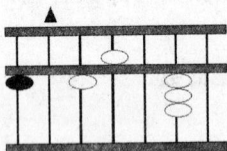
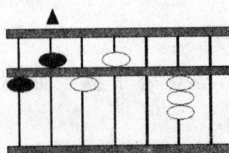
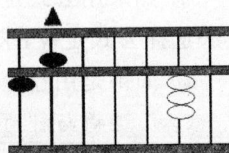

图 4-7   图 4-8   图 4-9

[例 4-9] $54 \div 6 = 9$

第一步,定出个位档,按盘上定位法,确定被除数首位应拨入的档位: $m - n - 1 = (+2 \text{位}) - (+1 \text{位}) - 1 = 0$ 位。从个位档右边第一档,拨入被除数 54。将除数 6 拨入算盘的右边,或默记除数 6。如图 4-10 所示。

第二步,被除数首位数 5 中,没有一个 6,不够除,数小,所以要挨位上商数。因为 54 里面有 9 个 6,所以商数 9 要置在个位档上。如图 4-11 所示。

第三步,用商数 9 乘除数 6,口诀:九六 54,从被除数中减去,盘面除尽,得数 9。如图 4-12 所示。

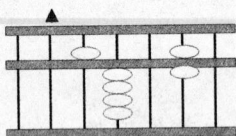
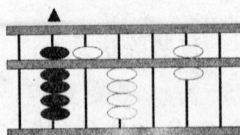
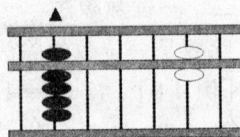

图 4-10   图 4-11   图 4-12

三、多位数除法

除数是两位或两位以上的除法,叫做多位数除法。

[例 4-10] 12 788÷46＝278

第一步,定出个位档,按盘上定位法,确定被除数首位应拨入的档位:$m-n-1=(+5$ 位$)-(+2$ 位$)-1=+2$ 位。从个位档左边第一档拨入被除数 12 788 时,将除数 46 拨入算盘的右边,或默记除数 46。如图 4-13 所示。

第二步,被除数头二位 12 中,有两个 5(用除数首位数加 1 试商),商 2。因为不够除,所以要换位上商。用商数 2 乘除数 46,从被除数中减去此数。如图 4-14 所示。

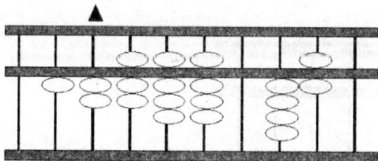
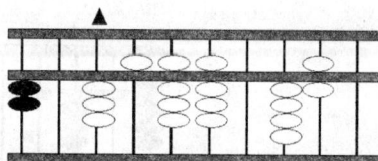

图 4-13   图 4-14

第三步,余数前二位 35 中,有 7 个 5,商 7。因为不够除,所以要换位上商,用商数 7 乘除数 46,从余下的被除数中减去此数。如图 4-15 所示。

第四步,余数前二位 36 中,有 7 个 5,补商 1,所以商 8。因为不够除,要换位上商。用商数 8 乘除数 46,从余下的被除数中减去此数。除尽,得数 278。如图 4-16 所示。

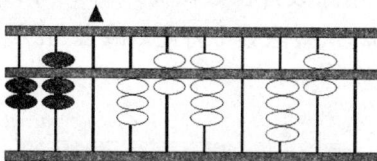
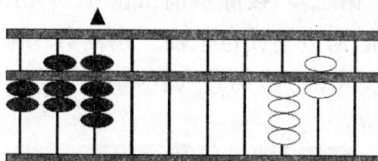

图 4-15   图 4-16

[例 4-11] 574 145÷715＝803

第一步,定出个位档,按盘上定位法,确定被除数首位应拨入的档位:$m-n-1=(+6$ 位$)-(+3$ 位$)-1=+2$ 位。从个位左边第一档拨入被除数 574 145,将除数 715 拨入算盘的右边,或默记除数 715。如图 4-17 所示。

第二步,被除数前二位 57 中,有 8 个 7(用除数首位数试商),商 8。因为不够除,所以要换位上商。用商数 8 乘除数 715,从被除数中将此数减去。如图 4-18 所示。

第三步,被除数前二位 21 中,有 3 个 7,商 3。因为不够除,所以要换位上商。用商数 3 乘除数 715,从余下的被除数中将此数减去。除尽,得数 803。如

图 4-19 所示。

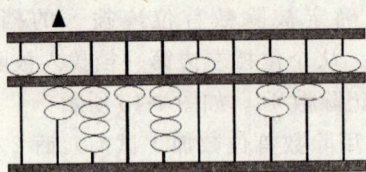

图 4-17

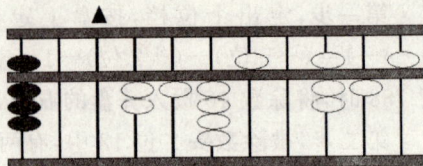

图 4-18

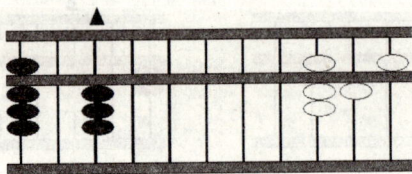

图 4-19

[例 4-12] $31\,906 \div 602 = 53$

第一步,定出个位档,按盘上定位法,确定被除数首位应拨入的档位: $m - n - 1 = (+5\ 位) - (+3\ 位) - 1 = +1$ 位。从个位档拨入被除数 574 145,将除数 602 拨入算盘的右边,或默记除数 602。如图 4-20 所示。

第二步,被除数前二位 31 中,有 5 个 6(用除数首位数试商),商 5。因为不够除,所以要挨位上商。用商数 5 乘除数 602,从被除数中将此数减去(五六 30,五零 00,五二 10)。如图 4-21 所示。

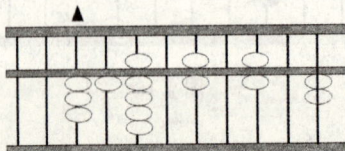

图 4-20

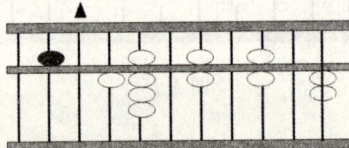

图 4-21

第三步,被除数前二位 18 中,有 3 个 6,商 3。因为不够除,所以要挨位上商。用商数 3 乘除数 602,从余下的被除数中将此数减去(三六 18,三零 00,三二 06)。除尽,得数 53。如图 4-22 所示。

[例 4-13] $81 \div 1.8 = 45.00$(保留两位小数)

第一步,定出个位档,按盘上定位法,确定被除数首位应拨入的档位: $m - n - 1 = (+2\ 位) - (+1\ 位) - 1 = 0$ 位。从个位档右一档拨入被除数 81,将除数 18 拨入算盘的右边(小数除法定位后当成最小整数除法计算),或默记除数

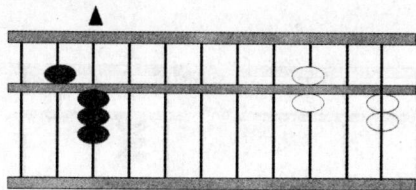

图 4-22

18。如图 4-23 所示。

第二步,被除数前二位 81 中,有 4 个 18,商 4。因为够除,所以要隔位上商。用商数 4 乘除数 18,从被除数中将此数减去(四一 04,四八 32)。如图 4-24 所示。

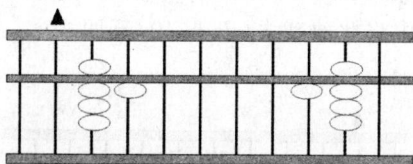

图 4-23

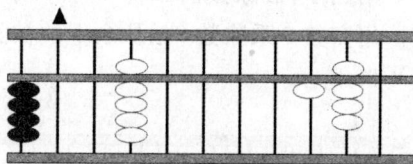

图 4-24

第三步,被除数前二位 90 中,有 5 个 18,商 5。因为够除,所以要隔位上商。用商数 5 乘除数 18,从余下的被除数中将此数减去(五一 05,五八 40)。除尽,得数 45.00。如图 4-25 所示。

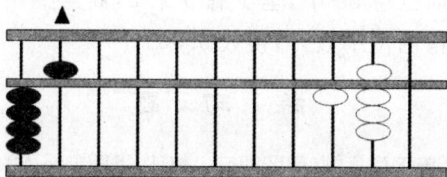

图 4-25

[例 4-14] 0.298 7÷0.084＝3.56(保留两位小数)

第一步,定出个位档,按盘上定位法,确定被除数首位应拨入的档位:$m-n-1=(0 位)-(-1 位)-1=0$ 位。从个位档右一档拨入被除数 2 987(小数除法定位后当成最小整数除法计算),将除数 84 拨入算盘的右边,或默记除数 84。如图 4-26 所示。

第二步,被除数前二位 29 中,有 3 个 8,商 3。因为不够除,所以要挨位上商。用商数 3 乘除数 84,从被除数中将此数减去(三八 24,三四 12)。如图 4-27

所示。

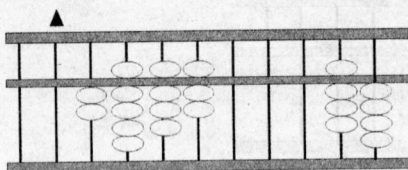
图 4-26

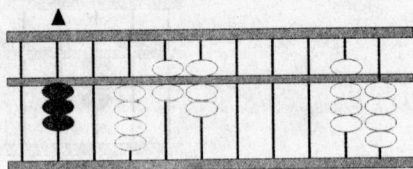
图 4-27

第三步,被除数前二位 46 中,有 5 个 8,商 5。因为不够除,所以要挨位上商。用商数 5 乘除数 84,从余下的被除数中将此数减去(五八 40,五四 20)。如图 4-28 所示。

第四步,被除数前二位 47 中,有 5 个 8,商 5。因为不够除,所以要挨位上商。用商数 5 乘除数 84,从余下的被除数中将此数减去(五八 40,五四 20)。如图 4-29 所示。

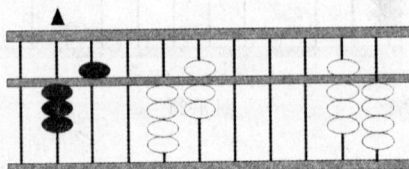
图 4-28

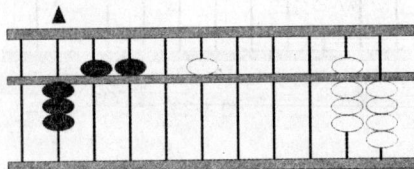
图 4-29

第五步,被除数前二位 50 中,至少有 5 个 8,商至少是 5。因为它是小数点后第三位数,因此保留两位小数,即得数 3.56。

练 习 题

1. 用盘上定位法计算下列各题(保留四位小数,以下四舍五入)

① 63÷9 =   ② 57÷3 =

③ 9 186 381÷9 =   ④ 0.006 25÷5 =

⑤ 62 826÷849 =   ⑥ 45 806÷619 =

⑦ 36 875÷59 =   ⑧ 38 732÷842 =

2. 用商除法计算下列各题(盘上定位法,保留两位小数,以下四舍五入)

① 1 222÷26 =   ② 3 364 599÷6.34 =

③ 38 159 880÷52 408 =   ④ 190 464÷386 =

⑤ 31 806÷2.06 =   ⑥ 287 232÷704 =

⑦ 66 588÷124 =   ⑧ 18 564÷364 =

⑨ 1 777÷2 780 =   ⑩ 28 768÷284 =

第四节 珠算除法的其他方法

珠算除法的其他方法很多,这里主要介绍改商除法和简捷除法。

一、改商除法

在除法运算中,两数相除时,用被除数与除数对比,心算估商。被除数大于或等于除数时,前档进商;被除数小于除数时,本档改商,然后将商数与除数相乘,从被除数中减去乘积,逐档将被除数改变为商数。这种在商除法的基础上改进的运算方法,叫做改商除法。它的优点是:占用档次少,简化了运算程序,拨珠次数也减少了,计算速度快,易学易懂。但要注意,被除数首位改商时,有时需要默记余数,初学容易忽略。它的运算要点是:

1. 置数

定出个位档,按盘上定位公式:$m-n$,确定被除数首位应拨入的档位,依次布入被除数,默记除数。

2. 运算顺序

从被除数首位起,由高位到低位,依次布入被除数,默记除数。

3. 置商

够除,挨位上商;不够除,本位改商。

4. 减积

置商后,要在被除数中减去商数与除数相乘的积。减积要注意是第几位除数,它与商相乘之积的十位数,就从商数的第几档减积,其个位后推一档。每置一次商,即减一次积,直到达到要求为止。

5. 商数

运算后,反映在盘上的数,就是商数。

[**例 4-15**] $6\ 432 \div 67 = 96$

第一步,定出个位档,按盘上定位法,确定被除数首位应拨入的档位:$m-n=(+4\ 位)-(+2\ 位)=+2\ 位$,从个位档左边第一档,拨入被除数 6 432,默记除数 67。如图 4-30 所示。

第二步,被除数头二位 64 中,有 9 个 7(用首位数 6+1 试商),商 9。因为不够除,所以要在本位改商,直接把 6 改成 9。用商数 9 乘除数 67,从被除数中减去。如图 4-31 所示。

第三步,余数前三位 402 中,有 6 个 67,商 6。因为不够除,所以要在本位改商,直接把 4 改成 6。用商数 6 乘除数 67,从被除数中减去。除尽,得数 96。如图 4-32 所示。

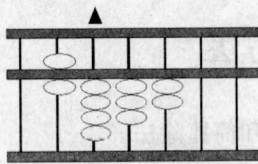
图 4-30

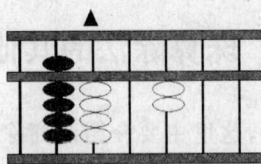
图 4-31

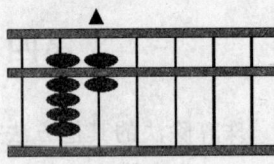
图 4-32

[例 4-16]　31.558÷509＝0.06(保留两位小数,以下四舍五入)

第一步,定出个位档,确定被除数首位应拨入的档位:$m-n$＝(＋2 位)－(＋3 位)＝－1 位。从个位档右边第二档,将被除数 31 558 拨入算盘,默记除数509。如图 4-33 所示。

第二步,被除数头二位 31 中,有 6 个 5,商 6。因为不够除,所以在本位改商,把 3 直接改成 6。用商数 6 乘除数 509,从被除数中减去。如图 4-34所示。

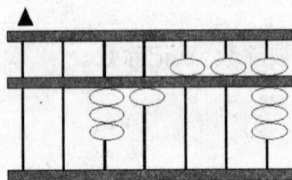
图 4-33

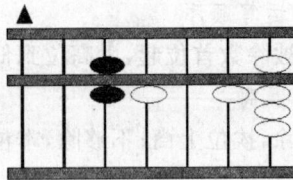
图 4-34

第三步,余数头二位 10 中,有 2 个 5,商 2。因为不够除,所以要在本位改商,直接把 1 改成 2。用商数 2 乘除数 509,从被除数中减去。除尽,得出 0.062。因为保留两位小数,四舍五入,得数 0.06。如图 4-35 所示。

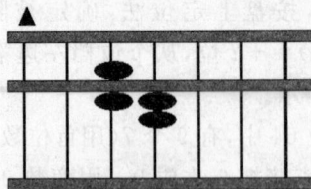
图 4-35

二、简捷除法

（一）补加数除法

除数最高位或开头几位都是 9 时,如果用它对 10 的乘方数(10^n)的补加数处理,可以简化计算过程。10 的乘方数,可视同一归,因一归,被除数是几商数就是几,再把试商和补加数相乘的积在相应的档次上加过后,即是商。它的运算步骤如下:

1. 置数、定位

确定被除数首位应拨入的档位$=m-n$,其中 m 表示被除数的位数,n 表示除数的位数,按公式定位确定的档位拨入被除数,默记除数。

2. 运算顺序

被除数和除数的补加数即是由最高位起,由左到右,顺序运算。

3. 加积档次

除数第几位上的补加数与商相乘的积的个位数,就在商的右几档上相加(积的十位数在左一档相加)。若补加数位数很多,加上最高位补加数积后,遵照加(减)积规律即可。如果加过补加数乘积后试商增 1,可在相应的档位上再加一遍补加数。

[例 4-17] $71\,517 \div 93 = 769$

第一步,定位,被除数首位应拨入的档位$=m-n=(+5\ 位)-(+2\ 位)=+3$ 位。从固定个位档左二档起上被除数 71 517,记补加数 07。如图 4-36 所示。

第二步,可把被除数首数 7 视同商数与补加数 07 相乘,"七七 49",在商右一、二档加 49。如图 4-37 所示。

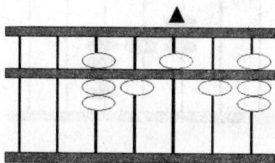

图 4-36

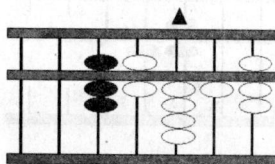

图 4-37

第三步,可把余数 6 视同商,与补加数 07 相乘"六七 42",在商 6 右一、二档加 42。如图 4-38 所示。

第四步,可把余数 8 视同商,与补加数 07 相乘"八七 56",在商 8 右一、二档加 56,余数 93 和除数相等,商数增 1,减去 93,得数 769。如图 4-39 所示。

[例 4-18] $59\,558 \div 97 = 614$

第一步,定位,被除数首位应拨入的档位$=m-n=(+5\ 位)-(+2\ 位)=+3$ 位。从固定个位档的左二档起,依次拨上被除数 59 558,默记补加数 03。如

图 4-40 所示。

第二步,可把被除数首数 5 视商,与补加数 03 相乘"五三 15",在商右一、二档加 15。由于商 5 增变为 6,继续在商右一、二档加一次补加数 03。如图 4-41所示。

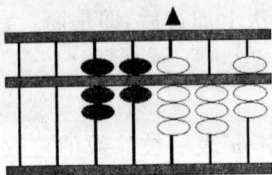

图 4-38

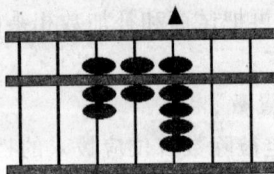

图 4-39

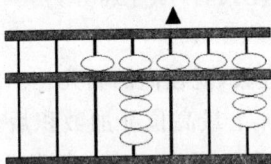

图 4-40

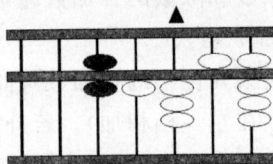

图 4-41

第三步,可把余数 1 视同商,在其右一、二档加 03。如图 4-42 所示。

第四步,可把余数 3 视同商,与补加数 03 相乘,"三三 09",余数 97 与除数相等,在商数里加 1,减 97,得数 614。如图 4-43 所示。

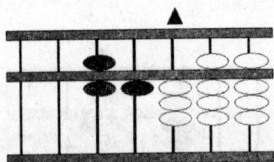

图 4-42

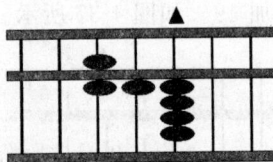

图 4-43

(二) 定身除法

在除法运算中,凡除数首位是 1,次位是 0 时,每位试商总是等于或略小于被除数的首位数。这样,可以将被除数的首位数当做商数,省下置商过程,直接从商数右一档减去商数与除数首位以下各位数的乘积。这种运算方法叫做定身除法。它的优点是:简化了运算程序,减少了拨珠次数,计算速度比较快。它的运算要点是:

① 置数。因为定身除法是本位商,所以盘上定位公式 $= m - n + 1$。按盘上

定位公式 $m-n+1$，确定被除数首位应拨入的档位，依次布入被除数，默记除数第三位以下的各位数。

② 运算顺序。从被除数首位起，由高位到低位依次计算。

③ 置商。将被除数的首位或余数头位当做试商。

④ 减积。商数与除数首位1后第几位相乘，积的个位数就从商数后面第几档减去，积的十位数前移一档减去。

⑤ 商数。运算后留在盘上的数，就是商数。

[例 4-19]　$742\,824 \div 1\,026 = 724$

第一步，定出个位档，按盘上定位法，确定被除数首位应拨入的档位：$m-n+1=(+6\ 位)-(+4\ 位)+1=+3\ 位$。从个位档左边第二档拨入被除数 $742\,824$，默记除数 26。如图 4-44 所示。

第二步，将被除数首位 7，当做商，用商数 7 乘除数 26，从被除数中减去乘积。如图 4-45 所示。

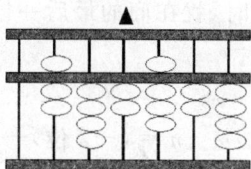

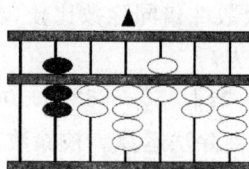

图 4-44 　　　　　　　　　　　　　　　图 4-45

第三步，将余数头 2 当做商，用商数 2 乘除数 26，从被除数中减去乘积。如图 4-46 所示。

第四步，将余数头 4 当做商，用商数 4 乘除数 26，从被除数中减去乘积。除尽，得数 724。如图 4-47 所示。

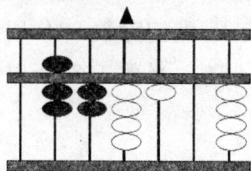

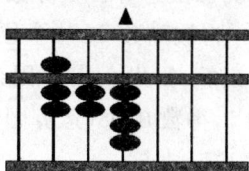

图 4-46 　　　　　　　　　　　　　　　图 4-47

（三）省除法

在珠算比赛和定级当中，经常会碰到一些位数很多的数字相除，但所要求保留的位数却很少。如果按常规的运算方法来计算，的确使人感到很麻烦。省除法就是在运算之前舍弃那些对商数准确度影响不大的数字,变多位数的除法为位数很少的除法,对提高计算速度无疑将会起很大作用。省除法的运算步骤是:

① 截取位数。即截取被除数和除数的位数,截取位数＝被除数位数－除数位数＋保留位数＋保险系数(2)。

② 乘积。按盘上定位法,用截取位数进行运算。

[例 4-20]　5 438.567 4÷3 148.279 6＝1.73(精确到 0.01)

截取位数＝(＋4 位)－(＋4 位)＋(＋2 位)＋(＋2 位)＝＋4 位,化简为:5 438÷3 148。

用改商除法进行运算。被除数首位应拨入的档位:$m-n$＝(＋4 位)－(＋4 位)＝0 位。将被除数 5 438 从个位档右一档起拨入,默记除数 3 148,用改商除法进行具体运算,得数 1.73(运算图略去)。

(四) 看余数决定四舍五入

如果除不尽时,应除到预定准确度为止,看余数决定四舍五入。方法如下:

① 余数 2 倍同除数比较,若等于或大于除数时,就在商的最后一档上加 1,否则就舍去。

[例 4-21]　　56÷862＝0.06(精确到 0.01)

用改商除法运算。被除数首位应拨入的档位:$m-n$＝(＋2 位)－(＋3 位)＝－1 位。将被除数 56 从个位档右边第二档起拨入,默记除数 862,用改商除法进行具体运算,得出 0.06。因余数 428 的 2 倍小于除数 862,故舍去,得数 0.06(运算图略去)。

② 余数与除数一半数比较,若等于或大于除数的一半时,就要在商的最后一档上加 1,否则就舍去。

[例 4-22]　　64÷824＝0.08(精确到 0.01)

用改商除法运算。被除数首位应拨入的档位:$m-n$＝(＋2 位)－(＋3 位)＝－1 位。将被除数 64 从个位档右边第二档起拨入,默记除数 824,用改商除法进行具体运算,得出 0.07。因余数 632 大于除数 824 一半数 412,所以在商的最后一档加 1,得数 0.08(运算图略去)。

练 习 题

1. 用改商除法计算下列各题(盘上定位法,保留两位小数,以下四舍五入)

① 1 216÷64＝　　　　　　　② 65 472÷372＝

③ 0.043 6÷0.249＝　　　　　④ 2.783 9÷0.370 5＝

⑤ 352 875÷941＝　　　　　　⑥ 78 413 235÷9 305＝

⑦ 3 524 745÷57 104＝　　　　⑧ 55 896 120÷38 952＝

⑨ 207 901 ÷ 6 700 =　　　⑩ 14 091 ÷ 0.854 =

2．用补加数除法计算下列各题

① 71 571 ÷ 93 =　　　　　② 779.52 ÷ 96 =

③ 59 558 ÷ 97 =　　　　　④ 75 544 ÷ 944 =

⑤ 325 348 ÷ 998 =　　　　⑥ 705 157 ÷ 989 =

3．用定身除法计算下列各题

① 61 632 ÷ 107 =　　　　　② 407 898 ÷ 1 054 =

③ 430 346 ÷ 11 042 =　　　④ 676 804 ÷ 1 076 =

⑤ 790 716 ÷ 1 006 =　　　⑥ 924 801 ÷ 107 =

4．用省除法计算下列各题(精确到 0.01)

① 247 896 ÷ 478 963 =　　　② 46 796.52 ÷ 36 923.46 =

③ 37 982.4 ÷ 10 956.46 =　　④ 51.727 687 ÷ 460.5 =

⑤ 677 999.24 ÷ 8 464.28 =　⑥ 6 345 987 ÷ 8 345 689 =

5．除法综合练习(保留四位小数,以下四舍五入,商除法或改商除法均可使用)

练习一

除数 被除数	6.18	93.5	247	60.1	47.3	26.9	1.86	72.9	合计
6.748 6									
29.037									
46.149									
8.066 8									
17.631									
4.176									
5.069									
26.746									
9.058 7									
6.314 6									
24.591									
8.267 2									
30.498									
合计									

练习二

除数 被除数	4.035	0.819	37.24	1.956	8.374	4.218	53.47	1.906	21.67	合计
26.793										
5.081 4										
32.751										
100.49										
20.814										
3.581 9										
42.195										
14.729										
4.381 4										
3.570 1										
26.687										
15.488										
1.528 6										
合计										

练习三

除数 被除数	186.43	27.681	43.251	6.218 7	5.632 4	58.019	208.32	合计
57.638								
2.145 7								
42.368								
7.284 1								
86.372								
5.691 3								
95.674								
41.269								
24.638								
57.082								
140.59								
7.256 8								
39.645								
合计								

6. 在五分钟内计算除法十题得出正确答案(保留两位小数,以下四舍五入)

普通六级除法练习题一

① 1 248 ÷ 26 =   ② 3 240 ÷ 54 =

③ 2 520 ÷ 70 =   ④ 2 573 ÷ 31 =

⑤ 1 252 ÷ 64 =   ⑥ 927 ÷ 18 =

⑦ 6 240 ÷ 80 =   ⑧ 3 721 ÷ 93 =

⑨ 1 170 ÷ 45 =   ⑩ 7 347 ÷ 79 =

普通六级除法练习题二

① 4 176 ÷ 72 =   ② 504 ÷ 36 =

③ 3 160 ÷ 40 =   ④ 1 876 ÷ 67 =

⑤ 684 ÷ 19 =   ⑥ 3 400 ÷ 85 =

⑦ 714 ÷ 34 =   ⑧ 6 650 ÷ 70 =

⑨ 364 ÷ 28 =   ⑩ 3 540 ÷ 59 =

普通六级除法练习题三

① 3 243 ÷ 47 =   ② 975 ÷ 39 =

③ 4 080 ÷ 51 =   ④ 3 042 ÷ 78 =

⑤ 904 ÷ 20 =   ⑥ 4 386 ÷ 86 =

⑦ 943 ÷ 41 =   ⑧ 5 200 ÷ 80 =

⑨ 456 ÷ 19 =   ⑩ 4 380 ÷ 73 =

普通五级除法练习题一

① 113.83 ÷ 28 =   ② 4 465 ÷ 95 =

③ 1 484 ÷ 28 =   ④ 1 064 ÷ 14 =

⑤ 6 499 ÷ 67 =   ⑥ 2 536.1 ÷ 0.34 =

⑦ 37 630 ÷ 71 =   ⑧ 32 067 ÷ 509 =

⑨ 51 772 ÷ 602 =   ⑩ 29 711 ÷ 803 =

普通五级除法练习题二

① 495.52 ÷ 82 =   ② 4 956 ÷ 59 =

③ 1 484 ÷ 28 =   ④ 1 106 ÷ 14 =

⑤ 4 636 ÷ 76 =   ⑥ 2 427.3 ÷ 0.43 =

⑦ 15 250 ÷ 61 =   ⑧ 10 634 ÷ 409 =

⑨ 23 556 ÷ 302 =   ⑩ 35 217 ÷ 903 =

普通五级除法练习题三

① 5 915 ÷ 91 =   ② 750.65 ÷ 83 =

③ 44 544 ÷ 512 =   ④ 8 610 ÷ 105 =

⑤ 33 522 ÷ 37 =   ⑥ 1 591 ÷ 43 =

⑦ 494 ÷ 26 =   ⑧ 481.66 ÷ 64 =

⑨ 29 028 ÷ 708 =   ⑩ 8 556 ÷ 93 =

普通四级除法练习题一

① 573 430 ÷ 802 =　　　　② 273.064 ÷ 638 =

③ 192 085 ÷ 205 =　　　　④ 3.996 3 ÷ 2.06 =

⑤ 45 322 ÷ 527 =　　　　　⑥ 0.048 6 ÷ 0.296 =

⑦ 12 954 ÷ 381 =　　　　　⑧ 25 370 ÷ 43 =

⑨ 8 100 ÷ 75 =　　　　　　⑩ 57 058 ÷ 94 =

普通四级除法练习题二

① 12.511 ÷ 8.02 =　　　　② 234 584 ÷ 284 =

③ 153 712 ÷ 739 =　　　　④ 159 236 ÷ 517 =

⑤ 50 660 ÷ 68 =　　　　　⑥ 34 594 ÷ 706 =

⑦ 58 683 ÷ 93 =　　　　　⑧ 53 200 ÷ 56 =

⑨ 5 512 ÷ 104 =　　　　　⑩ 0.072 39 ÷ 0.429 =

普通四级除法练习题三

① 14 382 ÷ 306 =　　　　　② 7 072 ÷ 104 =

③ 54 520 ÷ 58 =　　　　　④ 76 452 ÷ 92 =

⑤ 0.061 37 ÷ 0.389 =　　　⑥ 82 990 ÷ 86 =

⑦ 162 534 ÷ 789 =　　　　⑧ 14.623 7 ÷ 6.08 =

⑨ 183 328 ÷ 284 =　　　　⑩ 211 752 ÷ 519 =

普通三级除法练习题一

① 214 935 ÷ 623 =　　　　② 303 972 ÷ 438 =

③ 0.954 704 ÷ 0.180 6 =　　④ 218 155 ÷ 805 =

⑤ 462 688 ÷ 761 =　　　　⑥ 370.578 6 ÷ 4.75 =

⑦ 32 298 ÷ 914 =　　　　　⑧ 57 552 ÷ 327 =

⑨ 495.749 6 ÷ 54.9 =　　　⑩ 214 310 ÷ 290 =

普通三级除法练习题二

① 100 740 ÷ 460 =　　　　② 397.246 ÷ 95.4 =

③ 561 473 ÷ 867 =　　　　④ 364 998 ÷ 381 =

⑤ 4 132 967 ÷ 6.93 =　　　⑥ 472 752 ÷ 938 =

⑦ 93 060 ÷ 705 =　　　　　⑧ 0.849 675 ÷ 0.260 7 =

⑨ 336 105 ÷ 693 =　　　　⑩ 198 588 ÷ 741 =

普通三级除法练习题三

① 164 250 ÷ 438 =　　　　② 151 923 ÷ 267 =

③ 0.792 602 ÷ 0.140 6 =　　④ 507 584 ÷ 704 =

⑤ 260 712 ÷ 639 =　　　　⑥ 344.114 7 ÷ 3.74 =

⑦ 569 235 ÷ 83 =　　　　　⑧ 130.091 ÷ 963 =

⑨ 368.761 ÷ 45.9 =　　　　⑩ 124 830 ÷ 570 =

普通二级除法练习题一

① 26 580 336 ÷ 415 =   ② 52 332 ÷ 267 =

③ 3 748.092 9 ÷ 403.89 =   ④ 185 130 ÷ 605 =

⑤ 552.567 ÷ 12.8 =   ⑥ 1 523 522 ÷ 5 327 =

⑦ 395.905 ÷ 8.41 =   ⑧ 630 252 ÷ 738 =

⑨ 3.209 8 ÷ 0.250 7 =   ⑩ 571 342 ÷ 926 =

普通二级除法练习题二

① 26 776 932 ÷ 637 =   ② 2 437.935 8 ÷ 307.82 =

③ 179 712 ÷ 468 =   ④ 407.121 ÷ 803 =

⑤ 160.264 1 ÷ 5.62 =   ⑥ 2 748.375 ÷ 7.329 =

⑦ 878.036 ÷ 13.9 =   ⑧ 802 928 ÷ 938 =

⑨ 7.213 6 ÷ 0.460 8 =   ⑩ 100 672 ÷ 352 =

普通二级除法练习题三

① 29 244 794 ÷ 562 =   ② 94 405 ÷ 395 =

③ 428 032 ÷ 704 =   ④ 3 751.694 5 ÷ 409.86 =

⑤ 769.097 ÷ 14.9 =   ⑥ 1 519 744 ÷ 6 128 =

⑦ 809 732 ÷ 847 =   ⑧ 343.036 25 ÷ 9.25 =

⑨ 28 793 ÷ 0.370 5 =   ⑩ 36 072 ÷ 216 =

普通一级除法练习题一

① 3 717.459 9 ÷ 6.34 =   ② 5 866 048 ÷ 9 712 =

③ 2 300 838 ÷ 3 854 =   ④ 2 270 334 ÷ 2 706 =

⑤ 145 327 ÷ 0.039 =   ⑥ 11.218 3 ÷ 0.465 =

⑦ 1.453 27 ÷ 0.078 =   ⑧ 37 836 744 ÷ 50 248 =

⑨ 5 820 826 ÷ 718 =   ⑩ 15 481.95 ÷ 82.7 =

普通一级除法练习题二

① 4 323 210 ÷ 5 438 =   ② 2 919.637 1 ÷ 4.63 =

③ 14 663.51 ÷ 78.4 =   ④ 5 207 673 ÷ 6 207 =

⑤ 12.986 842 ÷ 31.069 =   ⑥ 5 904 896 ÷ 9.712 =

⑦ 9 021 750 ÷ 24 058 =   ⑧ 2.730 84 ÷ 0.063 =

⑨ 10.646 7 ÷ 0.165 =   ⑩ 7 909 551 ÷ 871 =

普通一级除法练习题三

① 6 258.91 ÷ 28.7 =   ② 4 170 606 ÷ 4 358 =

③ 1 846.069 4 ÷ 5.26 =   ④ 2 868 784 ÷ 7 208 =

⑤ 31.526 3 ÷ 0.564 =   ⑥ 727 552 ÷ 1 792 =

⑦ 58 354 076 ÷ 91 036 =   ⑧ 2.987 661 ÷ 0.037 =

⑨ 47 218 065 ÷ 82 405 =   ⑩ 1 312 366 ÷ 187 =

7. 能手级练习题(保留四位小数,以下四舍五入)

习题一

一	27 466 845 ÷ 2 049 =	十一	92 785.264 ÷ 9 854 =
二	3 503 640 ÷ 1 720 =	十二	10.841 687 76 ÷ 89.520 4 =
三	27.297 130 ÷ 0.361 7 =	十三	44 560.012 42 ÷ 498.3 =
四	374 625 678 ÷ 58 362 =	十四	926 731 080 ÷ 9 405 =
五	383 549.212 7 ÷ 6 493 =	十五	419.146 432 1 ÷ 849.351 =
六	31.941 780 15 ÷ 7.481 5 =	十六	38 051 342 ÷ 6.581 =
七	2 472 032 ÷ 2 306 =	十七	22.594 131 97 ÷ 73.624 5 =
八	27 551 472 ÷ 1 072 =	十八	27 700 684 ÷ 21 709 =
九	367.109 611 7 ÷ 571.86 =	十九	248 553 162 ÷ 12 078 =
十	394 560 088 ÷ 46 397 =	二十	216 065 478 ÷ 3 026 =

习题二

一	337 483 632 ÷ 7 016 =	十一	31 524 933 ÷ 7 809 =
二	30 952 710 ÷ 4 370 =	十二	291 891 248 ÷ 4 037 =
三	29.457 776 ÷ 0.894 3 =	十三	31 550.434 02 ÷ 38 971.2 =
四	236 853 962 ÷ 25 897 =	十四	352 136 134 ÷ 74 306 =
五	9 432.323 31 ÷ 165.8 =	十五	3 303 550 260 ÷ 47 035 =
六	398 393 478 ÷ 6 102 =	十六	275 558 532 ÷ 8 079 =
七	114.109 697 0 ÷ 516.824 =	十七	232.069 833 1 ÷ 234.59 =
八	21 811 678 ÷ 9 254 =	十八	103 307 463 ÷ 19 863 =
九	236 705.716 0 ÷ 9 168 =	十九	40 097 629 ÷ 6 521 =
十	30.100 326 50 ÷ 3.154 2 =	二十	4.973 071 05 ÷ 56.270 1 =

习题三

一	312 357 364 ÷ 9 052 =	十一	28 873 152 ÷ 9 408 =
二	33 379 740 ÷ 3 690 =	十二	299 543 607 ÷ 3 069 =
三	32.932 715 ÷ 0.483 6 =	十三	645.007 028 3 ÷ 763.18 =
四	609 944 148 ÷ 71 489 =	十四	99 616 330 ÷ 58 426 =
五	26 489.343 14 ÷ 64 895.7 =	十五	5 520 150 ÷ 2 175 =
六	371 412 736 ÷ 93 602 =	十六	1.589 073 45 ÷ 12.790 5 =
七	3 545 254 482 ÷ 39 061 =	十七	6 540.007 10 ÷ 521.4 =
八	260 239 392 ÷ 4 098 =	十八	54 522 236 ÷ 2 507 =
九	608 467.722 8 ÷ 8 524 =	十九	92.503 881 6 ÷ 152.472 =
十	35.187 888 67 ÷ 6.513 7 =	二十	66 384 347 ÷ 8 713 =

习题四

一	319 620.938÷6 019=	十一	3 380 325 762÷56 078=
二	34 773 120÷5 760=	十二	230 115 592÷3 064=
三	25.190 806÷0.345 7=	十三	17 726.783 93÷198.3=
四	117 891 014÷28 346=	十四	894 125 868÷9 102=
五	121 884.582 4÷4 193=	十五	142.472 624 1÷819.325=
六	29.271 321 36÷7.185 2=	十六	11 938 010÷4 285=
七	31 999 104÷6 304=	十七	122.019 794 3÷275.84=
八	318 290 580÷5 076=	十八	118 069 797：14 097=
九	22 397.095 53÷73 461.2=	十九	89 901 434÷9 821=
十	372 832 866÷65 709=	二十	8.114 598 18÷89.260 1=

习题五

一	109 118 785÷6 095=	十一	2 526 201 675÷83 025=
二	8 868 040÷1 460=	十二	258 367 879÷9 031=
三	31.647 270÷0.721 4=	十三	85.983 592 3÷4.285 1=
四	112 886 290÷38 726=	十四	335 020 632÷61 972=
五	33 224.803 15÷47 269.3=	十五	57 960 826÷7 546=
六	100 827 010÷61 405=	十六	7.958 650 50÷57.430 6=
七	968 416 560÷16 048=	十七	77 121.987 7÷1 679=
八	295 947 234÷7 062=	十八	25.910 189 43÷26.584=
九	82 257.969 16÷958.7=	十九	31 297 723÷3 901=
十	344 569 916÷5 903=	二十	274 450 784÷8 023=

习题六

一	274 815 468÷3 067=	十一	850.487 845 7÷895.731=
二	25 447 160÷8 230=	十二	8 300 166÷2 381=
三	22.532 242÷0.918 2=	十三	114 484.945 7÷2 957=
四	77 455 231÷45 913=	十四	39.202 010 55÷4.981 3=
五	39 208.463 34÷675.9=	十五	7 010 292÷6 702=
六	574 033 564÷7 604=	十六	66 317 446÷1 046=
七	364.730 664 6÷567.948=	十七	95.011 310 6÷341.82=
八	6 200 874÷1 458=	十八	770 692 986÷92 754=
九	26 268.892 63÷29 136.4=	十九	34 520 168÷5 839=
十	317 920 447÷38 207=	二十	14.230 393 69÷85.360 9=

8. 全国珠算等级鉴定综合练习题

加减算　普通五级习题一

一	二	三	四	五
1 634	3 136	8 279	5 476	2 344
938	906	648	233	921
507	544	3 059	9 168	1 597
5 089	728	121	104	− 603
362	2 056	347	167	855
2 461	9 495	7 405	− 586	− 841
435	286	861	9 250	3 092
308	317	7 395	− 758	733
9 412	148	346	153	− 644
718	503	892	− 4 013	6 518
952	908	103	− 796	− 702
564	5 237	9 281	4 089	8 098
2 183	278	751	− 622	705
607	641	625	703	− 621
904	1 097	614	234	376

六	七	八	九	十
491	782	267	907	918
4 082	253	5 089	4 542	4 603
562	308	286	906	895
578	7 806	705	− 408	− 358
1 767	952	8 057	3 191	7 052
783	5 189	246	− 409	− 4 201
2 509	908	813	879	513
472	894	3 579	− 1 701	6 049
308	9 132	791	2 365	− 439
5 835	408	164	− 623	2 092
934	3 206	2 237	255	− 608
964	167	483	863	877
3 106	487	4 401	1 483	− 697
216	145	605	− 756	275
910	1 453	491	827	143

乘除算 普通五级习题一

一	189 × 34 =	一	1 890 ÷ 45 =
二	73 × 609 =	二	4 104 ÷ 76 =
三	6.5 × 7.048 =	三	1.428 7 ÷ 1.91 =
四	84 × 751 =	四	35 412 ÷ 908 =
五	407 × 26 =	五	29 970 ÷ 37 =
六	873 × 539 =	六	1 295 ÷ 37 =
七	206 × 309 =	七	1 512 ÷ 24 =
八	0.36 × 0.72 =	八	5 376 ÷ 56 =
九	129 × 804 =	九	0.308 7 ÷ 0.49 =
十	45 × 278 =	十	13 432 ÷ 73 =

加减算 普通五级习题二

一	二	三	四	五
1 243	3 976	8 619	6 025	937
809	103	247	734	9 524
533	241	8 903	1 138	1 017
5 069	584	501	901	− 569
278	7 285	143	514	385
6 139	706	726	− 687	− 248
486	9 205	8 705	9 206	− 1 720
335	489	462	− 151	639
3 511	306	9 315	758	− 543
702	517	793	− 4 103	6 048
968	293	248	783	− 217
558	5 807	632	− 594	8 708
2 749	2 403	1 015	6 749	609
401	678	798	− 208	351
306	916	614	362	426

续表

六	七	八	九	十
894	857	765	794	814
2 104	1 302	9 802	2 459	3 068
275	813	681	604	593
865	9 805	463	− 803	− 857
1 767	699	7 234	1 914	2 504
287	418	387	908	1 025
9 035	2 349	508	971	− 313
278	880	2 502	− 1 072	9 604
304	6 057	648	5 636	− 932
5 358	134	317	− 325	2 906
430	229	9 357	528	− 807
914	6 073	190	− 381	786
3 696	687	1 496	3 647	− 972
109	545	504	− 658	574
261	421	192	720	419

乘除算 普通五级习题二

一	$18 \times 753 =$	一	$1\,593 \div 27 =$
二	$472 \times 35 =$	二	$7\,905 \div 85 =$
三	$306 \times 108 =$	三	$0.212 \div 0.49 =$
四	$875 \times 317 =$	四	$36\,920 \div 71 =$
五	$2.9 \times 8.806 =$	五	$31\,558 \div 509 =$
六	$456 \times 204 =$	六	$31\,317 \div 803 =$
七	$73 \times 169 =$	七	$6\,080 \div 95 =$
八	$0.204 \times 3.49 =$	八	$2.517\,7 \div 0.34 =$
九	$56 \times 706 =$	九	$2\,496 \div 26 =$
十	$19 \times 3\,008 =$	十	$612 \div 18 =$

加减算 普通五级习题三

一	二	三	四	五
8 034	3 197	2 901	7 045	527
729	620	147	632	134
563	514	8 903	9 108	9 037
5 109	1 385	165	135	− 561
237	7 807	273	764	284
6 869	926	846	− 918	758
413	8 205	1 606	− 1 560	3 061
315	349	972	172	932
4 208	973	834	− 418	− 648
723	750	7 105	7 503	7 054
956	216	296	593	− 912
598	583	348	− 846	6 078
2 104	2 907	321	2 709	310
760	846	9 507	− 648	9 459
438	416	618	132	826

六	七	八	九	十
274	6 207	365	594	514
2 104	468	9 802	9 020	8 303
865	219	486	864	692
275	8 309	761	− 934	− 857
1 807	684	7 203	4 011	5 042
167	345	843	718	5 104
8 735	2 507	685	796	− 312
938	672	2 502	− 2 609	9 604
534	6 903	759	3 152	− 912
4 508	184	347	− 835	6 080
164	578	918	217	− 837
390	9 109	1 307	− 853	967
2 096	358	195	4 260	− 974
319	537	4 906	− 387	372
296	124	142	657	815

乘除算　普通五级习题三

一	2.91×0.048 =	一	9 072÷504 =
二	3 084×85 =	二	52 635÷605 =
三	296×58 =	三	74 679÷803 =
四	756×21 =	四	3.29÷0.47 =
五	56×704 =	五	0.151 2÷0.054 =
六	408×37 =	六	8 990÷31 =
七	6.04×3.02 =	七	5 312÷83 =
八	908×207 =	八	32 940÷61 =
九	49×125 =	九	7 200÷75 =
十	43×1 087 =	十	595÷17 =

加减算　普通五级习题四

一	二	三	四	五
9 308	7 913	9 102	5 407	725
728	206	741	236	1 430
365	415	3 098	8 019	7 309
9 105	583	561	531	− 165
732	7 087	327	467	482
9 686	629	648	− 819	− 857
314	5 028	5 064	− 6 051	1 603
513	943	279	271	239
8 024	1 705	438	− 814	4 507
327	612	5 017	3 057	− 846
659	385	692	395	− 219
895	7 092	843	− 648	8 706
4 012	648	123	9 072	103
607	379	7 059	− 846	954
834	614	816	231	628

续表

六	七	八	九	十
472	702	563	2 495	415
4 012	853	684	9 024	8 603
568	875	2 089	860	392
5 378	9 019	167	− 439	− 758
572	864	3 027	4 018	2 405
7 081	912	348	711	5 103
761	9 038	586	697	− 412
839	486	2 052	− 2 109	4 069
435	7 052	743	3 652	− 219
8 405	1 421	819	− 538	6 036
461	276	7 031	712	− 887
903	3 096	591	− 358	769
6 902	481	6 094	4 360	− 479
913	735	241	− 287	273
692	543	957	756	518

乘除算　普通五级习题四

一	398 × 46 =	一	1 875 ÷ 75 =
二	571 × 92 =	二	2 976 ÷ 48 =
三	0.098 × 672 =	三	68 620 ÷ 730 =
四	49 × 186 =	四	85.86 ÷ 1.06 =
五	4 098 × 54 =	五	27 648 ÷ 512 =
六	2.98 × 0.45 =	六	736 ÷ 16 =
七	206 × 472 =	七	43 740 ÷ 540 =
八	702 × 803 =	八	37 510 ÷ 605 =
九	31 × 409 =	九	875.09 ÷ 9.08 =
十	21 × 902 =	十	2 109 ÷ 57 =

加减算 普通五级习题五

一	二	三	四	五
1 098	6 793	9 162	5 207	735
278	302	748	431	421
635	145	3 091	8 319	7 109
9 305	854	501	105	− 1 203
372	7 287	347	417	− 365
9 616	609	628	− 869	282
384	5 024	5 074	− 6 021	− 847
153	983	269	817	639
3 024	605	5 137	− 854	− 546
827	1 712	392	3 017	4 807
569	395	846	− 806	− 718
985	7 082	231	385	8 206
4 072	348	5 107	− 496	5 903
601	679	896	9 472	154
384	613	418	236	629

六	七	八	九	十
418	757	569	492	413
4 072	803	308	9 540	8 605
562	805	582	460	5 405
578	9 819	2 083	− 389	2 103
7 681	964	184	4 118	398
702	812	667	701	− 752
5 379	9 438	3 427	997	− 419
832	806	2 056	− 2 106	4 062
430	7 502	843	3 653	− 239
8 545	296	719	− 528	6 090
410	3 076	7 531	821	− 787
963	781	901	− 357	869
6 903	435	6 940	4 368	− 275
912	521	941	− 207	473
691	1 443	257	567	918

乘除算 普通五级习题五

一	187×46 =	一	2 548÷98 =
二	3 094×23 =	二	2 940÷35 =
三	345×257 =	三	11 680÷73 =
四	38×507 =	四	7 452÷108 =
五	67.09×4.23 =	五	5.59÷0.86 =
六	98×789 =	六	96.87÷48 =
七	508×201 =	七	736÷16 =
八	97×605 =	八	43 740÷81 =
九	543×78 =	九	28 700÷82 =
十	4.07×3.46 =	十	4 526÷73 =

加减算 普通五级习题六

一	二	三	四	五
1 503	6 313	9 728	6 745	434
908	609	846	332	129
735	445	9 503	8 619	7 951
9 805	820	101	410	−306
262	6 527	743	761	585
1 643	5 949	5 247	−685	9 148
534	682	168	9 520	−2 920
803	713	5 937	−857	337
2 149	305	643	151	−446
817	980	298	−3 304	8 156
259	7 325	301	−697	207
465	4 160	1 829	8 904	−8 908
3 812	872	157	−262	507
706	146	526	307	−126
409	791	416	432	673

六	七	八	九	十
194	1 287	762	709	819
2 804	352	9 805	2 454	3 064
265	803	682	609	598
875	9 815	461	− 804	− 853
7 671	609	7 323	1 913	2 507
387	498	384	904	1 024
9 052	2 319	507	978	− 315
274	804	2 508	− 1 071	9 406
803	6 087	642	5 632	− 934
5 385	259	318	− 326	2 902
439	6 023	9 753	552	− 806
469	761	197	− 368	778
6 013	784	1 049	3 841	− 976
612	541	506	− 657	572
109	354	194	728	341

乘除算　普通五级习题六

一	365 × 24 =	一	28 737 ÷ 309 =
二	179 × 68 =	二	2 353 ÷ 90.5 =
三	84 × 705 =	三	5 280 ÷ 55 =
四	403 × 26 =	四	0.400 4 ÷ 0.13 =
五	792 × 584 =	五	44 922 ÷ 506 =
六	56 × 1 397 =	六	14 640 ÷ 240 =
七	28 × 409 =	七	8 100 ÷ 450 =
八	481 × 376 =	八	570 ÷ 38 =
九	9.51 × 8.07 =	九	5 550 ÷ 74 =
十	10.54 × 0.65 =	十	3 243 ÷ 47 =

加减算 普通五级习题七

一	二	三	四	五
1 781	3 163	7 289	4 756	9 443
398	904	468	323	291
705	564	5 039	9 816	5 917
8 905	278	147	164	− 653
632	5 026	312	107	805
6 421	4 959	4 075	− 856	− 481
654	826	681	9 052	9 202
345	1 370	3 975	− 578	743
830	418	436	513	− 634
4 192	508	982	− 4 103	5 168
178	903	803	− 926	− 720
592	3 257	9 181	8 049	8 908
8 123	728	571	− 262	715
407	461	265	723	− 620
906	917	164	403	736

六	七	八	九	十
5 029	872	627	957	198
941	532	5 809	4 042	3 046
8 042	318	826	680	985
652	5 089	614	− 490	− 538
758	609	3 237	9 131	5 072
7 617	984	5 082	− 489	− 2 401
873	3 192	843	709	153
742	840	507	− 1 071	9 046
358	8 067	426	6 352	− 349
5 830	592	183	− 263	− 2 029
394	6 203	7 539	265	− 687
694	617	971	358	870
6 103	847	4 091	4 318	967
126	415	615	− 576	725
190	1 543	409	287	413

乘除算　普通五级习题七

一	308×179 =	一	6 205÷73 =
二	1 562×46 =	二	3 596÷62 =
三	47×541 =	三	720÷96 =
四	603×283 =	四	3.031 5÷0.47 =
五	563×79 =	五	14 060÷38 =
六	57×806 =	六	46 552÷92 =
七	308×208 =	七	9 338÷406 =
八	0.007 5×123 =	八	3 519÷207 =
九	0.67×4.89 =	九	75 237÷93 =
十	431×673 =	十	3 015÷67 =

加减算　普通五级习题八

一	二	三	四	五
1 871	3 163	9 782	6 457	449
983	940	684	233	231
750	1 645	9 530	6 918	7 519
5 809	782	471	641	−536
326	6 520	123	710	508
1 624	9 459	5 470	−568	−814
453	268	816	9 205	9 022
308	371	5 397	−785	437
2 491	184	364	135	−346
781	850	829	−3 104	8 561
740	930	000	760	−270
3 821	7 352	8 191	8 490	8 809
960	287	715	−237	175
925	614	652	622	−260
546	179	641	−430	9 376

六	七	八	九	十
419	1 728	276	579	981
4 208	235	9 085	4 204	4 603
526	8 950	268	806	859
587	690	146	− 904	− 385
1 767	849	940	3 191	7 205
738	9 213	3 723	− 894	− 4 012
2 950	408	438	970	531
427	26 780	570	− 1 107	9 460
583	925	8 250	5 236	− 493
3 085	2 036	264	− 632	2 920
943	176	831	652	− 876
946	183	3 975	583	708
1 036	478	719	1 843	− 679
261	154	9 104	− 765	257
901	435	156	872	134

乘除算 普通五级习题八

一	236 × 75 =	一	767 ÷ 13 =
二	578 × 349 =	二	47 600 ÷ 85 =
三	74 × 802 =	三	7 824 ÷ 163 =
四	205 × 51 =	四	1 615 ÷ 19 =
五	2.09 × 6.04 =	五	109.91 ÷ 29 =
六	602 × 307 =	六	218.70 ÷ 4.05 =
七	45 × 2 062 =	七	57 246 ÷ 609 =
八	3.84 × 5.03 =	八	15 990 ÷ 78 =
九	325 × 987 =	九	1 922 ÷ 31 =
十	43 × 209 =	十	1 554 ÷ 42 =

加减算　普通五级习题九

一	二	三	四	五
3 890	739	9 701	5 730	753
534	2 601	214	264	412
276	458	3 608	3 018	− 658
3 509	531	519	915	3 097
721	4 072	427	471	421
1 696	698	683	− 896	− 876
348	739	1 750	− 1 075	1 035
532	1 805	296	216	294
8 041	642	481	− 843	− 863
375	935	5 703	5 017	1 507
962	4 071	429	459	− 294
854	628	836	− 683	7 601
9 021	351	135	123	302
743	9 024	2 097	2 704	− 4 989
860	687	864	− 869	685

六	七	八	九	十
421	832	596	940	351
7 204	5 367	8 302	4 098	3 804
587	758	678	456	265
526	859	146	293	− 789
1 708	9 107	7 023	− 1 401	4 052
715	841	584	879	152
7 836	926	368	671	− 431
843	8 903	5 702	− 5 029	4 609
953	548	925	136	296
6 048	634	731	− 581	1 800
425	452	894	2 723	793
910	2 107	9 107	− 345	− 789
3 906	376	513	6 280	471
961	2 069	4 604	− 768	2 036
329	410	219	735	− 587

乘除算　普通五级习题九

一	404 × 202 =	一	2 240 ÷ 35 =
二	0.93 × 7.75 =	二	16 302 ÷ 209 =
三	86.6 × 3.23 =	三	39 150 ÷ 87 =
四	76 × 402 =	四	408 ÷ 12 =
五	53 × 897 =	五	7 014 ÷ 501 =
六	978 × 342 =	六	24 024 ÷ 308 =
七	93 × 4 016 =	七	22 910 ÷ 79 =
八	91 × 902 =	八	2 025 ÷ 81 =
九	458 × 38 =	九	5.18 ÷ 0.14 =
十	603 × 52 =	十	1.669 2 ÷ 0.78 =

加减算　普通五级习题十

一	二	三	四	五
1 960	3 613	2 879	7 546	2 499
980	946	683	213	431
753	405	9 540	6 938	7 516
5 806	582	421	601	− 539
329	6 720	173	714	504
1 424	9 259	5 870	− 268	− 818
653	468	416	9 505	9 027
398	1 710	5 367	− 735	432
2 401	384	349	185	− 341
281	950	839	− 3 109	8 566
975	830	280	764	− 870
846	7 252	1 918	8 470	8 209
3 521	387	275	− 239	275
780	941	156	620	160
471	671	614	− 432	− 367

续表

六	七	八	九	十
914	1 287	672	975	180
4 206	532	5 809	4 024	3 064
528	5 098	862	608	958
787	609	641	− 409	− 583
1 567	498	490	9 131	5 027
837	2 139	3 273	− 498	− 2 104
9 102	840	834	790	135
724	7 680	705	− 1 017	6 049
385	529	5 028	6 325	− 394
8 035	3 062	462	− 236	692
349	671	138	256	− 678
649	381	7 935	385	870
1 603	874	917	3 481	− 976
162	415	4 019	− 756	431
509	543	− 651	278	2 175

乘除算　普通五级习题十

一	0.167 × 56.9 =	一	509.87 ÷ 3.13 =
二	0.47 × 9.05 =	二	38 037 ÷ 409 =
三	73 × 609 =	三	22 385 ÷ 37 =
四	303 × 78 =	四	5 494 ÷ 82 =
五	306 × 432 =	五	187.20 ÷ 0.93 =
六	409 × 702 =	六	37 293 ÷ 93 =
七	76 × 540 =	七	5 035 ÷ 95 =
八	34 × 8 076 =	八	7 112 ÷ 14 =
九	126 × 59 =	九	1 450 ÷ 25 =
十	803 × 46 =	十	952 ÷ 56 =

加减算　普通四级习题一

一	二	三	四	五
4 398	56 324	5 014	5 149	802
501	409	716 983	837	594 137
96 257	8 217	892	6 582	− 493
486	970	31 307	432	8 316
2 108	5 186	345	961 304	− 90 784
371	642	9 516	3 016	7 278
709 243	709 435	834	702	506
569	513	1 087	57 389	− 19 325
6 120	4 391	615 270	930	8 289
87 435	60 278	9 738	8 261	897
874	893	388	783 195	572 069
2 019	5 017	91 461	4 607	908
370 965	2 586	789	873	1 824
713	934	5 289	90 258	493
5 624	718 062	506	426	− 5 701

六	七	八	九	十
734 628	70 832	538 206	203	5 067
− 905	194	− 913	4 768	894
8 412	6 057	6 780	590	61 382
1 673	901	7 308	− 1 324	35 208
259	432 870	512	560 189	4 179
− 62 834	6 582	− 6 835	− 816	961
9 057	174	421	92 345	926 750
799	5 386	70 964	597	204
365 091	459	608	− 7 160	3 497
− 408	10 786	− 312 497	894	531
7 142	549	759	3 286	352
536	3 267	− 4 912	− 320 756	7 946
− 4 873	912	20 654	5 910	309 618
605	910 235	− 189	− 872	420
− 13 980	3 629	3 275	61 403	8 175

乘除算　普通四级习题一

一	3 905 × 46 =	一	25 972 ÷ 302 =
二	1 296 × 74 =	二	50 568 ÷ 516 =
三	43 × 1 972 =	三	12 644 ÷ 29 =
四	81 × 6 029 =	四	5 253 ÷ 17 =
五	8 147 × 93 =	五	10 878 ÷ 294 =
六	127 × 539 =	六	50 654 ÷ 62 =
七	45 × 6 723 =	七	201.807 ÷ 81.6 =
八	3.12 × 47.65 =	八	3.430 88 ÷ 3.27 =
九	173 × 5 204 =	九	169 060 ÷ 428 =
十	82.19 × 63.7 =	十	373 606 ÷ 734 =

加减算　普通四级习题二

一	二	三	四	五
602 478	652 471	594	7 258	94 715
4 102	957	8 270	32 496	− 406
364	1 082	56 487	1 704	2 853
7 819	86 179	− 3 769	819	709 485
503	4 230	829 153	5 620	− 312
893 475	805	6 384	941	8 296
614	87 964	497	387 605	637
21 360	413	50 621	413	61 428
5 897	2 830	− 836	327	539
923	815 397	7 514	6 754	− 7 064
9 581	7 025	− 604 132	803	901
206	548	925	59 620	− 850 243
97 845	8 602	− 3 019	3 172	6 058
3 120	934	807	715 849	372
756	219	− 201	906	− 9 716

续表

六	七	八	九	十
867	823	5 320	9 607	579
4 231	1 096	16 048	− 521	7 902
80 956	37 542	9 267	4 968	147
317	− 918	439	958 213	693 021
6 092	8 407	7 805	807	4 305
304	176	694	− 6 359	286
9 628	962 314	132 785	472	49 610
32 741	− 1 905	691	12 930	375
507	− 562	102	265	2 683
904 685	4 378	5 286	− 8 716	901
164	906	107	601	718 024
8 920	− 647 385	54 378	− 475 038	6 257
475	502	3 019	2 814	63 584
5 213	20 691	592 463	− 439	1 859
713 589	− 4 873	874	43 765	473

乘除算 普通四级习题二

一	3 674×59 =	一	35 770÷365 =
二	7 056×92 =	二	61 128÷849 =
三	26×3 549 =	三	233 151÷327 =
四	13×2 094 =	四	5 542÷17 =
五	1 895×63 =	五	32 147÷527 =
六	309×547 =	六	10 450÷25 =
七	5.85×2.147 =	七	113.528 1÷41.9 =
八	735×604 =	八	0.830 42÷0.605 =
九	319×5 316 =	九	98 596÷157 =
十	0.65×0.778 9 =	十	231 874÷607 =

加减算　普通四级习题三

一	二	三	四	五
95 072	563	4 036	895	267
631	4 817	910	604 738	1 083
8 504	370 162	587 243	2 061	− 945
615	928	3 085	48 519	58 027
532 097	6 019	642	972	− 416
4 789	405	9 130	5 643	5 392
360	897	97 468	216	721 638
9 842	5 240	703	302	6 043
318	63 754	904 572	267 594	− 497
45 906	6 439	618	830	5 182
381	129 508	5 296	4 519	901
7 240	182	31 725	708	− 69 370
617	3 657	869	6 093	458
651 823	794	2 586	21 385	− 382 549
4 972	80 321	314	6 147	7 106

六	七	八	九	十
267	95 826	697	63 947	598
1 083	305	408 365	− 825	9 615
− 945	− 1 764	1 240	1 650	30 274
58 027	809 376	86 729	627 593	1 039
− 416	− 421	931	− 3 018	387
5 392	7 195	7 485	786	580 624
721 638	548	124	6 401	170
6 043	52 317	502	− 958	761
− 497	− 649	134 798	129	4 295
5 182	8 053	650	− 475 862	584
901	902	8 729	973	5 913
− 69 370	− 760 134	306	− 3 201	780 346
458	5 067	9 054	62 439	6 419
− 382 549	481	12 567	9 150	506
7 106	− 9 825	4 283	607	37 824

乘除算 普通四级习题三

一	6 347×52 =	一	45 588÷524 =
二	9 142×78 =	二	67 158÷738 =
三	49×6 128 =	三	27 636÷42 =
四	25×3 049 =	四	8 385÷39 =
五	7 058×36 =	五	24 544÷416 =
六	107×356 =	六	4 326÷14 =
七	72×8 106 =	七	5. 219 67÷3. 08 =
八	261×439 =	八	1. 794 406÷0. 549 =
九	932×7. 048 =	九	312 268÷604 =
十	219. 4×3. 65 =	十	259 076÷956 =

加减算 普通四级习题四

一	二	三	四	五
9 167	845 739	378	81 943	489
543 078	601	2 194	250	3 205
536	9 523	506	7 196	− 167
6 792	2 784	69 138	201	70 294
802	560	527	154 983	638
94 125	73 945	6 403	6 378	− 7 541
830	1 068	832 749	529	943 856
1 097	280	7 154	8 764	8 205
852	47 102	508	507	− 619
9 601	319	6 293	61 892	7 304
487 216	8 253	102	570	713
534	647	70 184	3 469	81 295
4 029	5 984	569	203	670
583	716	493 650	210 745	− 504 261
71 264	23 091	8 217	6 834	− 9 328

六	七	八	九	十
92 045	732	852	2 387	725 438
− 361	41 056	3 701	409	− 609
8 207	− 924	649	67 541	7 142
312	5 437	82 076	836	− 3 851
265 094	801 369	514	9 018	964
− 7 489	− 7 248	2 936	502	43 725
630	501	735 128	975 133	8 509
− 9 875	63 295	4 350	647	891
618	− 836	894	1 960	− 691 053
72 903	8 517	2 716	57 432	702
− 168	− 590 286	209	385	− 2 418
4 570	790	30 895	1 079	536
314	7 412	764	798 463	3 874
− 321 856	394	946 283	205	− 605
7 945	− 8 061	5 018	3 614	70 921

乘除算 普通四级习题四

一	2 186 × 37 =	一	20 536 ÷ 302 =
二	7 025 × 84 =	二	9 546 ÷ 258 =
三	75 × 6 049 =	三	4 556 ÷ 17 =
四	63 × 7 148 =	四	30 745 ÷ 65 =
五	8 749 × 65 =	五	15 863 ÷ 547 =
六	408 × 719 =	六	38 097 ÷ 83 =
七	64 × 7 039 =	七	0.899 111 ÷ 0.294 =
八	158 × 308 =	八	36.667 08 ÷ 4.84 =
九	809 × 4.537 =	九	314 388 ÷ 426 =
十	602.5 × 9.13 =	十	343 046 ÷ 503 =

加减算 普通四级习题五

一	二	三	四	五
60 183	784	540 362	9 362	7 483
742	593 627	846	809	10 259
9 615	1 059	9 071	473 165	−602
726	37 408	70 568	2 974	485 736
643 108	861	3 129	531	975
4 890	4 532	974	8 029	3 408
471	105	76 853	86 307	−526
9 053	921	302	692	6 091
529	165 483	1 729	938 647	−291 634
56 017	729	704 286	501	815
492	3 408	6 914	4 182	−8 740
8 351	967	437	253	192
728	8 592	7 591	20 614	83 467
762 934	10 274	823	758	−5 019
5 083	5 036	108	1 475	372

六	七	八	九	十
204	945 637	812	91 825	5 298
78 036	−701	76 134	−340	401
4 285	8 432	450	6 187	7 346
−651	3 695	8 265	301	597
716 359	−470	506 359	245 819	3 109
9 640	62 854	9 428	−7 196	216
859	−1 079	716	9 675	608 352
−728	390	30 527	406	478
31 547	−567 103	659	−384	7 130
8 903	218	8 396	71 983	96 542
−497 182	9 342	792 160	460	965
210	756	801	−2 597	3 081
−4 306	−4 895	2 384	302	809 274
615	617	405	−310 654	612
−3 927	32 081	3 971	7 925	74 835

乘除算　普通四级习题五

一	4 069×85 =	一	24 448÷746 =
二	3 508×26 =	二	47 175÷746 =
三	53×1 704 =	三	280 932÷492 =
四	48×9 536 =	四	5 406÷34 =
五	6 527×49 =	五	37 113÷89 =
六	826×579 =	六	58 752÷918 =
七	32×1 594 =	七	21 502÷26 =
八	843×705 =	八	20.720 98÷8.31 =
九	6.57×210.5 =	九	2 413.32÷372 =
十	732.9×7.09 =	十	197 505÷315 =

加减算　普通四级习题六

一	二	三	四	五
45 213	4 038	618	304 981	3 810
938	726	59 174	526	7 623
7 106	5 417	432	7 148	− 425
869	321	8 693	9 703	51 680
4 075	805 293	524 730	452	479
531	9 014	1 048	98 134	− 5 328
698 324	960	569	6 250	807 931
402	42 658	72 385	702	9 643
3 280	839	930	395 627	− 204
95 167	7 051	9 017	861	5 718
782	672 480	805 296	7 048	527
9 406	3 596	621	4 103	92 306
4 175	762	8 714	965	451
823	89 147	423	78 216	− 318 643
607 951	315	7 065	539	− 7 069

续表

六	七	八	九	十
890	74 058	704	60 937	708
-426	-936	8 291	416	519 467
51 749	2 761	76 489	-2 875	2 351
305	738 604	5 950	910 487	97 830
7 620	-4 219	820 375	-532	294
-896	897	213	8 206	8 596
921 738	7 523	6 583	659	235
451	609	409	63 428	613
-5 672	230	71 623	750	245 809
90 384	-586 973	856	-9 164	761
903	804	9 734	603	9 830
7 261	-4 312	614 352	-817 245	417
-829 054	73 045	207	6 178	1 065
968	9 161	5 130	-592	23 678
-4 573	-817	819	9 031	5 394

乘除算　普通四级习题六

一	3 958×74=	一	10 324÷356=
二	4 729×15=	二	33 152÷518=
三	43×9 306=	三	8 385÷43=
四	39×8 415=	四	69 188÷98=
五	5 416×97=	五	42 771÷807=
六	157×468=	六	45 136÷62=
七	42×2 605=	七	440.714 3÷52.7=
八	953×816=	八	0.471 637÷0.067 1=
九	16.8×23.75=	九	804 540÷106=
十	84.03×71.9=	十	331 122÷638=

加减算　普通四级习题七

一	二	三	四	五
6 850	67 435	6 215	2 078	43 827
948	510	837 094	654 189	− 605
7 639	9 328	903	647	1 459
543	801	41 258	7 803	407 583
270 415	6 297	546	914	− 3 916
2 136	753	6 137	50 236	764
812	810 546	945	491	4 291
64 270	624	2 098	2 108	− 856
501	5 402	267 183	963	108
9 271	71 389	8 407	7 012	− 270 635
894 602	904	961	598 327	873
5 178	6 128	30 572	645	9 041
984	3 697	840	5 130	40 238
10 369	405	5 639	694	− 6 159
257	829 173	712	82 375	947

六	七	八	九	十
483	8 594	674	763 582	598
7 169	21 360	5 928	608	307 465
45 376	− 713	481 273	2 193	− 2 130
− 2 658	596 847	390	97 280	75 819
718 042	608	7 021	5 341	942
− 901	− 4 519	516	916	8 376
5 273	837	908	89 075	213
386	7 102	6 351	524	− 601
94 501	− 302 734	94 865	3 941	− 243 897
− 725	926	7 540	926 408	560
6 403	− 9 651	230 697	8 136	7 819
− 539 021	204	213	649	− 405
814	93 578	4 768	9 713	9 063
− 8 209	6 120	805	405	21 658
976	− 383	92 342	320	− 3 174

乘除算 普通四级习题七

一	1 736 × 52 =	一	32 627 ÷ 413 =
二	2 507 × 83 =	二	47 564 ÷ 94 =
三	29 × 8 049 =	三	10 612 ÷ 28 =
四	81 × 6 293 =	四	44 384 ÷ 76 =
五	3 294 × 75 =	五	8 554 ÷ 658 =
六	539 × 246 =	六	30 996 ÷ 369 =
七	46 × 2 935 =	七	2 096.253 ÷ 503 =
八	9.37 × 50.309 =	八	47.901 9 ÷ 5.94 =
九	20.111 2 × 0.87 =	九	455 913 ÷ 537 =
十	2 478 × 315 =	十	553 340 ÷ 146 =

加减算 普通四级习题八

一	二	三	四	五
3 014	503	52 036	59 314	508 139
925	9 214	602	602	426
316 807	68 907	7 108	485 976	−71 209
4 295	5 123	469 253	395	543
87 069	467	917	7 108	−6 879
412	42 819	2 093	3 284	5 012
485 769	5 036	475	201	634
301	718	608 319	26 089	−7 089
6 254	452 903	426	4 153	46 123
7 108	637	7 895	697	−507
923	9 108	302	420 813	8 219
4 865	425	4 516	5 769	583 074
719	617 908	79 081	318	567
37 024	476	436	6 403	−6 189
586	8 253	5 817	785	423

六	七	八	九	十
730 164	9 607	8 507	81 639	15 709
− 925	518	619	795	628
6 087	792 436	52 436	− 7 346	− 3 746
912	8 015	7 198	502 819	957
− 53 407	43 652	302	738	401 523
618	879	80 475	− 4 659	687
− 9 243	410 352	537	301	− 9 103
596	697	418 096	426 957	− 68 245
− 7 108	8 012	623	802	7 019
423	7 346	9 547	− 4 315	523
578 069	859	801	869	648 097
3 124	4 012	257 419	7 012	3 125
65 187	735	8 346	− 53 746	− 974
− 9 023	93 608	302	− 902	− 8 026
574	412	9 450	4 138	413

乘除算　普通四级习题八

一	$1\ 049 \times 24 =$	一	$17\ 172 \div 18 =$
二	$4\ 107 \times 53 =$	二	$32\ 723 \div 43 =$
三	$28 \times 1\ 059 =$	三	$15\ 042 \div 327 =$
四	$91 \times 5\ 246 =$	四	$17\ 192 \div 614 =$
五	$5\ 168 \times 73 =$	五	$24\ 076 \div 52 =$
六	$897 \times 321 =$	六	$82\ 474 \div 602 =$
七	$43.892 \times 0.74 =$	七	$16.620 \div 6.31 =$
八	$3\ 079 \times 0.054\ 3 =$	八	$80.278 \div 18.6 =$
九	$36 \times 4\ 038 =$	九	$178\ 730 \div 305 =$
十	$629 \times 7\ 319 =$	十	$178\ 434 \div 207 =$

加减算　普通四级习题九

一	二	三	四	五
2 903	924	41 925	48 203	92 053
814	8 103	308	915	− 814
502 769	4 012	6 089	6 079	5 976
3 184	57 869	538 142	284	801
76 958	365	607	374 865	− 42 396
301	31 708	9 182	901	507
374 658	4 925	364	2 713	− 8 132
902	607	579 208	91 578	485
5 143	341 829	315	3 042	− 6 079
6 079	596	6 748	586	312
812	2 807	912	319 702	467 958
3 754	314	3 405	4 658	2 013
608	805 679	68 079	207	154 076
62 913	365	325	5 319	− 9 812
475	7 142	4 716	674	463

六	七	八	九	十
497 028	8 596	508	7 528	40 698
315	407	7 469	964	517
− 60 198	681 325	41 325	− 6 235	− 6 325
432	9 704	6 087	419 708	847
− 5 768	32 541	912	− 627	390 412
9 401	768	79 364	3 548	− 576
523	309 214	426	209	8 019
− 6 978	586	703 985	513 846	− 57 134
53 012	7 109	512	719	6 908
− 469	6 235	8 436	− 3 204	412
7 108	748	907	758	573 986
472 963	9 301	641 308	9 016	− 2 014
456	624	7 235	− 42 635	863
− 5 078	82 579	912	918	− 9 157
312	301	8 349	− 3 027	302

乘除算　普通四级习题九

一	7 208×19＝		一	16 235÷35＝
二	4 126×73＝		二	9 519÷57＝
三	27×1 269＝		三	11 264÷176＝
四	49×5 083＝		四	14 652÷407＝
五	8 972×36＝		五	21 228÷61＝
六	729×618＝		六	80 634÷302＝
七	45.87×70.21＝		七	59.986÷16.7＝
八	607.4×0.823＝		八	13.014÷9.52＝
九	48×1 805＝		九	188 139÷357＝
十	418×3 702＝		十	415 264÷608＝

加减算　普通四级习题十

一	二	三	四	五
8 419	1 250	213 406	829	528 940
367	945	9 845	73 216	789
46 732	4 097	489	－2 105	－1 053
250	140	2 701	820	468
3 529	903 564	73 654	5 791	5 132
108	7 638	2 065	653	－351
367 912	807	139	－9 420	2 910
9 028	1 924	8 765	428 761	40 278
714	768	387	－109	－3 695
8 594	53 192	2 910	506 217	560
475	6 573	206	783	987 321
1 960	218	19 873	－3 694	－15 796
823	869 325	465	456	864
704 136	73 862	410 589	7 845	－7 342
64 085	510	327	－84 309	607

续表

六	七	八	九	十
7 685	538	5 679	47 598	2 901
273	402 759	702	435	− 483
4 036	5 381	− 1 043	5 829	603 784
147	245	348 798	298	489
807 295	96 473	5 829	3 451	6 328
6 159	/18	934	190	− 17 094
281	137 689	− 1 387	409 876	− 9 258
4 958	4 786	438	9 048	65 398
25 164	560	79 310	570	809
4 061	9 341	204	9 052	− 2 985
309	419	− 3 259	418	210
90 621	3 159	− 815	152 690	832 176
347	907	573 081	31 095	987
283 920	61 932	892	328	− 9 087
438	2 890	− 58 214	5 531	391

乘除算　普通四级习题十

一	1 384 × 89 =		一	48 972 ÷ 53 =
二	3 106 × 23 =		二	52 461 ÷ 87 =
三	29 × 6 039 =		三	6 432 ÷ 536 =
四	75 × 8 241 =		四	70 490 ÷ 742 =
五	7 481 × 98 =		五	75 276 ÷ 306 =
六	308 × 765 =		六	5.039 0 ÷ 4.69 =
七	78.94 × 2.764 =		七	2 638.10 ÷ 4.09 =
八	0.78 × 0.245 8 =		八	450 697 ÷ 937 =
九	6 027 × 29 =		九	13 294 ÷ 34 =
十	52 × 3 028 =		十	22 852 ÷ 394 =

加减算 普通三级习题一

一	二	三	四	五
419	8 753	51 704	245 386	82 506
70 628	462 179	396	− 91 457	451 397
5 324	641	82 039	7 285	− 9 045
693 705	25 904	628 571	258	71 852
649	3 857	4 157	416 907	371
84 153	92 036	30 964	− 28 014	− 6 513
258 036	543	2 896	3 906	940 628
9 865	741 908	71 402	− 82 571	− 83 064
31 298	83 214	416 079	418	7 289
7 503	270 163	385	780 298	630 986
819 237	1 786	251 168	− 563	195
47 054	95 401	2 473	8 429	− 59 742
785 216	258	713 985	28 154	690 148
69 041	96 087	92 304	− 49 830	− 29 381
902	901 326	904	815 603	504

六	七	八	九	十
82.64	258.63	258.63	8 015.47	250.58
5 174.03	97.15	97.58	− 358.72	6 739.14
942.58	7 405.48	7 405.38	9.03	7.31
3.14	679.01	479.02	− 691.32	60.18
609.71	3.92	3.94	5 819.74	5 385.29
9 014.27	12.85	13.85	347.72	956.02
58.34	3 428.56	3 428.48	72.09	− 98.16
7.25	174.08	174.08	6.82	4.18
836.09	5.94	4.98	− 750.41	− 723.04
3 190.68	40.93	20.92	39.27	6.39
5.17	1 751.47	5 831.91	206.39	− 45.29
147.03	309.26	309.29	41.47	189.06
9 028.61	8.49	3.91	86.04	24.35
328.65	417.02	418.04	7.52	4 829.39
30.72	5 830.96	2 487.03	− 962.85	− 650.91

乘除算 普通三级习题一

一	746 × 832 =	一	291 696 ÷ 824 =
二	5 329 × 763 =	二	1 720 ÷ 0.201 =
三	3 946 × 894 =	三	38 808 ÷ 308 =
四	457 × 5 409 =	四	473 375 ÷ 541 =
五	216 × 735 =	五	751 608 ÷ 936 =
六	0.708 × 3.91 =	六	153 636 ÷ 708 =
七	798 × 81 602 =	七	153.464 9 ÷ 76.9 =
八	32 091 × 408 =	八	3 494 205 ÷ 7 059 =
九	8.04 × 78.2 =	九	1 436 578 ÷ 286 =
十	9.03 × 49.56 =	十	5 217.653 2 ÷ 603 =

加减算 普通三级习题二

一	二	三	四	五
325	517 032	517 364	60 158	42 798
1 407	4 986	170 932	− 2 569	− 9 846
968	80 145	45 089	397	820 574
460 253	329	9 406	517 602	5 917
28 034	639 204	398	25 083	36 285
7 319	1 783	67 283	9 148	− 523 107
65 182	95 031	501	− 318 074	659
906 543	706 812	936	73 605	− 732
8 105	976	8 452	9 724	106 397
39 276	13 567	73 019	− 692	2 136
147 982	4 359	250 764	641 829	61 093
743	29 405	4 509	− 71 238	40 918
24 619	76 191	34 105	309 184	− 485
871 056	850 238	41 826	54 763	136 804
50 897	459	820 247	− 415	50 472

续表

六	七	八	九	十
8 130.72	3 810.95	12.67	815.36	3 810.64
59.64	42.67	5.24	72.89	− 641.02
2.89	5.72	284.59	− 4.76	74.35
364.08	936.24	6 091.73	1 507.48	− 5.87
9 601.03	61.59	6.59	− 740.41	928.08
34.78	508.15	23.85	9.73	1 704.94
378.24	8 047.63	705.61	602.54	− 92.76
6.93	4.28	9 278.06	− 38.92	8.39
590.31	730.54	41.23	4 276.05	651.28
2 059.47	2 695.07	354.98	934.42	− 4 508.12
83.16	89.31	5 690.34	521.97	71.93
645.08	102.96	78.29	− 5.29	2 310.76
9.73	3.29	147.08	6 180.53	− 9.53
4 802.15	7 491.05	1.76	4 301.58	562.98
761.58	834.17	4 302.91	863.01	425.06

乘除算　普通三级习题二

一	$3.706 \times 0.732 =$	一	$1\ 956\ 375 \div 375 =$
二	$2.903 \times 923 =$	二	$3\ 736\ 564 \div 9\ 412 =$
三	$725 \times 8\ 507 =$	三	$5\ 561 \div 36.02 =$
四	$642 \times 789 =$	四	$173\ 398 \div 479 =$
五	$57.2 \times 1\ 605 =$	五	$431\ 860 \div 715 =$
六	$4\ 018 \times 276 =$	六	$1\ 743.85 \div 237 =$
七	$47\ 439 \times 606 =$	七	$35\ 880 \div 184 =$
八	$321 \times 90\ 398 =$	八	$438\ 519 \div 509 =$
九	$304 \times 432 =$	九	$334\ 614 \div 651 =$
十	$368 \times 875 =$	十	$9\ 272.98 \div 408 =$

加减算　普通三级习题三

一	二	三	四	五
8 076	164	82 670	156 238	48 629
539 214	20 795	1 296	84 150	574 013
689	925 836	425 049	− 68 029	− 12 457
70 521	7 280	728	79 674	946
42 038	30 928	57 921	406	1 260
148	573 614	8 034	− 84 532	− 6 893
9 285	8 159	643 698	312 795	93 185
503 674	62 473	126	− 974	− 42 037
451	508	38 790	8 039	705 289
50 129	321 675	960 145	− 641	871
7 860	19 374	871	563 287	− 506
32 597	821	514 978	902 587	30 487
128 346	4 109	6 459	81 720	356 208
93 084	804 956	43 028	− 40 135	− 13 984
519 637	91 380	29 478	6 293	9 671

六	七	八	九	十
652.49	92.48	7 382.50	8 023.76	58.04
8.01	6 307.51	16.49	− 742.50	− 5.91
71.56	1.80	847.26	16.05	8 721.69
4 265.17	625.17	1.67	354.87	9.37
127.60	76.09	935.71	− 8.71	− 406.58
94.28	419.23	496.08	9.38	384.05
5 863.95	8 153.64	6.05	301.24	4 612.58
302.71	4.78	3 728.54	− 65.19	− 78.69
8.46	368.15	182.49	6 594.01	50.14
913.27	9 527.06	9.17	5.79	732.61
2 047.35	6.78	7 021.69	− 4 689.23	− 603.27
8.50	3 042.79	594.24	921.38	912.35
139.06	15.28	32.08	4 279.50	7 769.40
3 590.81	954.30	8 145.39	− 308.57	− 3 182.74
34.95	149.03	9.04	64.21	9.03

乘除算　普通三级习题三

—	492 × 573 =	—	3 375 904 ÷ 784 =
二	387 × 9 012 =	二	28.892 3 ÷ 9.06 =
三	80 629 × 38 =	三	138 768 ÷ 708 =
四	7 802 × 563 =	四	134 504 ÷ 172 =
五	425 × 3 208 =	五	352 436 ÷ 614 =
六	658 × 837 =	六	782.51 ÷ 87.5 =
七	0.539 × 108.7 =	七	164 432 ÷ 283 =
八	92.4 × 0.720 9 =	八	2 070 ÷ 0.293 =
九	7.03 × 26.06 =	九	161 535 ÷ 605 =
十	34 709 × 502 =	十	3 097 088 ÷ 8 416 =

加减算　普通三级习题四

一	二	三	四	五
382 398	739 254	4 739	382 370	4 809
547	6 108	586	− 4 781	64 910
3 629	60 273	892 154	519	− 1 098
108	541	67 201	34 739	402 796
682 475	851 426	1 628	824	7 139
40 256	3 905	510	47 205	58 407
9 531	17 253	89 405	1 360	− 745 329
87 034	928 034	723 158	− 530 294	871
128 765	987	6 074	1 946	− 954
3 027	35 789	95 231	− 12 814	328 517
51 498	6 570	472 986	641 041	− 83 215
36 831	49 627	890	− 92 405	62 130
903 278	408	56 237	521 306	− 607
72 019	98 631	90 741	76 985	358 026
309	702 469	630 084	− 1 637	72 694

六	七	八	九	十
3 052.94	5 032.17	342.89	307.58	5 032.86
71.86	64.89	7.46	94.01	- 863.25
4.01	7.94	506.71	- 6.98	96.57
586.29	158.46	8 231.95	3 729.60	- 7.09
1 823.56	83.71	8.70	962.60	149.20
90.47	720.38	54.07	1.95	3 926.15
8.14	2 069.85	927.83	824.76	- 14.98
712.53	6.40	1 490.28	- 50.14	6.01
4 271.53	952.76	63.45	6 498.29	873.40
50.38	4 817.29	576.10	15.64	- 6 720.34
867.20	10.53	7 812.56	743.19	93.15
8.93	324.18	90.41	- 7.41	4 532.98
6 024.37	5.40	369.20	8 302.13	- 1.75
259.46	9 613.27	6 524.13	- 6 523.70	784.10
983.70	506.39	9.38	805.23	647.28

乘除算　普通三级习题四

一	4 607 × 0.372 =	一	1 105 775 ÷ 275 =
二	3 092 × 932 =	二	6.326 9 ÷ 3.08 =
三	527 × 7.058 =	三	232 815 ÷ 561 =
四	452 × 869 =	四	237 629 ÷ 409 =
五	75.2 × 2.505 =	五	305.993 5 ÷ 45.8 =
六	267 × 3 801 =	六	66 462 ÷ 418 =
七	691 × 484 =	七	1 908.69 ÷ 327 =
八	42 397 × 293 =	八	209 902 ÷ 517 =
九	127 × 96 263 =	九	196 987 ÷ 749 =
十	438 × 308 =	十	1 630 618 ÷ 3 901 =

加减算　普通三级习题五

一	二	三	四	五
956	620 358	240 386	32 094	361 497
29 874	98 274	49 257	631 479	− 23 089
5 918	965	74 389	− 805	876 904
18 439	41 839	968	147 089	857
630 542	8 954	1 095	− 5 874	82 045
764	791	640 452	28 047	− 5 875
6 071	360 425	791	650 412	560 412
58 304	53 043	56 834	− 4 123	− 1 423
258	5 106	2 013	37 596	360 751
362 014	728	581	605 412	3 862
1 769	862 014	260 847	− 5 862	70 593
70 836	87 603	68 034	526	18 976
547 021	1 796	250 721	18 973	− 529
71 932	17 239	61 973	− 298	36 108
260 385	542 710	7 139	36 901	296

六	七	八	九	十
6 319. 46	3 629. 45	71. 56	170. 52	5. 08
2. 97	302. 87	9 074. 62	7 904. 65	230. 69
320. 84	1. 94	1. 54	3. 16	326. 85
7 401. 97	478. 08	283. 95	− 825. 39	− 172. 48
280. 47	1 829. 56	7 104. 38	1 709. 82	64. 37
58. 72	50. 47	830. 19	− 580. 14	1 798. 05
6 504. 13	8. 72	53. 64	38. 63	− 5. 21
41. 29	4 650. 13	8 049. 41	7 403. 91	− 509. 14
3 670. 54	17. 24	7. 93	− 2. 74	80. 67
83. 61	3 604. 59	321. 89	391. 87	3 408. 92
570. 93	87. 63	48. 57	− 14. 56	8 867. 23
619. 72	530. 91	6. 29	8. 54	− 6. 49
8. 26	819. 76	2 745. 05	5 234. 09	581. 95
531. 08	6. 28	506. 93	− 530. 98	3 139. 48
8. 59	231. 05	61. 87	81. 54	− 51. 39

乘除算　普通三级习题五

一	$9.06 \times 38.57 =$	一	$555\ 464 \div 728 =$
二	$24\ 849 \times 569 =$	二	$403\ 588 \div 619 =$
三	$281 \times 385 =$	三	$124.306 \div 40.57 =$
四	$607 \times 51\ 908 =$	四	$673\ 208 \div 824 =$
五	$3.87 \times 52.6 =$	五	$1\ 256\ 460 \div 516 =$
六	$726 \times 2\ 091 =$	六	$84\ 254 \div 206 =$
七	$9\ 067 \times 186 =$	七	$0.205 \div 0.035 =$
八	$158 \times 45\ 602 =$	八	$12\ 252 \div 103.8 =$
九	$79.2 \times 0.428\ 6 =$	九	$2\ 205\ 824 \div 3\ 628 =$
十	$52.8 \times 0.895\ 4 =$	十	$666\ 936 \div 942 =$

加减算　普通三级习题六

一	二	三	四	五
425 187	67 145	293 856	45 832	971 634
34 712	728 319	12 589	807 154	89 367
9 026	3 089	7 094	1 037	5 072
86 309	981 308	10 679	768 902	42 805
4 789	932 521	504 721	− 4 623	− 10 836
59 371	6 845	905	712 398	9 254
564	894	57 862	− 462	− 271
657 801	60 235	64 107	40 913	213 406
681 287	109 376	2 476	308	− 8 169
3 514	501	30 158	− 536 289	256 743
453	13 427	293	81 295	− 918
30 892	29 603	435 608	97 401	80 457
208	7 932	478 965	− 60 482	704
704 978	80 614	1 382	5 719	− 302 587
79 184	958	231	− 736	35 649

六	七	八	九	十
2 467.81	852.17	9 245.68	639.85	7 924.46
528.74	5 791.24	96.52	9 014.36	174.39
30.49	60.73	10.27	40.51	80.95
9 681.07	804.67	873.01	602.45	5 246.03
9 374.18	2 036.58	97.19	5.09	− 12.37
56.72	7.02	403.75	− 3 578.92	5 839.64
2.85	261.45	7.24	948.23	− 7.21
195.03	3 925.01	308.12	1 792.08	651.08
29.31	3 617.42	6 071.93	− 67.93	− 201.43
205.87	89.15	2.06	1 483.29	75.86
9.46	5.98	615.89	− 3.76	− 5.92
501.34	348.07	7 468.05	216.05	106.89
4.08	53.64	7 152.86	− 760.98	9.04
8 093.25	908.21	34.59	31.42	− 4 059.71
837.12	3.89	9.43	− 1.57	483.67

乘除算　普通三级习题六

一	628 × 135 =		一	2 680 995 ÷ 285 =
二	97 328 × 604 =		二	1 629 786 ÷ 6 317 =
三	7 159 × 268 =		三	5 545.768 ÷ 903 =
四	37.4 × 0.195 0 =		四	163 152 ÷ 528 =
五	804 × 5 761 =		五	611 184 ÷ 749 =
六	2.09 × 43.76 =		六	181 488 ÷ 304 =
七	183 × 70 239 =		七	85.541 7 ÷ 83.6 =
八	5.01 × 38.6 =		八	54 875 ÷ 125 =
九	925 × 813 =		九	31.542 19 ÷ 4.01 =
十	467 × 902 =		十	519 232 ÷ 976 =

加减算　普通三级习题七

一	二	三	四	五
241 389	95 267	928 167	84 156	796 845
62 834	574 623	49 612	463 512	27 489
5 047	8 071	3 025	7 069	1 093
60 954	31 908	586 701	29 807	20 519
408	5 183	531 276	− 30 815	904
807 526	40 926	4 819	4 971	− 403 172
85 392	174	984	− 963	41 857
97 605	142 376	40 732	931 205	53 201
2 759	186 372	605 394	− 8 354	− 60 248
10 683	9 465	206	975 621	7 315
741	549	63 179	− 438	− 396
718 903	90 387	75 403	80 276	364 508
753 498	210 895	9 537	602	− 1 687
6 132	702	80 461	− 109 748	318 964
216	28 635	538	17 524	− 762

六	七	八	九	十
4 728.96	673.21	2 596.74	451.98	9 374.52
349.87	7 152.39	127.65	5 839.17	895.43
50.71	80.14	30.59	60.82	10.36
613.05	4 539.02	104.35	2 317.17	268.01
41.56	4 821.93	8 078.21	− 43.95	− 708.54
203.98	65.28	5.08	2 698.71	96.12
1.72	7.56	736.42	− 5.34	− 6.37
1 296.08	609.81	481.03	407.68	6 752.04
1 587.69	3 048.76	28.34	8.01	− 87.49
32.84	1.03	901.76	− 1 026.54	6 143.25
4.23	382.97	8.59	169.72	− 9.78
306.47	946.08	8 974.06	284.06	802.13
7.06	74.89	8 365.47	− 304.19	3.05
9 015.43	506.32	19.62	52.57	− 5 061.98
958.64	4.15	2.91	− 2.83	514.29

乘除算　普通三级习题七

一	351 × 764 =	一	974 813 ÷ 157 =
二	29 651 × 308 =	二	610 575 ÷ 3 489 =
三	716 × 90 582 =	三	19. 834 64 ÷ 2. 08 =
四	4.08 × 61. 3 =	四	513 513 ÷ 693 =
五	108 × 4 927 =	五	435. 118 2 ÷ 54. 3 =
六	5.02 × 86.93 =	六	200 982 ÷ 817 =
七	254 × 176 =	七	2 308. 181 ÷ 604 =
八	839 × 205 =	八	290 290 ÷ 715 =
九	9 742 × 531 =	九	539 858 ÷ 926 =
十	69.8 × 0. 724 0 =	十	309 138 ÷ 402 =

加减算　普通三级习题八

一	二	三	四	五
869 417	62 479	647 285	49 257	60 748
38 146	293 741	16 284	971 528	84 692
2 065	5 098	9 043	3 076	7 021
591 704	60 159	53 109	40 837	156 309
524 671	408 526	6 395	702	− 8 594
3 984	904	70 182	− 206 394	179 326
893	45 712	347	23 589	− 459
75 302	834 914	10 594	612 805	31 807
8 571	857 907	103 961	− 4 159	− 50 869
90 314	6 371	408	635 782	4 173
569	236	89 256	− 914	− 125
30 712	18 605	378 502	86 403	80 372
601	2 851	392 458	− 10 425	206
105 283	30 647	1 726	9 638	− 425 963
12 478	893	671	− 671	67 934

六	七	八	九	十
4 395.12	385.91	3 284.91	163.75	7 043.15
841.53	8 749.56	739.42	6 527.34	517.29
60.48	20.72	50.26	80.59	30.94
7 912.05	306.17	157.05	104.85	4 678.02
7 653.21	5 012.83	36.51	4.03	− 56.21
89.54	7.05	901.94	− 3 098.61	4 329.87
4.98	519.68	6.28	387.46	− 1.65
278.06	2 456.09	701.52	9 234.07	845.03
47.62	2 197.65	9 065.37	− 13.76	− 605.72
908.15	34.98	2.09	9 875.53	14.38
7.39	8.43	954.15	− 6.21	− 4.96
802.63	623.01	6 891.04	491.08	508.39
3.01	82.16	6 542.19	− 201.37	9.07
1 076.48	403.59	78.43	69.34	− 1 962.78
165.24	2.71	3.87	− 9.52	732.81

乘除算　普通三级习题八

一	948 × 261 =	一	832 767 ÷ 489 =
二	75 641 × 903 =	二	3 113 994 ÷ 6 253 =
三	103 × 8 592 =	三	317 576 ÷ 371 =
四	4.07 × 36.59 =	四	188 991 ÷ 207 =
五	748 × 126 =	五	670.292 ÷ 102 =
六	395 × 704 =	六	190 548 ÷ 948 =
七	5 278 × 491 =	七	27.254 47 ÷ 7.05 =
八	65.3 × 0.278 0 =	八	125 664 ÷ 136 =
九	216 × 50 437 =	九	416.570 5 ÷ 82.6 =
十	8.02 × 619 =	十	395 829 ÷ 549 =

加减算　普通三级习题九

一	二	三	四	五
815 643	12 794	683 421	91 638	907 543
78 461	248 976	56 248	604 219	34 926
9 012	3 045	7 089	2 034	5 067
32 709	587 609	50 178	476 508	87 305
8 293	539 467	209 765	− 9 781	− 10 392
50 746	1 892	802	428 356	4 759
215	281	27 416	− 179	− 761
254 306	10 634	19 507	86 523	719 802
296 134	705 321	6 971	306	− 3 124
7 568	407	30 524	− 137 865	752 689
857	73 962	983	62 851	− 413
70 391	65 103	932 194	54 902	30 856
104	2 536	974 812	− 70 968	609
402 987	80 179	5 346	1 425	− 461 298
49 638	548	635	− 437	95 182

六	七	八	九	十
7 863.51	318.62	5 642.38	297.51	3 428.16
975.38	1 296.84	753.16	9 185.73	531.84
20.84	50.27	90.62	40.16	70.49
901.28	473.05	2 438.01	362.04	506.74
8.05	17.54	2 916.83	− 802.75	4.01
5 042.79	903.86	74.15	96.43	− 1 097.35
523.17	7.29	5.47	− 6.18	178.63
149.02	7 984.06	708.96	6 873.05	695.07
74.21	7 462.46	3 029.57	− 28.59	− 205.18
609.73	39.01	6.03	6 451.37	39.76
4.86	1.93	391.85	− 9.82	− 9.42
2 651.03	304.52	827.09	203.41	9 216.08
4 238.15	8 095.13	52.98	1.07	− 52.83
96.37	2.08	407.31	− 7 064.91	9 784.61
7.69	856.41	2.64	745.39	− 3.25

乘除算 普通三级习题九

一	897 × 342 =	一	2 622 998 ÷ 749 =
二	65 497 × 801 =	二	5 408 728 ÷ 6 812 =
三	692 × 734 =	三	1 894.660 ÷ 308 =
四	185 × 609 =	四	782 122 ÷ 974 =
五	5 426 × 987 =	五	12.354 07 ÷ 5.01 =
六	45.1 × 0.362 0 =	六	321 762 ÷ 326 =
七	374 × 50 916 =	七	105 248 ÷ 253 =
八	2.03 × 47.8 =	八	750 260 ÷ 805 =
九	9.06 × 14.58 =	九	52.158 8 ÷ 48.6 =
十	374 × 50 916 =	十	104 357 ÷ 179 =

加减算 普通三级习题十

一	二	三	四	五
539 487	69 387	317 256	47 165	406 217
25 843	974 832	93 621	752 619	71 498
6 031	1 075	4 018	8 053	2 086
198 704	60 217	58 904	40 985	654 309
164 378	304 196	3 845	501	− 7 591
2 945	704	70 962	− 103 874	629 834
592	31 829	817	28 679	− 157
20 763	25 601	876 502	93 408	70 328
308	9 512	842 156	− 20 416	804
801 653	40 638	9 723	7 389	− 185 943
86 475	574	379	− 352	43 931
71 206	543 208	90 541	321 906	36 702
5 167	518 723	608 439	− 4 267	− 50 749
90 284	6 489	106	386 591	1 623
139	946	64 253	− 724	− 685

六	七	八	九	十
5 312.97	983.45	3 189.75	872.45	5 049.12
659.23	8 645.31	347.91	7 534.29	215.78
40.38	70.62	20.16	50.51	90.84
786.04	2 431.05	405.21	1 392.04	342.09
58.47	2 756.13	7 062.34	− 83.47	− 602.57
106.92	94.58	1.07	1 645.92	15.93
8.31	8.49	729.53	− 7.38	− 4.86
8 197.02	901.76	564.02	809.65	4 653.07
8 423.79	3 027.89	36.25	5.02	− 26.71
61.25	6.03	804.79	− 2 016.78	4 978.25
5.16	375.18	6.18	264.97	− 1.62
607.43	129.07	6 875.09	918.06	203.98
3.09	82.71	6 291.57	− 308.24	8.05
9 084.56	409.35	48.93	71.69	− 1 857.53
942.71	2.64	4.84	− 1.53	597.31

乘除算　普通三级习题十

一	483 × 179 =	一	3 462 204 ÷ 186 =
二	25 783 × 406 =	二	760 536 ÷ 4 527 =
三	306 × 9 541 =	三	23.694 56 ÷ 3.02 =
四	8.02 × 67.54 =	四	634 074 ÷ 974 =
五	137 × 50 826 =	五	171.925 5 ÷ 85.4 =
六	9.02 × 73.4 =	六	77 544 ÷ 216 =
七	5 192 × 843 =	七	3 829 501 ÷ 905 =
八	75.6 × 0.362 8 =	八	314 562 ÷ 618 =
九	289 × 309 =	九	608 936 ÷ 739 =
十	612 × 407 =	十	350 591 ÷ 503 =

加减算　普通二级习题一

一	二	三	四	五
3 786 205	3 195	1 564 903	1 873	9 453 802
8 651	7 231 609	6 348	5 918 407	5 327
402 367	806 712	209 145	604 689	108 934
21 479	60 394	51 602	40 172	87 146
5 096	1 693 438	140 389	− 3 549	2 064
194 738	5 762	82 071	8 479 215	− 761 496
9 142	943 081	413 568	− 721 068	6 718
20 859	27 308	98 257	95 106	80 536
6 257 983	710 956	872 516	− 36 025	− 7 984
1 327	58 047	3 074	580 734	3 824 659
598 046	179 235	7 829	− 857 913	− 265 013
73 804	65 824	90 637	63 692	49 501
360 512	548 247	4 935 761	7 018	− 71 069
14 093	9 041	8 195	− 326 951	930 278
635 781	4 586	376 024	2 364	− 392 457

六	七	八	九	十
47 692.01	14.53	25 479.08	82.31	14 368.07
69.18	82 146.05	47.86	69 824.03	23.75
5 024.97	9 068.24	3 092.75	7 046.29	2 081.64
746.05	639.27	904.81	147.92	413.02
4 901.82	3 792.81	79 851.42	30.52	− 520.91
850.34	50.74	63.95	− 1 592.68	1 607.58
9 417.68	73.96	8 140.37	51.74	− 6 174.35
285.73	601.58	524.04	408.35	852.49
10.39	46 517.18	2 708.69	− 16.49	70.96
8 357.46	38.62	630.12	24 395.86	− 5 924.13
38.52	5 710.94	7 285.46	− 3 580.86	95.28
206.14	281.09	963.51	968.07	803.79
92 173.64	8 405.36	6 135.24	− 170.56	− 51.84
84.27	390.78	80.17	2 603.74	68 749.31
1 360.59	4 852.13	16.39	− 1 649.08	− 7 930.26

乘除算　普通二级习题一

一	5 105 × 8 437 =	一	10 696 956 ÷ 762 =
二	18 352 × 907 =	二	43 439 484 ÷ 59 834 =
三	710. 3 × 0. 694 8 =	三	2 343 385 ÷ 3 421 =
四	5. 26 × 79. 03 =	四	20. 744 166 ÷ 9. 704 =
五	413 × 90 572 =	五	5 868. 723 ÷ 109 =
六	8. 047 × 31. 6 =	六	2 622 276 ÷ 276 =
七	9 542 × 561 =	七	1. 496 832 4 ÷ 0. 405 0 =
八	397. 8 × 4. 206 =	八	38 088 ÷ 138 =
九	2 940 × 1 853 =	九	561. 089 2 ÷ 69. 5 =
十	679 × 2 584 =	十	340 952 ÷ 872 =

加减算　普通二级习题二

一	二	三	四	五
1 234 805	7 892	8 912 603	5 679	6 789 401
3 457	5 678 309	1 235	3 456 107	8 913
908 142	403 586	706 829	201 364	504 679
87 926	30 791	98 108	10 578	54 372
5 064	8 396 175	820 356	− 9 314	1 029
769 213	2 536	57 408	6 174 853	− 325 768
6 798	917 048	283 915	− 785 026	2 354
80 356	65 704	65 794	43 502	40 812
4 852 631	589 923	547 981	− 92 083	− 3 647
7 182	24 015	3 042	360 791	9 417 286
563 094	859 672	4 5/6	− 637 459	120 050
21 309	32 461	60 134	19 248	76 805
140 578	214 657	2 639 418	7 084	− 35 026
79 061	8 018	5 869	− 982 435	690 134
415 237	1 243	341 072	8 921	− 961 798

续表

六	七	八	九	十
25 648.07	97. 16	93 426.05	86. 95	71 294.03
64. 72	58 972.01	42. 51	47 861.09	29. 38
1 082. 45	4 025. 78	8 069. 23	3 014. 67	6 047. 91
806. 79	859. 04	618. 37	748. 03	402. 35
48 759. 63	5 701. 62	1 783. 94	− 530. 24	− 87. 41
32. 85	640. 35	50. 72	4 609. 51	94 315. 27
7 960. 14	7 518. 96	71. 86	− 6 497. 85	− 3 520. 69
526. 01	264. 83	604. 57	153. 72	172. 06
2 407. 38	6 348. 59	26 537. 49	90. 26	− 860. 57
310. 92	10. 37	19. 63	− 5 237. 48	7 903. 84
4 275. 63	36. 42	5 740. 82	25. 31	− 9 731. 28
831. 59	209. 13	394. 08	108. 92	486. 15
70. 94	72 183. 95	9 205. 16	− 54. 17	30. 59
3 915. 26	65. 28	180. 79	61 972. 84	− 8 561. 72
93. 18	1 390. 47	2 953. 41	− 9 280. 36	58. 64

乘除算　普通二级习题二

一	8 209 × 1 365 =	一	4 004 288 ÷ 148 =
二	21 684 × 705 =	二	17 232 888 ÷ 93 657 =
三	4 730 × 3 186 =	三	3. 854 040 6 ÷ 0. 709 0 =
四	957 × 4 813 =	四	208 384 ÷ 256 =
五	7 834 × 892 =	五	2 711 758 ÷ 5 782 =
六	675. 1 × 3. 409 =	六	25. 656 650 ÷ 3. 107 =
七	520. 6 × 0. 973 1 =	七	19 421. 313 ÷ 203 =
八	8. 49 × 57. 06 =	八	3 176 228 ÷ 814 =
九	326 × 70 854 =	九	263. 980 6 ÷ 43. 9 =
十	1 035 × 62. 9 =	十	328 776 ÷ 618 =

加减算　普通二级习题三

一	二	三	四	五
2 716 408	4 936	9 584 206	3 815	7 362 904
1 683	5 149 702	8 461	4 938 601	6 248
504 367	807 591	302 945	706 489	109 723
40 189	15 408	21 357	94 307	90 645
6 487 912	590 267	173 598	− 57 024	− 8 793
3 247	68 035	6 074	480 156	2 943 657
891 056	952 146	7 132	− 841 935	− 456 012
72 105	76 813	20 867	65 792	37 602
260 834	638 154	4 265 789	1 028	− 81 057
35 092	2 039	1 925	− 527 943	720 489
628 713	3 687	678 024	2 576	− 274 368
43 579	70 423	59 803	60 312	98 135
8 096	9 721 345	940 612	− 5 469	4 052
395 721	6 571	13 079	9 618 234	− 851 376
9 354	234 089	496 581	− 123 078	5 819

六	七	八	九	十
37 924. 01	35. 42	15 792. 08	24. 31	83 579. 06
92. 18	61 357. 04	79. 86	59 246. 03	57. 64
6 043. 27	9 076. 51	4 021. 95	8 065. 49	2 098. 73
739. 06	729. 18	207. 83	628. 97	385. 02
3 201. 84	2 891. 63	92 853. 71	30. 74	− 420. 18
860. 53	40. 85	61. 25	− 1 789. 52	8 706. 49
2 317. 98	82. 97	8 370. 49	71. 86	− 7 863. 54
409. 15	163. 09	264. 53	952. 08	905. 61
24 175. 93	6 504. 27	6 345. 17	− 180. 75	− 48. 93
83. 47	290. 86	80. 34	5 403. 16	89 631. 58
1 590. 62	5 641. 32	36. 42	− 4 539. 21	− 6 150. 27
486. 75	703. 48	517. 04	602. 37	942. 31
10. 52	57 418. 36	1 908. 31	− 15. 69	60. 17
8 567. 49	26. 71	640. 62	46 397. 25	− 4 123. 85
58. 64	4 830. 95	9 185. 76	− 3 720. 84	14. 29

乘除算　普通二级习题三

一	8 401 × 5 279 =	一	40 454 577 ÷ 697 =
二	45 687 × 309 =	二	21 828 492 ÷ 32 148 =
三	246 × 30 897 =	三	98.135 7 ÷ 92.3 =
四	5.029 × 64.4 =	四	70 975 ÷ 167 =
五	940.6 × 0.132 5 =	五	17 159.109 ÷ 502 =
六	8.71 × 93.05 =	六	1 772 545 ÷ 769 =
七	7 320 × 4 586 =	七	3.955 483 5 ÷ 0.803 0 =
八	193 × 7 852 =	八	416 029 ÷ 541 =
九	3 827 × 814 =	九	4 450 875 ÷ 4 875 =
十	639.5 × 2.708 =	十	19.684 382 ÷ 2.608 =

加减算　普通二级习题四

一	二	三	四	五
7 643 802	7 653	5 421 609	6 542	3 298 047
4 392	1 976 205	2 197	9 865 104	9 875
108 736	402 169	806 514	301 958	604 382
67 401	23 498	60 293	12 387	23 906
730 298	384 917	1 694 325	4 075	− 56 013
91 057	5 086	7 564	− 273 896	380 754
372 649	8 342	932 081	7 231	− 837 295
80 425	91 704	67 843	89 603	40 971
8 862 547	160 532	738 352	− 23 079	− 5 342
9 786	34 081	9 031	950 432	8 472 193
254 013	615 973	3 786	594 862	− 719 068
89 165	20 758	45 208	10 647	45 621
2 053	6 259 871	510 976	− 2 918	7 018
951 647	3 179	78 035	5 148 769	− 516 239
5 918	587 046	159 427	− 476 035	1 564

六	七	八	九	十
84 351.06	68.91	62 138.04	46.78	49 816.02
35.67	27 684.09	13.45	95 462.07	81.23
2 018.54	5 024.87	9 806.32	3 098.07	7 064.19
483.02	415.73	801.47	283.51	948.07
8 506.71	1 357.26	38 427.16	70.16	− 370.54
720.98	90.38	56.82	− 8 135.94	4 102.36
5 864.37	31.54	4 710.93	18.32	− 1 429.83
103.69	726.05	859.27	594.03	608.25
51 649.38	2 809.14	5 792.61	− 830.19	− 34.69
78.14	150.32	40.73	9 607.82	16 295.84
6 940.25	8 297.61	75.98	− 6 975.48	− 2 580.71
172.49	406.93	261.09	204.71	637.95
60.95	84 973.62	6 403.25	− 89.25	20.51
7 924.83	12.48	590.76	62 751.49	− 3 579.48
97.21	9 360.58	3 642.15	− 7 140.36	53.76

乘除算　普通二级习题四

一	1 085×3 792 =		一	11 239 445÷415 =
二	83 916×402 =		二	43 470 537÷96 387 =
三	280.9×0.547 3 =		三	20 264.527÷206 =
四	1.65×24.09 =		四	3 733 982÷541 =
五	6 470×8 329 =		五	5.489 610 6÷0.705 0 =
八	524×6 137 =		六	150 100÷283 =
七	4 176×158 =		七	1 216 518÷8 752 =
八	942.3×7.605 =		八	33.878 245÷6.407 =
九	789×40 126 =		九	51.430 5÷16.9 =
十	3.072×98.5 =		十	297 390÷345 =

加减算 普通二级习题五

一	二	三	四	五
5 421 308	5 412	3 298 105	3 289	1 976 803
2 178	8 754 601	9 856	6 532 708	7 624
903 514	306 847	701 382	104 625	508 169
38 946	60 519	23 907	40 387	84 592
7 061	4 617 958	380 561	− 9 645	3 026
869 452	2 867	67 043	1 485 736	− 425 917
6 893	195 034	835 296	− 873 012	2 548
30 276	78 503	16 724	56 301	80 732
1 374 625	840 126	647 239	− 91 076	− 4 189
8 534	23 098	5 048	620 894	6 839 271
762 091	481 752	4 671	− 268 539	− 327 056
45 209	62 379	10 954	49 157	91 076
510 783	193 785	8 152 493	8 072	− 45 021
89 065	1 094	6 312	− 971 563	160 384
157 428	9 236	549 078	7 914	− 613 974

六	七	八	九	十
62 839.07	26.18	49 617.05	94.86	27 485.09
83.75	95 263.07	61.53	73 942.08	48.31
1 096.32	4 039.65	8 074.19	2 017.43	6 052.87
268.01	384.57	706.52	163.35	724.06
6 307.59	8 745.92	17 592.64	80.54	− 160.92
510.35	10.76	34.79	− 6 528.89	2 803.15
3 672.85	78.43	5 260.84	56.32	− 8 237.41
951.24	302.17	946.07	109.85	516.79
70.43	63 157.29	4 105.37	− 67.13	30.98
5 412.68	89.35	380.24	41 835.97	− 1 967.24
45.19	1 720.46	1 459.63	− 8 590.24	91.65
908.74	592.04	738.92	379.02	504.39
39 724.87	9 602.84	3 289.26	− 620.57	− 12.57
56.09	840.79	50.32	7 408.61	85 379.42
7 480.13	6 925.28	23.84	− 4 783.96	− 3 940.68

乘除算　普通二级习题五

一	5 901 × 4 276 =	一	8 614 448 ÷ 659 =
二	64 753 × 806 =	二	58 569 735 ÷ 84 273 =
三	8 523 × 529 =	三	42.244 918 ÷ 4.603 =
四	786.4 × 2.301 =	四	3 902 448 ÷ 7 391 =
五	297 × 80 563 =	五	2.324 131 8 ÷ 4.603 =
六	4.026 × 79.1 =	六	165 980 ÷ 172 =
七	3 820 × 9 457 =	七	113.064 8 ÷ 54.8 =
八	168 × 3 542 =	八	199 329 ÷ 269 =
九	690.7 × 0.182 4 =	九	9 072.075 ÷ 104 =
十	5.31 × 68.07 =	十	4 632 965 ÷ 965 =

加减算　普通二级习题六

一	二	三	四	五
1 243 608	7 623	8 921 406	6 512	6 798 204
4 389	4 576 902	2 167	3 465 801	9 845
506 132	809 465	304 819	708 354	102 678
21 405	93 861	40 265	82 749	76 901
130 896	318 547	1 469 528	1 095	− 51 036
95 071	2 016	7 849	− 297 436	680 452
318 429	1 489	652 031	9 278	− 864 751
60 487	45 708	46 359	43 607	20 943
3 682 741	460 239	753 982	− 27 093	− 5 627
9 162	38 014	6 051	350 128	8 247 396
874 053	642 573	5 734	− 531 462	− 439 018
69 537	90 721	98 203	80 619	25 173
8 073	6 925 174	810 674	− 2 384	4 038
975 124	3 495	73 058	5 814 963	− 531 769
7 956	217 086	186 927	− 196 075	3 512

续表

六	七	八	九	十
24 951.08	38.26	92 738.06	16.94	79 516.05
95.83	57 384.02	73.61	35 162.09	51.48
6 012.54	9 045.87	4 089.32	7 023.56	2 067.19
136.47	403.21	297.04	201.98	682.93
80.75	84 271.35	9 306.18	− 43.25	40.31
3 764.29	65.47	140.59	62 958.13	− 8 319.75
73.61	2 130.98	3 962.71	− 9 810.76	38.26
109.87	753.09	814.25	531.07	605.43
51 847.92	5 802.64	1 542.97	− 470.83	− 87.69
32.14	690.15	60.53	3 609.42	16 493.57
8 790.65	8 527.36	51.48	− 6 395.14	− 4 350.21
429.06	469.71	807.65	247.58	975.02
2 508.31	6 197.53	38 625.79	90.86	− 820.37
360.72	20.18	19.82	− 4 875.31	7 104.86
5 284.93	16.94	6 570.43	84.72	− 1 794.58

乘除算　普通二级习题六

一	3 508 × 4 761 =	一	31 618 216 ÷ 376 =
二	54 639 × 201 =	二	19 155 198 ÷ 52 194 =
三	756 × 20 319 =	三	74.908 9 ÷ 72.5 =
四	4.071 × 65.8 =	四	126 208 ÷ 136 =
五	2 379 × 385 =	五	47 431.477 ÷ 802 =
六	621.4 × 7.908 =	六	1 597 596 ÷ 637 =
七	150.6 × 0.827 4 =	七	3.938 982 4 ÷ 0.405 0 =
八	9 270 × 5 436 =	八	567 567 ÷ 891 =
九	3.98 × 12.06 =	九	6 769 620 ÷ 9 468 =
十	812 × 9 347 =	十	15.892 283 ÷ 2.304 =

加减算 普通二级习题七

一	二	三	四	五
1 627	637 081	72 148	8 527 013	354 807
8 507 342	5 924	563 079	− 951 684	2 601 685
90 785	7 109 365	8 936	4 662	− 7 614
639 104	82 647	3 150 624	− 70 385	478 031
75 819	245 813	697 106	324 243	90 562
543 086	91 056	5 726	6 021	61 349
26 971	572 108	892 017	1 490 687	5 726
4 263	4 489	3 642	− 307 942	3 849 275
137 605	37 495	50 873	58 374	− 832 504
3 980 527	9 983	781 495	− 5 423	353 097
21 486	1 205 374	42 087	69 518	− 10 962
6 142	760 598	214 953	21 867	4 851
905 364	57 032	9 748	− 735 901	68 941
764 289	3 905	1 340 894	840 962	− 716 386
1 035	492 016	60 315	6 395	3 120

六	七	八	九	十
254.73	6 091.34	427.51	4 725.36	76 230.85
3 082.91	9 205.68	92.86	67 350.82	8 579.42
60 731.54	30 892.67	3 106.79	− 9 407.82	46.18
9 408.27	18.43	583.07	148.65	− 104.67
43.15	624.75	24 061.85	29.04	9 027.53
398.07	58.21	634.91	− 5 630.79	58.94
5 629.78	1 470.28	420.97	71.52	291.07
72 051.36	528.17	2 741.06	36 084.91	− 3 804.16
16.89	69.58	983.54	− 891.23	82.36
872.06	2 710.49	9 561.12	75.48	− 5 049.76
4 395.01	83.54	46.95	1 068.94	54 901.76
6 703.49	945.54	63 078.24	− 217.36	− 852.37
24.15	43 067.91	103.79	9 860.71	1 360.37
851.24	396.05	7 920.18	32.04	− 958.21
70.86	7 601.82	82.54	− 543.29	21.43

乘除算　普通二级习题七

一	8 046×9 321 =	一	10 461 984÷249 =
二	45 678×308 =	二	14 278 538÷27 094 =
三	392×47 092 =	三	87.054 3÷68.3 =
四	9.372×78.3 =	四	104 319÷603 =
五	12.405×512 =	五	13 776.421÷609 =
六	2 194×498 =	六	2 829 183÷597 =
七	380.9×0.387 5 =	七	6.964 320 8÷0.3060 =
八	7 293×3 098 =	八	639 235÷739 =
九	4.97×83.04 =	九	1 592 409÷5 187 =
十	516×4 598 =	十	37.896 643÷3.408 =

加减算　普通二级习题八

一	二	三	四	五
25 836	7 241	3 892	7 401 396	3 258
374 901	3 962 054	3 487 902	− 213 857	7 145 603
9 628	40 936	84 297	5 682	4 725
5 247 069	582 173	639 026	70 218	− 209 368
278 906	69 041	93 901	− 639 407	57 014
31 425	758 203	472 835	8 169	1 947
780 609	9 928	76 591	4 079 623	− 612 853
8 157	74 512	390 249	58 376	8 529 036
4 039 612	698 304	8 901	− 340 518	− 603 947
40 396	8 751 096	45 278	26 903	39 826
2 817	30 741	3 682	4 374	− 751 048
503 296	5 698	5 107 469	− 692 857	3 909
8 157	472 385	372 586	10 489	− 914 257
41 703	6 217	2 805	− 472 061	7 041
825 693	903 458	619 054	2 157	581 926

六	七	八	九	十
1 748. 65	3 926. 54	841. 27	69 309. 72	6 910. 85
36. 98	714. 09	35. 86	49. 13	43. 27
8 512. 74	28. 57	74 016. 09	− 7 135. 84	81 574. 03
607. 93	8 437. 12	3 298. 56	296. 47	62. 86
64 910. 25	309. 64	50. 71	85. 13	− 2 803. 69
832. 47	71 693. 58	965. 24	− 6 091. 87	381. 72
80. 19	140. 27	5 801. 43	49 105. 06	69. 85
3 658. 08	71. 48	61 096. 27	− 3 590. 42	7 910. 48
926. 34	3 062. 95	89. 34	75. 84	5 046. 27
40 282. 39	58. 12	5 903. 71	892. 73	93. 01
51. 47	5 803. 69	278. 63	− 6 139. 24	− 3 401. 72
8 305. 72	24. 75	4 039. 62	2 385. 17	14. 09
690. 13	26 197. 04	18. 57	40. 93	− 4 928. 65
9 158. 26	4 023. 85	287. 45	− 8 056. 72	2 583. 46
74. 03	301. 96	1 490. 36	125. 08	− 5 165. 73

乘除算　普通二级习题八

一	0. 410 × 26. 38 =	一	50 447 197 ÷ 719 =
二	498 × 2 194 =	二	22 787 029 ÷ 27 904 =
三	795 × 8 094 =	三	204. 988 7 ÷ 58. 3 =
四	25. 89 × 370. 5 =	四	199 276 ÷ 308 =
五	9 273 × 4 073 =	五	458 252. 965 ÷ 619 =
六	51. 6 × 0. 086 06 =	六	1 079 160 ÷ 2 645 =
七	60. 23 × 0. 512 6 =	七	7. 345 871 2 ÷ 0. 307 =
八	12 405 × 512 =	八	115 194 ÷ 526 =
九	317 × 70 968 =	九	6 208 982 ÷ 408 =
十	8 046 × 2 375 =	十	45. 628 862 ÷ 7. 905 =

加减算　普通二级习题九

一	二	三	四	五
6 730 154	6 928	209 658	857 942	2 904
52 473	42 751	309 876	− 4 618	6 081 493
8 291	8 307	601 934	7 263 085	− 7 152
9 827	310 679	8 143	10 467	563 079
4 315	563 419	5 812	− 932 705	− 14 856
39 078	2 406 185	62 475	5 894	407 718
1 896	792 018	8 354	380 416	98 132
562 789	8 254	4 360 197	− 29 107	− 724 365
5 208 631	4 360 197	712 049	5 490 671	6 375 025
489 105	712 049	94 563	2 143	610 895
87 260	94 563	607 182	− 163 094	5 487
670 349	607 182	39 605	59 812	869 701
2 514	39 605	52 817	794 650	21 376
397 086	52 817	417 534	− 8 236	3 210
58 142	7 832	6 984	82 357	− 54 329

六	七	八	九	十
847. 26	39. 89	6 319. 04	62 109. 58	370. 58
71 365. 90	5 609. 37	790. 85	76. 14	8 516. 94
92. 45	719. 48	58 073. 42	− 3 548. 07	− 49. 62
6 381. 07	31 056. 24	16. 27	4 087. 31	58 207. 13
98. 42	6 917. 05	5 304. 80	52. 76	4 320. 81
5 208. 17	420. 78	857. 19	− 590. 62	− 583. 74
456. 01	79. 84	42. 63	613. 49	3 079. 42
4 213. 58	4 192. 53	1 396. 05	3 825. 04	90. 21
38. 96	83 201. 49	629. 71	− 48. 51	695. 18
359. 74	630. 51	39 580. 29	− 38 492. 75	41 069. 87
12 671. 30	57. 26	5 093. 64	109. 47	54. 23
7 096. 85	8 092. 17	61. 42	3 917. 48	− 7 395. 01
4 261. 09	7 814. 95	214. 86	30. 12	218. 67
50. 38	36. 42	10. 53	4 503. 87	4 089. 26
532. 71	508. 73	56 079. 55	234. 09	− 63. 95

乘除算　普通二级习题九

一	3 482×9 038 =	一	10 461 984÷249 =
二	76 349×802 =	二	14 985 366÷72 045 =
三	472×30 897 =	三	40.387 4÷23.7 =
四	6.902×98.3 =	四	104 319÷603 =
五	4 782×297 =	五	41 413.467÷768 =
六	398.7×2.806 =	六	2 910 670÷602 =
七	670.3×0.774 8 =	七	781.018 762 3÷47.7 =
八	4 380×9 177 =	八	639 235÷739 =
九	3.29×57.86 =	九	1 592 409÷5 187 =
十	214×8 695 =	十	5.703 892÷3.306 =

加减算　普通二级习题十

一	二	三	四	五
4 365	72 148	1 627	3 221 629	354 807
12 978	563 079	8 507 342	− 560 947	2 601 985
7 043	8 936	90 785	128 920	− 7 614
6 789 521	3 150 626	639 104	− 17 876	478 031
345 086	697 105	75 819	5 403	− 90 563
12 393	5 726	548 086	− 86 159	61 349
6 185	892 017	2 671	4 098	5 729
673 074	3 642	4 263	760 635	3 849 275
210 985	50 873	4 139 605	− 304 751	− 832 504
9 213	781 495	980 527	6 489 123	253 097
3 548 097	42 087	21 486	6 489	− 10 962
74 194	214 652	90 635	739 125	4 851
592 048	9 748	764 289	− 47 538	68 947
61 506	1 023 894	1 035	5 304	− 716 398
870 294	60 351	890 234	30 764	3 120

续表

六	七	八	九	十
427.51	15.94	58 406.63	6 091.34	4 725.36
92.86	9 630.75	5 721.96	9 205.68	67 350.82
3 106.79	82.20	80.72	30 892.67	− 9 407.18
583.07	635.84	6 321.94	18.34	148.65
24 061.85	79.18	49 568.01	− 624.75	29.04
934.91	62 404.97	17.93	58.21	− 5 630.79
420.97	3 822.53	380.27	− 1 470.23	71.52
2 741.06	4 350.27	7 103.29	528.17	36 084.91
983.54	745.83	962.81	69.58	− 891.23
8 564.13	31.29	70.34	− 2 710.49	75.38
36.95	4 708.67	4 128.59	83.54	1 078.69
63 078.24	926.01	6 549.87	− 945.63	9 806.71
103.79	26 041.53	532.04	43 067.91	− 543.29
7 920.18	267.86	17.15	− 396.05	− 309.45
82.54	4 798.03	540.79	7 601.82	17.36

乘除算　普通二级习题十

一	2 517 × 3 694 =	一	37 004 938 ÷ 70 294 =
二	66 859 × 404 =	二	75 320 448 ÷ 784 =
三	371 × 40 859 =	三	71.591 81 ÷ 25.8 =
四	3.804 × 20.5 =	四	176 410 ÷ 295 =
五	2 517 × 349 =	五	4 312.853 ÷ 640 =
六	602.4 × 1.853 =	六	7 084 168 ÷ 728 =
七	192.7 × 0.352 4 =	七	6.503 013 5 ÷ 0.503 =
八	6 170 × 5 208 =	八	209 902 ÷ 406 =
九	4.61 × 30.58 =	九	5 874 934 ÷ 7 289 =
十	815 × 5 605 =	十	15.320 189 ÷ 7.648 =

加减算　普通一级习题一

一	二	三	四	五
152 683	3 485	471 263	1 527 364	48 152 637
4 490 721	172 906	50 819	− 839 012	9 102
4 657	58 361 724	2 354	47 586	− 368 475
89 041	9 024 315	59 601 821	29 013 475	10 024
25 369 798	69 708	3 716 908	6 809	6 573 849
152 363	1 324	48 152 376	− 514 236	− 320 156
70 852	696 807	9 041	70 891	7 829
9 176	18 273 546	5 628 273	2 435	− 30 146
3 814 092	90 135	930 152	− 6 270 819	70 815 829
39 415	24 687	60 718 293	37 485 961	− 4 596 781
63 748 209	9 401 253	49 576	− 250 374	20 364
5 768	60 728 914	2 801	8 169 032	17 805 923
106 293	5 306 748	364 758	49 506 718	4 567
4 827 501	951 263	5 801 947	− 27 509	− 829 103
36 405 897	7 098	93 062	3 684	4 057 689

六	七	八	九	十
5 142.36	61.47	17 283.94	571.68	15 263.74
78.12	392.58	− 506.12	29.34	− 809.12
671 903.45	2 045.73	35.46	43 015.26	35.46
80 249.63	637 819.02	738 290.14	7 829.01	738 902.14
587.08	49 505.87	− 5 862.79	3 468.57	− 5 068.79
1 425.36	1 427.35	− 3 053.46	904 152.36	142.53
70.81	68.19	274 890.13	71 829.03	637 280.91
784 592.36	374 820.56	526.87	47.58	− 4 857.69
8 019.24	931.02	90.24	691.02	20.31
56 372.01	46.57	59 604.78	374 850.69	− 40 586.97
935.46	83 940.21	− 1 536.45	1 263.45	162.73
70.82	5 068.79	708.29	72 819.03	− 4 508.19
785 319.46	142.53	273 949.56	475.68	273 649.58
924.01	607 381.92	− 40 516.23	906 142.35	40 952.63
46 870.95	48 957.06	70.89	70.89	70.81

乘除算　普通一级习题一

一	$1\ 497 \times 2\ 501 =$	一	$2\ 400\ 990 \div 815 =$
二	$6\ 375 \times 1\ 894 =$	二	$913\ 160.08 \div 286 =$
三	$2\ 608 \times 1\ 794 =$	三	$36\ 885\ 707 \div 52\ 469 =$
四	$809.1 \times 0.594\ 7 =$	四	$2\ 584\ 044 \div 4\ 812 =$
五	$2\ 435 \times 61\ 087 =$	五	$152.029\ 31 \div 24.57 =$
六	$618.07 \times 295.4 =$	六	$4\ 879\ 424 \div 6\ 931 =$
七	$924.24 \times 495.06 =$	七	$441.676\ 78 \div 170.38 =$
八	$5.032\ 68 \times 7\ 429 =$	八	$6\ 986\ 525 \div 415 =$
九	$79.12 \times 50.38 =$	九	$51.087\ 434 \div 0.507 =$
十	$35\ 142 \times 8\ 706 =$	十	$22\ 824\ 228 \div 602 =$

加减算　普通一级习题二

一	二	三	四	五
16 073 485	1 536	146 253	4 015 237	43 819
3 940 152	782 409	7 381 209	− 829 041	14 506 273
607 981	1 253 674	47 586	3 596	− 8 292 041
2 536	48 901 253	9 012	73 801 425	− 506 879
90 314 728	6 172 809	39 405 687	69 708	17 263 485
47 586	36 475	1 263 475	− 1 526 374	− 904 132
5 920 314	80 912	839 021	58 390 142	5 617 829
6 871	34 958 607	49 506 718	− 61 798	− 36 046
39 024	142 536	27 354	2 043	7 823
586 971	7 081	6 809	− 586 179	57 689 041
36 347 058	94 253	18 273 465	2 630 285	93 204
90 312	6 708 192	940 232	97 012	5 468 079
4 657	37 495 086	5 601 789	− 583 647	− 892 305
9 392 014	360 974	2 576	9 486	9 716
586 279	1 824	39 084	17 062 539	1 562

续表

六	七	八	九	十
1 426.35	19 230.45	483 127.56	61 425.73	1 562
79.81	546 172.83	90 352.14	− 819.02	43 819
263 045.79	697.08	69.71	35.46	14 506 273
45 801.23	1 724.39	480.23	748 290.13	− 8 392 041
697.08	65 081.23	5 697.81	5 869.07	− 506 879
9 425.36	47.56	238 405.67	1 426.35	17 263 485
70.81	819.02	45 219.03	257 380.94	− 904 132
586 942.37	379 405.96	6 970.81	− 691.73	5 617 829
9 013.24	16.25	253.46	20.41	− 35 046
50 697.83	3 947.03	70.84	− 45 869.72	7 823
140.56	17 253.64	586 912.37	− 3 021.46	57 689 041
73.84	382 904.15	9 041.23	675.98	93 204
980 125.76	6 079.81	586.97	138 450.76	4 486 089
481.32	263.94	79 032.14	− 90 381.42	− 892 305
62 950.17	58.09	50.86	57.96	9 716

乘除算　普通一级习题二

一	1 653 × 2 704 =	一	1 965 821 ÷ 649 =
二	7 042 × 5 813 =	二	1 093.619 8 ÷ 39.760 6 =
三	23 864 × 5 916 =	三	1 712 160 ÷ 2 784 =
四	8 153 × 2 749 =	四	27 993 992 ÷ 30 628 =
五	57.09 × 613.82 =	五	1 861 728 ÷ 516 =
六	956.43 × 305.27 =	六	39 330 144 ÷ 504 =
七	8.064 × 5 350 =	七	34 261 076 ÷ 713 =
八	719.8 × 0.398 2 =	八	327.908 652 ÷ 0.709 =
九	2 683 × 19 478 =	九	764.911 09 ÷ 76.98 =
十	405.32 × 7.089 =	十	9.157 643 8 ÷ 3.950 9 =

加减算 普通一级习题三

一	二	三	四	五
42 751 386	36 815 247	46 175	25 713 864	3 517 624
1 493 025	1 492 503	2 983	− 3 149 025	− 829 130
607 819	6 791	15 396 204	60 798	46 597
2 537	80 352	2 783 015	1 426	24 853 064
49 168	648 079	648 709	− 732 589	− 7 809
5 240	1 425	51 832 647	68 315 740	1 246
793 681	7 832 690	9 104 253	2 930 254	14 938 570
20 463	358 741	6 978	6 872	53 268
97 514 902	91 026	10 324	− 19 063	− 197 042
5 706 938	63 047 958	587 690	925 297	5 739 208
2 143	1 635	31 628 475	3 104	1 524
75 869	42 897	9 012	− 57 618	− 73 086
143 052	130 524	364 758	254 530	194 253
26 917 350	63 719 280	19 203	− 6 179 802	− 6 201 918
5 049 788	6 840 597	4 758 960	96 381 257	73 589 460

六	七	八	九	十
61.37	69.83	375 148.62	36.25	583 714.62
285.49	317.59	− 14 930.25	418.97	− 192.03
1 402.53	173 602.45	861.79	413 702.96	47.58
637 281.90	8 920.13	− 24.30	38 194.02	9 620.31
74 596.81	64 851.79	5 968.07	5 860.79	− 47 506.89
2 035.74	42.03	13.52	31.52	13.24
69.08	576.98	− 479.86	647.99	759.68
157 836.42	3 105.25	− 13 052.62	1 305.24	− 2 041.35
913.20	69 710.82	9 718.02	729 068.13	61 972.80
47.56	417 258.36	360 497.58	64 859.70	638 405.69
82 091.73	692.03	14.63	214.35	− 136.24
8 659.03	47.50	739 502.81	76.89	58.97
152.47	1 630.92	− 64 728.59	1 302.46	− 2 043.51
950 238.61	450 983.17	1 460.23	738 051.92	16 709.29
73 064.94	25 046.78	795.08	48 560.79	285 397.26

乘除算　普通一级习题三

一	2 047 × 1 968 =	一	4 807 998 ÷ 243 =
二	8 315 × 4 207 =	二	397 085 ÷ 205 =
三	5 471 × 9 183 =	三	447.996 574 ÷ 290.68 =
四	9.042 5 × 4 560 =	四	3.459 308 4 ÷ 3.270 4 =
五	654.27 × 23.64 =	五	26 749 260 ÷ 865 =
六	5 430 × 90 541 =	六	1 816 130 ÷ 386 =
七	548.9 × 0.327 9 =	七	2 399 603 ÷ 5 867 =
八	86.53 × 38.94 =	八	7 552.382 ÷ 944 =
九	57.609 × 8 142 =	九	23 702 151 ÷ 29 517 =
十	370 69 × 2 145 =	十	88.096 564 ÷ 0.704 =

加减算　普通一级习题四

一	二	三	四	五
1 263	641 725	3 415 276	15 286 374	1 684 957
475 908	30 819	809 276	9 201	− 205 163
17 263 584	2 534	47 586	− 364 852	3 427
9 041 325	60 718 293	94 051 263	− 47 903	− 89 506
69 708	4 805 769	7 819	2 051 867	17 203 849
1 425	18 273 546	260 354	− 963 451	− 351 426
679 381	9 061	74 869	7 983	7 081
47 352 096	2 834 759	1 075	40 125	92 637
18 203	405 132	3 208 913	61 728 093	40 158 293
47 586	23 679 081	48 592 067	− 4 859 607	4 655
9 051 243	48 576	163 752	14 283	− 728 902
63 728 901	9 031	4 802 931	51 369 702	− 4 950 117
4 859 627	264 758	10 794 685	5 856	82 673 549
360 145	2 930 415	25 973	− 908 317	80 271
7 039	69 708	8 406	4 602 975	3 047 589

续表

六	七	八	九	十
13.75	6 412.73	162 836.04	16 273.84	368.51
264.89	50.89	50 371.62	− 590.12	27.95
3 102.42	41 725.36	480.59	34.95	405 192.82
596 270.81	582 930.14	15.27	637 801.24	82 903.14
39 485.76	21 697.08	3 694.81	− 5 968.71	− 3 086.93
5 014.23	38.45	105 273.76	− 4 502.63	13.24
68.79	976.01	80.92	172 839.04	482 690.71
172 503.46	263 758.49	374.85	57.80	− 3 746.48
829.01	5 031.42	63 902.14	− 93 041.25	− 90 413.26
34.85	26 178.09	590 617.28	− 6 907.18	− 479.89
61 790.24	364.75	3 784.65	253.64	16.25
5 386.97	584 901.32	903.12	718 492.03	384 729.01
250 614.73	62.78	5 051.89	56 907.18	385.26
804.35	3 190.47	86 274.05	48.19	− 7 921.23
19 427.86	850.96	39.84	620.73	48 506.79

乘除算　普通一级习题四

一	8 573 × 1 432 =	一	14 577 552 ÷ 18 406 =
二	5 906 × 3 724 =	二	927.974 356 ÷ 17.5 =
三	7 281 × 56 093 =	三	578 392 ÷ 394 =
四	3 564 × 7 128 =	四	54 203 136 ÷ 832 =
五	3 369 × 2 092 =	五	24 524 745 ÷ 915 =
六	359.234 × 41.72 =	六	3 729.69 ÷ 630.74 =
七	603.71 × 429.71 =	七	2 495 566 ÷ 5 062 =
八	459.032 111 × 0.892 3 =	八	33.178 409 2 ÷ 8.549 7 =
九	1 178.78 × 8.231 =	九	58 937.39 ÷ 854 =
十	77.2 × 309.58 =	十	797 839 ÷ 2 051 =

加减算　普通一级习题五

一	二	三	四	五
95 032 486	4 756 893	73 019 264	2 534 671	74 620 598
1 423 569	38 065 729	8 291 347	39 270 254	6 978 125
41 708	74 102	28 506	52 809	96 304
10 723 486	2 839 465	106 348	9 617 243	60 378 942
948 071	1 304	96 840 721	− 62 018	− 9 432 701
4 876 205	84 031	3 952	8 102	594 036
2 713	937 268	37 195	− 715 946	− 7 368
8 596 132	602 984	80 591 264	409 762	4 152 687
7 901	52 490 376	726 058	6 358	− 16 053
51 097	8 517	2 654 903	− 16 043 579	3 506
694 835	83 651	9 581	61 438	− 259 481
308 651	40 156 719	6 374 819	20 834 597	804 216
5 274	371 014	5 798	− 5 987 306	1 739
28 160 943	7 129 408	38 075	159 082	− 51 087 942
59 327	5 146	472 617	− 3 824	15 873

六	七	八	九	十
870 253.46	57 962.13	760 412.35	35 749.81	540 829.13
13 527.68	320 697.81	92 416.57	763 801.54	79 284.35
319.04	754.08	298.03	532.06	976.01
47 861.25	6 081.25	908 412.35	4 068.93	14 537.82
98.01	985 103.76	7 230.89	97.25	− 470.56
710.89	29.47	23 854.06	− 190 475.68	65.07
6 834.27	236.94	48.91	914.72	− 3 591.84
109 523.46	82 315.69	1 035.69	69 183.47	706 289.13
8 340.91	43.05	439 507.21	− 930.12	− 91 632.04
34 965.07	250.34	64.82	21.03	5 910.67
59.12	1 378.62	671.48	− 8 156.49	− 26.78
2 046.71	504 976.81	36 758.14	302 745.68	8 013.47
75.93	3 780.45	87.09	− 56 287.09	42.69
541 608.32	78 419.02	690.87	1 560.24	− 217 305.98
782.59	94.56	5 723.16	− 72.39	458.26

乘除算　普通一级习题五

一	4 915 × 5 098 =	一	10 830 807 ÷ 531 =
二	6.039 4 × 9 650 =	二	2 130 975 ÷ 3 075 =
三	3 748 × 7 841 =	三	1 453 308 ÷ 743 =
四	725.16 × 12.37 =	四	77.421 358 ÷ 0.109 =
五	3 520 × 83 091 =	五	24.119 503 4 ÷ 6.840 7 =
六	186.2 × 0.716 5 =	六	730 038 ÷ 2 598 =
七	90.86 × 6.074 3 =	七	797.644 49 ÷ 91.23 =
八	64.72 × 49.86 =	八	2 410 464 ÷ 476 =
九	8 193 × 3 512 =	九	29 397.617 ÷ 628 =
十	5 304 × 4 723 =	十	77 189 023 ÷ 81 509 =

加减算　普通一级习题六

一	二	三	四	五
19 024	9 286 415	98 013 675	7 965 283	76 081 453
5 742 961	44 068 231	4 631 869	61 780 394	2 418 637
75 308	29 703	64 207	96 510	43 905
8 916 524	603 149	40 231 675	401 827	5 673 281
3 105	38 910 526	967 024	2 659	− 62 079
95 013	4 871	6 725 409	− 32 046 918	9 702
617 829	45 687	3 241	23 465	− 374 586
50 342 786	3 451 978	108 584	1 238 746	20 918 453
178 035	7 509	37 450 961	− 27 035	− 4 593 106
7 836 409	152 364	8 362	5 307	745 092
4 352	90 786 231	89 132	− 839 152	− 1 928
208 695	523 079	2 904	70 564 918	805 362
9 437	2 371 804	84 092	− 9 148 602	6 192
48 460 173	8 796	596 718	391 057	− 15 230 748
91 243	49 057	7 895 413	− 6 574	67 819

六	七	八	九	十
940 513. 87	17 598. 24	830 492. 76	85 176. 92	753 406. 92
63 154. 79	480 957. 32	52 943. 68	318 902. 57	39 721. 46
362. 08	716. 03	251. 07	584. 01	938. 05
84 796. 51	9 032. 81	501 942. 76	7 019. 68	51 643. 27
29. 06	531 204. 79	8 270. 15	63. 45	− 130. 68
460. 92	85. 67	27 169. 03	− 260 735. 19	86. 03
7 938. 54	849. 56	91. 54	527. 35	− 4 695. 21
602 153. 87	38 421. 95	4 076. 35	16 298. 73	308 729. 54
9 380. 26	64. 01	975 608. 24	− 690. 24	− 95 847. 01
38 271. 04	810. 46	39. 12	42. 08	6 950. 93
12. 65	2 497. 98	384. 91	− 9 251. 75	− 87. 32
5 987. 26	106 597. 32	73 865. 49	804 375. 19	2 054. 13
41. 23	4 730. 61	18. 05	− 51 493. 06	17. 89
186 709. 35	73 625. 08	350. 81	2 510. 48	− 610 279. 54
495. 12	56. 19	6 827. 43	− 34. 87	162. 78

乘除算　普通一级习题六

一	8 235 × 5 029 =		一	12 929 238 ÷ 321 =
二	1.072 8 × 2 150 =		二	2 024 676 ÷ 2 083 =
三	20.91 × 1.048 7 =		三	1 499 018 ÷ 862 =
四	18. 46 × 82. 91 =		四	86. 718 973 ÷ 0. 107 =
五	6 489 × 4 983 =		五	22. 428 512 0 ÷ 9. 560 8 =
六	465. 31 × 36. 72 =		六	1 973 125 ÷ 4 375 =
七	7 560 × 97 023 =		七	418. 751 59 ÷ 71. 42 =
八	391. 6 × 0. 431 5 =		八	2 133 144 ÷ 689 =
九	9 327 × 7 536 =		九	65 688 360 ÷ 945 =
十	5 708 × 8 467 =		十	39 403 776 ÷ 51 307 =

加减算　普通一级习题七

一	二	三	四	五
34 098 275	5 634 897	23 087 164	3 412 675	91 065 842
1 289 453	78 043 629	9 178 342	56 027 497	7 856 219
21 607	65 102	19 506	43 809	87 304
7 435 198	402 985	90 578 164	209 763	4 192 765
6 301	32 590 764	216 059	6 283	− 17 093
41 036	8 316	1 654 703	− 19 370 542	3 907
532 794	87 431	7 598	65 210	− 298 461
10 689 275	2 879 543	806 439	9 657 321	70 356 842
327 061	1 705	76 940 218	− 63 058	− 8 432 501
2 765 804	85 071	3 751	8 503	984 037
8 619	976 248	32 875	− 754 926	− 4 376
907 541	50 134 629	6 324 987	30 812 497	604 217
4 862	762 015	5 209	− 4 987 106	1 538
87 150 329	6 219 308	39 025	549 083	− 54 720 986
43 986	3 154	421 683	− 1 832	19 653

六	七	八	九	十
870 951.36	65 942.13	650 738.14	43 729.81	540 627.93
21 597.68	320 495.71	98 375.46	754 801.32	87 264.35
124.03	568.07	892.01	346.05	781.09
9 036.72	608 945.71	15 649.73	406 372.58	6 094.48
75.41	3 570.86	26.09	− 35 687.09	42.17
532 608.19	57 819.02	590.62	1 350.64	− 298 305.76
789.54	98.64	4 681.75	− 76.42	456.21
204 591.36	72 316.49	7 014.59	59 184.27	901 267.93
8 130.42	83.06	319 406.87	− 940.16	− 79 132.04
13 465.07	260.38	53.28	61.04	5 790.18
54.29	1 357.42	567.32	− 8 135.29	− 21.86
37 862.95	4 071.26	902 378.14	2 058.94	94 538.62
48.02	976 103.54	6 810.29	97.63	− 480.51
720.84	29.85	81 243.05	− 190 273.58	15.08
6 813.97	234.98	32.97	912.76	− 3 579.64

乘除算　普通一级习题七

一	1 648 × 8 067 =	一	17 257 310 ÷ 245 =
二	2.096 1 × 6 380 =	二	546 988 ÷ 4 082 =
三	3 157 × 5 714 =	三	11 089. 317 ÷ 179 =
四	538.42 × 43.95 =	四	35 034 704 ÷ 95 203 =
五	9 830 × 79 064 =	五	8. 284 150 1 ÷ 1. 960 8 =
六	472.3 × 0.542 8 =	六	5 755 005 ÷ 7 239 =
七	60.72 × 2.051 9 =	七	4 597 344 ÷ 864 =
八	21.53 × 16.72 =	八	427. 951 239 ÷ 0. 503 =
九	7 469 × 9 843 =	九	352. 511 69 ÷ 35. 74 =
十	8 901 × 1 539 =	十	1 372 896 ÷ 681 =

加减算　普通一级习题八

一	二	三	四	五
74 091 832	9 354 862	52 078 619	7 132 649	79 280 456
5 819 427	28 045 376	3 876 295	96 023 154	2 576 192
85 603	39 108	63 401	17 805	52 309
903 245	90 154 376	1 259 378	70 832 154	609 812
4 168	237 019	4 503	− 1 584 306	1 735
13 520 789	3 716 508	23 054	915 087	− 41 067 598
47 916	5 194	956 172	− 3 872	14 673
50 619 832	7 826 945	701 923	5 694 723	20 376 598
783 065	1 209	81 390 567	− 67 098	− 5 938 701
8 362 104	89 021	2 846	8 907	459 302
1 659	023 740	01 706	− 491 526	− 7 326
3 472 591	407 689	30 287 619	205 467	9 148 267
6 705	57 960 234	461 043	6 381	− 12 043
45 076	8 513	6 149 802	− 35 740 912	3 402
278 394	82 451	8 437	69 328	− 835 961

续表

六	七	八	九	十
470 251.93	15 962.78	250 938.71	83 749.46	263 901.78
61 527.34	820 695.47	48 395.12	728 506.34	37 284.91
168.09	513.04	846.07	381.02	735.06
97 463.25	6 047.21	406 398.71	4 021.98	64 193.82
84.06	941 708.56	2 870.64	91.13	− 430.15
670.48	29.35	97 613.05	− 690 473.25	51.03
3 149.27	286.93	36.49	964.71	− 9 176.84
2 093.76	103 965.47	75 124.93	801 743.25	8 069.43
75.81	8 540.31	62.04	− 32 157.09	42.67
596 304.12	54 379.02	540.25	6 320.18	− 140 827.69
742.58	93.16	2 187.96	− 71.84	418.25
608 521.93	42 187.69	9 071.54	29 658.47	305 287.68
4 190.86	38.01	374 102.89	− 890.71	− 76 592.05
19 835.07	210.83	53.68	16.08	1 760.53
58.62	7 854.62	529.36	− 5 632.49	− 25.38

乘除算　普通一级习题八

一	6 197 × 7 018 =		一	47 638 503 ÷ 783 =
二	5.031 6 × 1 570 =		二	4 393 316 ÷ 8 071 =
三	10.85 × 5.046 3 =		三	53 520.099 ÷ 562 =
四	56.42 × 61.85 =		四	11 638 664 ÷ 23 704 =
五	2 468 × 4 869 =		五	688 050 ÷ 198 =
六	427.95 × 92.34 =		六	39.710 818 ÷ 0.304 =
七	3 720 × 83 019 =		七	95.800 10 ÷ 43.68 =
八	985.3 × 3.792 =		八	6 458 985 ÷ 915 =
九	8 924 × 4 029 =		九	46.372 394 2 ÷ 5.290 1 =
十	7 306 × 6 423 =		十	4 200 266 ÷ 6 742 =

加减算　普通一级习题九

一	二	三	四	五
14 273 685	5 463	78 094 231	1 684 352	56 072 918
5 349 102	905 187	6 249 817	87 150 264	4 927 685
607 389	1 723 465	26 503	61 907	94 301
1 425	45 819 203	3 817 694	10 984 657	701 865
63 728 091	6 702 819	5 796	− 6 795 803	6 329
47 586	36 475	86 075	267 091	− 21 480 597
9 051 234	80 912	172 398	− 8 914	65 723
6 798	30 495 687	903 186	7 325 148	40 327 918
50 162	152 364	43 610 729	− 31 029	− 9 138 206
384 079	7 182	8 452	9 201	591 034
13 245 608	90 435	87 945	− 526 732	− 2 347
72 193	6 271 809	60 549 231	407 531	1 658 472
4 657	39 458 617	724 056	3 896	− 64 053
8 392 014	504 293	2 361 408	− 23 048 673	8 504
560 798	6 708	4 569	32 489	− 859 176

六	七	八	九	十
680 723.54	36 512.79	460 591.32	25 491.69	715 902.83
93 278.46	920 156.87	71 956.24	810 925.76	58 734.92
391.05	634.08	178.03	523.07	856.01
58 649.72	1 087.23	708 951.32	9 076.12	24 295.38
16.09	583 709.61	4 130.87	14.35	− 450.26
890.61	25.46	13 829.06	− 472 608.59	62.05
4 636.78	291.54	98.75	189.43	− 9 281.34
7 054.89	304 516.87	36 417.59	203 495.76	3 019.45
82.13	9 680.43	84.07	− 57 364.01	47.68
259 406.37	68 475.02	679.48	8 570.32	− 240 378.19
867.21	54.31	2 413.56	− 43.29	− 81 697.04
901 273.54	82 973.15	5 032.67	71 862.94	2 810.65
6 350.19	49.03	937 204.15	− 120.83	− 76.54
35 142.08	230.92	69.81	38.02	423.76
21.97	7 968.12	645.91	− 6 857.91	506 738.19

乘除算 普通一级习题九

一	3 572 × 2 059 =	一	9 109 590 ÷ 294 =
二	1.045 3 × 5 120 =	二	1 710 828 ÷ 9 052 =
三	9 754 × 4 276 =	三	2 791 359 ÷ 579 =
四	2 403 × 3 864 =	四	220.470 018 ÷ 0.408 =
五	4 260 × 94 057 =	五	9 743.243 ÷ 136 =
六	791.6 × 0.871 2 =	六	56 182 000 ÷ 64 208 =
七	13.86 × 35.91 =	七	15.428 541 5 ÷ 1.6 705 =
八	50.91 × 1.083 4 =	八	1 196 104 ÷ 3 286 =
九	6 839 × 8 937 =	九	554.714 53 ÷ 84.39 =
十	862.71 × 76.48 =	十	1 514 767 ÷ 751 =

加减算 普通一级习题十

一	二	三	四	五
17 065 324	2 689 174	85 043 192	1 578 983	63 021 879
8 356 741	41 098 657	6 134 528	74 160 347	4 813 396
38 902	62 305	16 709	51 203	84 507
80 956 324	5 147 298	409 256	4 937 186	40 523 879
132 098	3 402	39 620 814	− 91 032	− 8 759 103
3 294 507	13 043	5 371	2 309	687 054
5 986	746 591	58 437	− 635 489	− 1 542
2 714 507	905 713	50 374 192	804 619	7 369 421
9 108	85 270 469	819 075	9 725	− 34 605
78 019	1 836	1 972 305	− 39 087 546	5 604
413 267	14 983	3 754	93 872	− 968 723
602 478	20 398 587	9 482 543	10 278 549	207 934
7 493	465 032	7 809	− 4 426 709	3 148
42 840 239	5 437 801	56 098	354 021	− 18 490 582
71 659	8 329	291 945	− 7 218	36 217

续表

六	七	八	九	十
310 687.45	31 294.86	180 465.23	18 972.64	860 243.91
97 861.53	640 921.78	75 468.31	951 604.87	53 426.18
792.04	135.07	579.02	813.05	357.09
6 045.19	305 291.78	28 137.46	103 978.56	2 091.65
18.27	6 170.54	91.07	− 85 369.02	64.73
849 503.86	17 582.04	870.19	4 850.31	− 495 108.32
136.82	25.39	3 152.48	− 93.17	682.47
902 867.45	74 683.92	4 023.87	52 461.79	507 432.91
3 740.29	45.03	627 301.54	− 210.43	− 39 714.06
74 258.01	430.82	86.95	34.01	8 390.75
82.96	8 127.94	814.69	− 6 485.72	− 47.52
41 359.68	9 078.43	709 645.23	7 056.21	96 813.24
23.09	273 806.19	1 520.97	29.38	− 650.87
190.32	42.51	52 936.08	− 420 798.56	78.06
5 374.61	459.25	69.74	247.93	− 1 839.26

乘除算 普通一级习题十

一	9 367 × 7 035 =	一	39 296 946 ÷ 967 =
二	8.043 9 × 3 870 =	二	3 263 704 ÷ 6 089 =
三	1 295 × 2 596 =	三	35.568 474 4 ÷ 5.120 8 =
四	217.68 × 61.42 =	四	2 056 227 ÷ 4 931 =
五	30.58 × 8.029 4 =	五	6 108 270 ÷ 826 =
六	89.21 × 93.58 =	六	611.903 638 ÷ 0.703 =
七	5 634 × 4 761 =	七	13 617.777 ÷ 541 =
八	7 409 × 9 214 =	八	5 872 184 ÷ 17 903 =
九	4 710 × 54 036 =	九	68.298 04 ÷ 37.46 =
十	658.1 × 0.268 7 =	十	2 579 820 ÷ 285 =

第五章　珠算差错与检查方法

　　"准确"和"快速"反映了珠算的质量和效率。"准确"意味着减少及至消灭差错;"快速"意味着尽可能地缩短计算时间。这两者都是我国珠算能够长期有效地在社会上得到普及和重视的重要原因。因为珠算作为一项计算技术,如果经常出现差错和低效,就必然会使其失去固有的稳、准、快的优良特点。特别是在各种计算技术迅速发展的今天,不讲究质量和效益,更不可能使珠算在市场上有立足之地。应该看到,速度必须以质量为基础,如果差错很多,再快的速度也不能起任何作用;反之,没有一定的速度,也不能满足客观的要求。所以降低差错和加快速度两者是统一的,它们都是开展珠算教学的重要方面。从整体来说,它具有以下意义:首先,它能提高珠算教育的素质,培养人们具有办事准确、敏捷、发扬改革、进取的精神。这对巩固珠算特点,发展珠算技术和竞争市场起着必要的促进作用。其次,它能以优良的质量,继续满足经济核算的需要。我国过去的经济核算,主要依靠珠算作为计算方法,电子计算机和计算器进入我国后,曾一度引起了珠算过时论的说法,但是珠算具有经济实用的特点。到目前尚有大量的基层单位需要使用珠算来从事核算。针对这一情况,当时国家有关部门和学术团体,经过大力宣传和技术竞赛交流,不仅使珠算的地位得到巩固,而且使珠算的质量得到提高,从实际出发,整顿改革、稳步发展。事实说明,珠算有其本身的特点,在我国现有的条件下,尚有一定发展的空间,必须促使其巩固和发展。再次,珠算技术的广泛交流和改革,不仅使我国的宝贵文化遗产注入生气,而且有机会开展国际合作和交流,鼓励人们从事珠算的理论研究和技术革新,使我国珠算事业得到总结提高,使珠算在现代化建设中发挥应有的作用,从而发挥它应有的潜力。

第一节　珠算常见差错

　　在实际工作中,珠算运算所出现的错误,往往带有一定的规律性。现将经常容易出错的几种情况及出错的原因作一介绍。

一、珠算常见差错

（一）漏算数字

在许多数字进行加算时，复核验算发现有差，就可将这个差数在加算的数字中去找寻，如发现有相同数字时，很可能就是漏算了这一笔。如在加减混合运算中第一次运算结果是 180 453.88，第二遍 180 632.88，两数相差 179，而加算的数中发现正与差数相同的数字，说明可能是第一遍漏加了 179。

（二）错位

在珠算相加时，往往容易把千位数误作百位数，必定能被 9 除尽的，而除得的商数又必定是计算数字中某一笔数字的 10 倍。如许多数字相加，第一遍的和是 166 609.15，第二遍的和是 168 630.10，两数相差 2 020.95，正好被 9 除尽，得商数 224.55。如果在加算的数字中有一笔 2 245.5，正好是这个商数的 10 倍，这说明很可能是在第一遍加算时，把 2 245.5 误作 224.55。

（三）尾差

在加减运算复核中，发现尾数有差错，如将 234.23 打为 234.22。

（四）数字颠倒

在加算时，把数字颠倒的问题是常有的，特别是近似数字。如 966 误打为 969 或 669 等。这种差错，其第一遍计算和第二遍复核数的差数也是必然能被 9 除尽的。

（五）加减的差错

在加减混合运算中，看错了数字的正负号，把加看成减，把减看成加，也是常有的。这样的差错，其两数的差必然能被 2 除尽。如 56 900＋26 902－492，应该是 83 310。如果把－492 打成＋492，结果成为 84 294。它们的差数是 84 294－83 310＝984，正好是 492 的 2 倍。

（六）带珠和漏记算珠

在运算拨珠时，往往会发生带珠现象。其特点是两遍计数差距不大，下珠一般只差一或二，上珠带珠就差 5。另外，有时漏了上珠，把 6 打成了 1。

（七）定位错

没有正确掌握定位方法，计算中间或最后得数都会产生定位错。

二、珠算常见差错发生的原因

珠算的差错发生的原因有客观的，也有主观的，需要人们在日常生活中注意和克服。现分别加以说明。

（一）注意力不集中

"目不斜视"、"心不二用"这是珠算操作中重要的规则。但是有些人往往由于思想不集中，一心二用，在运算时经常发生听错、看错或者写错等错误，实质上是未经运算,就发生了差错。如摆珠差错、手指带珠或上珠后发生弹珠及漏珠、重珠等,造成了人力的很大浪费。因此,必须端正态度,练好基本功,才能取得成效。

(二)口诀背诵不熟

由于口诀背诵不熟,造成计算差错。珠算的运算基本上依靠口诀。对学员的要求应该是熟读苦练、脱口而出,并将口诀与拨珠混为一体。但有的人往往发生首尾颠倒,大小数错位,甚至张冠李戴,造成错误,这也是属于基本功不过关的一个方面。

(三)不能抓住要点

珠算是一种手工操作,技术性很强。珠算算法的要点:一是要操作熟练;二是要抓住关键。如果算法不熟练,又不能抓住要害,则极易出错。其中乘法、除法又较复杂。如隔位和挨位、进位和退位、迭加和迭减、估商、补商和退商等,如果处理不当,就容易出错。有些简易算法,计算比较简便,但很有针对性,如果运用不当,也会造成差错,所以在审查中应抓住要点。

(四)定位不准

由于珠算在盘面上不直接反映零位数和小数位数,定位有一定难度。如加减法容易发生换位差错和机动定位差错;乘除法则因运算前后数位不同,须用不同的方法来确定定位方法,所以一定要分清对象,区别对待。

第二节　差错检查方法

差错的检查方法一般应从分析差错的原因出发,分别采用不同的方法。在各种差错中,有些是常见的,并带有规律性,可以按常规加以分析;有的没有规律性,需要凭经验加以检查。总的要求是尽可能缩小查错范围,做到又准又快。

一、抽查法

抽查法就是抽取账表数据某部分,局部查错。也就是错在哪里,就在哪里查,这样可以缩小查错范围,"头错复头,尾错复尾",比较省力有效。

二、顺查法

顺查法就是全面再重算。也就是从头到尾按顺序普遍查错,对算盘打得不稳准的重打一遍,直到打对为止。

三、逆查法

逆查法就是按原来方式倒过来查错,避免重犯同样毛病查不出。也就是加算用减算还原,减算用加算还原,乘算用除算还原,除算用乘算还原查错。

除法用乘法还原的关系如下:

除得尽的:商数×除数＝被除数

除不尽的:商数×除数＋余数＝被除数

四、交换法

交换法就是应用交换律查错,如被加数与加数交换算,被乘数与乘数交换算。

五、偶合法

偶合法就是根据账表差错中最常见的规律,推测差错类别而对差错有关的数据进行的一种查错法。如推测可能是漏算或重算的差数,就在有关的数据中查找这漏算或重算的差数,如发现有两个数字相同,而恰好与差数相等时,其中一个数字就可能是重算数;如发现有漏算差数,也可能就是漏算数。如推测可能是倒置错或大小数错,可先用九去除,按九除法等分别判断。

六、九除法

用九除得尽的这种方法,可以来查两位数倒置错和多一个 0 或少一个 0 的错。

任何两位数倒置后的差数,有着普遍的规律性,那就是都是 9 的倍数,并且差数首尾之和等于 9。

(一) 两数倒置错

两数倒置错,可用代数式作推导论证:设某数的十位数码为 a,个位数码为 b,则此数记为 $10a+b$。

若两数倒置,即误为 $10b+a$,则差数为 $(10a+b)-(10b+a)=9a-9b=9(a-b)$,即差数可被 9 除尽,商数是倒置的两数之差。如 28 误作 82,差数是 54,是 9 的 6 倍($54\div9=6$,商数是一位数),差数首尾之和等于 9($5+4=9$)。

(二) 多一个 0 错

设某数为 $10a$,多算一个 0,即误为 $100a$,则差数为 $10a-100a=-90a=9\times(-10a)$,即差数可被 9 除尽,商数是误算的原数(商数是多位数)。如 9 300 误作 93 000,多 83 700,83 700÷9＝9 300。

(三) 少一个 0 错

设某数为 $10a$,少算一个 0,即误为 a,则差数为 $10a-a=9a=9\times1\times u$,即差数可被 9 除尽,商数是误算的原数少一个 0(商数是多位数)。如 6 280 误作 628,少 5 652,5 652÷9＝628。

二位数倒置差错检查表(45 种),如表 5-1 所示。10~1 000 大小数差错检查表(100 种),如表 5-2 所示。

表 5-1　　　　　　　　　　　二位数倒置差错检查表(45种情况)

差　数	倍　数	倒　置　数								
9	1	1	12	23	34	45	56	67	78	89
		10	21	32	43	54	65	76	87	98
18	2	2	13	24	35	46	57	68	79	
		20	31	42	53	64	75	86	97	
27	3	3	14	25	36	47	58	69		
		30	41	52	63	74	85	96		
36	4	4	15	26	37	48	59			
		40	51	62	73	84	95			
45	5	5	16	27	38	49				
		50	61	72	83	94				
54	6	6	17	28	39					
		60	71	82	93					
63	7	7	18	29						
		70	81	92						
72	8	8	19							
		80	91							
81	9	9								
		90								

表 5-2　　　　　　　　　　　大小数差错检查表(100种情况)

10	110	210	310	410	510	610	710	810	910
1	11	21	31	41	51	61	71	81	91
9	99	189	279	369	459	549	639	729	819
20	120	220	320	420	520	620	720	820	920
2	12	22	32	42	52	62	72	82	92
18	108	198	288	378	468	558	648	738	828
30	130	230	330	430	530	630	730	830	930
3	13	23	33	43	53	63	73	83	93
27	117	207	297	387	477	567	657	747	837
40	140	240	340	440	540	640	740	840	940

4	14	24	34	44	54	64	74	84	94
36	126	216	306	396	486	576	666	756	846
50	150	250	350	450	550	650	750	850	950
5	15	25	35	45	55	65	75	85	95
45	135	225	315	405	495	585	675	765	855
60	160	260	360	460	560	660	760	860	960
6	16	26	36	46	56	66	76	86	96
54	144	234	324	414	504	594	684	774	864
70	170	270	370	470	570	670	770	870	970
7	17	27	37	47	57	67	77	87	97
63	153	243	333	423	513	603	693	783	873
80	180	280	380	480	580	680	780	880	980
8	18	28	38	48	58	68	78	88	98
72	162	252	342	432	522	612	702	792	882
90	190	290	390	490	590	690	790	890	990
9	19	29	39	49	59	69	79	89	99
81	171	261	351	441	531	621	711	801	891
100	200	300	400	500	600	700	800	900	1000
10	20	30	40	50	60	70	80	90	100
90	180	270	360	450	540	630	720	810	900

注：第一格大数，第二格小数，第三格差数。

七、十一除法

用 9 除得尽后，再用 11 除尽的这种方法，可以用来查三位数倒置错和多两个 0 或少两个 0 错。

任何三位数倒置后的差数，有着普遍的规律性，即都是 9 的倍数，同时也还是 11 的倍数，并且差数首尾之和等于 9。

（一）三位数倒置

设某数的百位、十位、个位数码分别为 a,b,c，则此数为 $100a+10b+c$。若三位数倒置，即误为 $100c+10b+a$，则其差数为 $(100a+10b+c)-(100c+10b+a)=99a-99c=99(a-c)=9\times11\times(a-c)$，即差数可被 9 除尽，再被 11 除尽，商数为倒置两数之差。

［例 5-1］ 824 误作 428，差数是 396。

$396 \div 9 = 44, 44 \div 11 = 4$(商数是一位数),差数首尾之和等于 9($3 + 6 = 9$)。

（二）多两个 0 错

设某数为 $10a$,多算两个 0,即误为 $1\,000a$,则差数为 $10a - 1\,000a = -990a$ $= 9 \times 11 \times (-10a)$,即差数可被 9 除尽,再被 11 除尽,商数是误算的原数（商数是多位数）。

[例 5-2] 780 误作 78 000,多 77 220。

$77\,220 \div 9 = 8\,580, 8\,580 \div 11 = 780$

（三）少两个 0 错

设某数为 $100a$,少算两个 0,即误为 a,则差数为 $100a - a = 99a = 9 \times 11 \times a$,即差数可被 9 除尽,再被 11 除尽,商数是误算的原数少两个 0（商数是多位数）。

[例 5-3] 28 000 误作 280,少 27 720。

$27\,720 \div 9 = 3\,080, 3\,080 \div 11 = 280$

八、二除法

这种方法用来查找正负方向差错,因正负错就会产生两倍于该数字的差错,为此,凡是属于正负错,都是 2 的倍数。差数用 2 去除,就得出差错数字。反方数＝差数÷2。

[例 5-4] 差数 752,反方数就是 376(注意:差数必须是偶数)。

九、九余数法

一个数被 9 除,剩下的余数叫"九余数"。例如 48 用 9 去除,余 3,则 3 是 48 的九余数。九余数的简捷计算,只要将一个数各个数位的数字相加,所得和数的九余数,便是这个数的九余数。例如 48 的九余数,各个数位的数字相加:$4 + 8 = 12,12$ 的各数位的数再相加,$1 + 2 = 3$,九余数就是 3。

用九余数进行验算的方法叫"九余数验算法",也叫"弃九验算法"。对这些弃九数按算式中原来的运算顺序和运算方法进行运算,求出结果的弃九数,看与算式右边的得数的弃九数是否相同,如果不同,则计算有错误,如果相同,则一般计算没有错误。

用九余数去分别验算四则题举例如下。

[例 5-5] 48 ＋ 136 ＋ 54 ＝ 238

　　　　　　｜　　｜　　｜　　　｜

（弃九数） 3 ＋1 ＋0＝ 4

求出结果的等式两边九余数相同,可能无错误。

[例 5-6] 1 107 008 － 317 598 ＝ 789 410

　　　　　　　｜　　　　｜　　　　｜

（弃九数）　　8　 －　6　＝　2

[例 5-7]　860×383＝329 380
　　　　　　｜　　｜　　　　｜
(弃九数)　　5　×　5
　　　　　　　＼　　／
　　　　　　　　25
　　　　　　　　　｜
　　　　　　　7　＝　　7

等式两边必余数相同,可能无错误。

[例 5-8]　3 802 679÷3 667＝1 037
　　　　　　　｜　　　　｜　　　｜
(弃九数)　　　8　÷　4　＝　2

结果相同,可能无错误。

　　这种验算方法只是一种"可能",对于一般计算错误能够验算出来,特别是对多位数乘除的验算较为适宜,但对于数字调换位置或相差刚好是"9"的倍数的错误是验算不出来的。如[例 5-1]得数误为 283 或 2 380,就验算不出是错误的,这点要特别注意。

　　十、多层查错法

　　以上一至九都是单种因素差错的检查法,多层查错法是检查一种有规律性的差错和没有规律性的差错交织在一起的方法。如差错 1 993.60 减去 10.00 或减去 1.00 或减去 0.10,可能是 1 983.60÷9＝220.40,将 220.40 误作 2 204.00。也可能是 1 992.60÷9＝221.40,将 221.40 误作 2 214.00。也可能是 1 993.50÷9＝221.50,将 221.50 误作 2 215.00。以上三种都可能是小误大错。

　　再如差错 2 150.00 加上 10.00 或加上 1.00 或加上 0.10,可能是 2 160.00÷9＝240.00,将 240.00 误作 2 400.00。也可能是 2 151.00÷9＝239.00,将 239.00 误作 2 390.00,也可能是 2 150.10÷9＝238.90,将 238.90 误作 1 389.00。以上三种都可能是大误小错。

第六章 "一口清"乘除法

　　传统的珠算乘法,无论前乘法、后乘法、空盘乘法等,只要应用大九九口诀进行计算都有这样的加积规律:上次乘积的个位,即是本次乘积的十位;本次乘积的个位,即是下次乘积的十位……依次类推。它告诉我们每次乘积的十位数都要加在上次乘积的个位档上。能不能做到用大脑相加省略算盘的重复拨珠相加呢? 事实证明,凡是应用大九九口诀进行珠算运算的都无法做到。后来人们丢掉大九九口诀,用1、2、5法的加减代替乘除。所谓1、2、5法,就是任何数乘1、2、5时,一眼就能把积数看出来,乘其他数时,用加减调整。正如人民币1、2、5元(角、分)能解决货币流通一样。但这种方法使拨珠次数增多,能不能把任何数乘3、4、6、7、8、9时,一眼就能把积数看出来呢? 能,这就是一口清。

　　所谓一口清,就是当任何一个一位数去乘任何一个多位数时,不用九九口诀,而是利用该数本身其特有的个位规律和进位规律,使其乘积一眼看出,结果可"脱口而出"的方法叫一口清。

　　一口清的实质是根据个位规律和进位规律确定个位数在大脑中完成"本个加后进"的过程,所以会一眼把积数看出。

第一节　个位规律和进位规律口诀

一、个位规律是确定被乘数本位积数个位的一种规律

我们规定被乘数为1、2、3、4、5、6、7、8、9的个位规律口诀如下:

乘数	个位规律口诀
2	自倍取个
3	偶补倍,奇补倍5
4	偶补,奇凑
5	偶0,奇5
6	偶自身,奇自身5
7	偶自倍,奇自倍5
8	补自倍
9	自身补数

自倍:就是被乘数自身加 1 倍。

取个:就是当被乘数自身加 1 倍后,满 10 取和的个位数。

奇(奇数)、偶(偶数):是指被乘数各数的单数和双数,奇数(单数)是 1、3、5、7、9,偶数(双数)是 0、2、4、6、8。

补数:两数之和是 10 的乘方数(乘方数为正整数)两数互为补数。如:2 和 8、643 和 357 等,都互为补数。我们这里只用两数之和为 10 的 1 次方的互补数。

凑数:两数之和等于 5 或 15,称互为凑数。我们这里只用 1 和 4、2 和 3、5 和 0、6 和 9、7 和 8 共五对互为凑数。

自身:就是指被乘数要进行运算的那个数本身。

补倍:就是指补数本身加 1 倍,积数取加 1 倍后的个位数。

5:乘数是 3、6、7 时,个位规律口诀都有 5,就是指被乘数变为或经过心算后变为积数时,要加 5 或减 5。大于 5 时减 5,小于 5 时加 5。

二、进位规律

进位规律是确定积数"后进"的一种规律,后位的十位数进入本位叫后进。

我们规定被乘数为 2、3、4、5、6、7、8、9 的进位口诀如下:

乘数	进位规律口诀
2	满 5 进 1
3	超 3 进 1,超 6 进 2
4	满 25 进 1,满 5 进 2,满 75 进 3
5	满 2 进 1,满 4 进 2,满 6 进 3,满 8 进 4
6	超 16 进 1,超 3 进 2,满 5 进 3,超 6 进 4,超 83 进 5。
7	超 142857 进 1,超 285714 进 2,超 42857 进 3,超 571428 进 4,超 714285 进 5,超 857142 进 6。
8	满 125 进 1,满 25 进 2,满 375 进 3,满 5 进 4,满 625 进 5,满 75 进 6,满 875 进 7。
9	超 1 进 1,超 2 进 2,超 3 进 3,超 4 进 4,超 5 进 5,超 6 进 6,超 7 进 7,超 8 进 8。

口诀当中,"满"是"大于"、"等于"的意思,"超"是"大于"的意思。

口诀当中满或超的数的确定如下:

要想得到某个进位数,需用乘数去乘某个进位界限数才能得到。如果进位数和乘数确定,那么,进位界限数用进位数除以乘数就会得到,可用如下公式表示:

$$\frac{m}{n} = x \quad (m \leqslant n-1)$$

式中,m 为进位数,n 为乘数,x 为进位界限数,也可以称进位比值。进位规律口诀中的满或超的数都是当进位数和乘数确定后的进位比值。

乘数为 2,进位数为 1 时,进位界限是 $\frac{1}{2}=0.5$。

乘数为 3,进位数为 1、2 时,进位界限是 $\frac{1}{3}\approx0.3,\frac{2}{3}\approx0.6$。

乘数为 4,进位数为 1、2、3 时,进位界限是 $\frac{1}{4}=0.25,\frac{2}{4}=0.5,\frac{3}{4}=0.75$。

乘数为 5,进位数为 1、2、3、4 时,进位界限是 $\frac{1}{5}=0.2,\frac{2}{5}=0.4,\frac{3}{5}=0.6,\frac{4}{5}=0.8$。

乘数为 6,进位数为 1、2、3、4、5 时,进位界限是 $\frac{1}{6}\approx0.16,\frac{2}{6}\approx0.3,\frac{3}{6}\approx0.5,\frac{4}{6}\approx0.6,\frac{5}{6}\approx0.83$。

乘数为 7,进位数为 1、2、3、4、5、6 时,进位界限是 $\frac{1}{7}\approx0.142\ 857,\frac{2}{7}\approx0.285\ 714,\frac{3}{7}\approx0.428\ 571,\frac{4}{7}\approx0.571\ 428,\frac{5}{7}\approx0.714\ 285,\frac{6}{7}\approx0.857\ 142$。

乘数为 8,进位数为 1、2、3、4、5、6、7 时,进位界限是 $\frac{1}{8}=0.125,\frac{2}{8}=0.25,\frac{3}{8}=0.375,\frac{4}{8}=0.5,\frac{5}{8}=0.625,\frac{6}{8}=0.75,\frac{7}{8}=0.875$。

乘数为 9,进位数为 1、2、3、4、5、6、7、8 时,进位界限是 $\frac{1}{9}\approx1,\frac{2}{9}\approx2,\frac{3}{9}\approx3,\frac{4}{9}\approx4,\frac{5}{9}\approx5,\frac{6}{9}\approx6,\frac{7}{9}\approx7,\frac{8}{9}\approx8$。

知道口诀中满或超数字的由来,会帮助记忆口诀。

第二节　一位数的脑算乘除法

这里将分别详细介绍乘数为 1、2、3、4、5、6、7、8、9 的一口清。学习掌握过程中应按以下要求进行:

① 一位数脑算乘法,要从被乘数最高位算起,从左到右。一开始可用书写的办法训练。所谓书写就是写出个位数和位数,最后用眼睛看出。

② 在运算前,先后在被乘数首位前补一个"0",运算时可用"乘前先补 0,乘时位对齐"两句话概括其运算。所谓乘时位对齐,是指本身的个位(本个)用后边进位数(后进)相加时位对齐。

③ 脑算本个加后进满 10 时,只取和的个位数,绝不允许在其前一位加 1。用一句话概括为"舍十取个"。

[例 6-1] 369×3＝1 107

```
0  3  6  9×3 ·············原式
   9  8  7  ·············本个
1  2  2     ·············后进
1  1  0  7  ·············乘积
①  ②  ③  ④
```

在运算前,先在被乘数首位 3 前补一个"0",从被乘数最高位算起(从左到右),乘时位对齐。脑算本个加后进满 10 时只取和的个位数,如 9 加 2 取个位数 1,8 加 2 取个位数 0。具体运算过程如下:

① 被乘数前两位 36,超 2 进 1,所以积的首位数为 1;

② 3 的本个是 9,3 的后两位是 69,超 6 进 2,9＋2＝11,舍 10 取个位数,所以积的第二位数是 1;

③ 6 的本个是 8,6 的后一位是 9,超 6 进 2,8＋2＝10,舍 10 取个位数,所以积的第三位数是 0;

④ 被乘数最后一位数 9 的本个是 7。所以积的最末一位数是 7,得数 1 107。

一、乘数为 1

用 1 去乘任何数,其积不变,这里就不再叙述了。

二、乘数为 2

1. 2 的个位律

用 2 分别去乘 1、2、3、4、5、6、7、8、9 时,其乘积分别是 2、4、6、8、10、12、14、16、18。

如果舍去其十位数的数字,其"本个"数字的对应关系如下:

```
1  2  3  4  5  6  7  8  9 ·············被乘数
|  |  |  |  |  |  |  |  |
2  4  6  8  0  2  4  6  8 ·············本个数
```

从以上可以看出,1～9 各数被 2 乘,其乘积"本个"数,就是该数自身相加之和(简称自倍)的个位数字。根据这个规律,把乘数是 2 的个位律归纳成口诀为:自倍取个。

为了更好地掌握乘2的个位数,我们还发现,除了5乘以2的"本个"是0以外,1和6乘以2的"本个"数字都是2;2和7乘以2的"本个"数字都是4;3和8乘以2的"本个"数字都是6;4和9乘以2的"本个"数字都是8。因此,1、2、3、4和6、7、8、9分别与2相乘,积的"本个"依次是2、4、6、8,即乘2的本个规律是由小到大连续的四个偶数。

2. 2的进位律

从2的个位律可以看到2与1、2、3、4、5、6、7、8、9分别相乘,只有被乘数大于或等于5时,才需进位1。也就是说5、6、7、8、9乘2都有进位数1,而1、2、3、4乘2则无进位数。根据这个规律,把乘数是2的进位律归纳成口诀为:满5进1。

[例6-2] 64 389×2＝128 778

```
  0 6 4 3 8 9  …………被乘数
    2 8 6 6 8  …………本个
1 0 0 1 1      …………后进
1 2 8 7 7 8    …………乘积
① ② ③ ④ ⑤ ⑥
```

脑算过程:

① 被乘数首位6,满5进1,所以乘积的首位数为1;

② 6的本个为2,后一位数4,不满5,无进位数,所以乘积的第二位数为2;

③ 4的本个为8,后一位数3,不满5,无进位数,所以乘积的第三位数为8;

④ 3的本个为6,后一位数8,满5进1,后进为1,6+1=7,所以乘积的第四位数为7;

⑤ 8的本个为6,后一位数9,满5进1,后进为1,6+1=7,所以乘积的第五位数为7;

⑥ 被乘数最后一位数9的本个为8,所以乘积的末位数字是8。得数128 778。

[例6-3] 38 540 265×2＝77 080 530

```
  0 3 8 5 4 0 2 6 5  …………被乘数
    6 6 0 8 0 4 2 0  …………本个
0 1 1 0 0 0 0 1 1    …………后进
0 7 7 0 8 0 5 3 0    …………乘积
① ② ③ ④ ⑤ ⑥ ⑦ ⑧ ⑨
```

脑算过程:

① 被乘数首位为3,小于5不进位,所以积的第一位数是0(积数0可以不

写);

② 3 的本个数为 6,后一位数 8,满 5 进 1,后进为 1,6+1=7,所以积的第二位数是 7;

③ 8 的本个为 6,后一位数 5,满 5 进 1,后进为 1,6+1=7,所以积的第三位数是 7;

④ 5 的本个为 0,后一位数 4,小于 5,不进位,所以积的第四位数是 0;

⑤ 4 的本个为 8,后一位数 0,小于 5,不进位,所以积的第五位数是 8;

⑥ 0 的本个为 0,后一位数 2,小于 5,不进位,所以积的第六位数是 0;

⑦ 2 的本个为 4,后一位数 6,满 5 进 1,后进为 1,4+1=5,所以积的第七位数是 5;

⑧ 6 的本个为 2,后一位数 5,满 5 进 1,后进为 1,2+1=3,所以积的第八位数是 3;

⑨ 被乘数最后一位的本个为数 0,所以积的最末位数是 0。得数 77 080 530。

练 习 题

用"一口清"计算下列各题

① 8 743 210×2 =   ② 519 632×2 =

③ 17 805×2 =   ④ 736 295×2 =

⑤ 2 806 153×2 =   ⑥ 3 764 905×2 =

⑦ 29 127×2 =   ⑧ 45 609×2 =

⑨ 6 921 432×2 =   ⑩ 9 346 520×2 =

三、乘数为 3

1.3 的个位律

用 3 分别去乘 1、2、3、4、5、6、7、8、9 时,被乘数与它的"本个"数对应关系如下:

```
1  2  3  4  5  6  7  8  9 ········被乘数
|  |  |  |  |  |  |  |  |
3  6  9  2  5  8  1  4  7 ········本个数
```

分析上面的对应关系,我们看到凡是 3 与偶数相乘,其"本个"正好是该偶数的补数自倍后的个位数。

例如:6×3=18,6 的补数是 4,4 的自倍是 8,所以 6 的"本个"为 8。为了提高心算速度,6、8 可按先补后倍,而 2、4 可先倍后补。如 4×3 中 2,4 的自倍是 8,8

的补数是 2,照样准确得出本个。

凡是 3 与奇数相乘,其"本个"是它的补数的自倍的个数加减 5。

例如:$9 \times 3 = 27$,9 的补数是 1,1 的自倍为 2,2 小于 5。$2 + 5 = 7$,9 的"本个"为 7。为了提高心算速度,7、9 可按先补后倍,而 1、3 可先倍后补,照样能准确得出本个。

可以把 3 的个位律概括为两句口诀:偶补倍,奇补倍加减 5。

在实际计算时,如果认为口诀难以掌握,也可以把 1、2、3、4、5、6、7、8、9 分成三段来记。1、2、3 的个位是 3、6、9;4、5、6 的个位是 2、5、8;7、8、9 的个位是 1、4、7。每组内都差 3,这样就容易记住了。

2. 3 的进位律

乘数是 3 的进位律可以用两句口诀来概括:超 3 进 1,超 6 进 2。所谓超就是大于的意思。

超 3 进 1,就是一个数如果大于 33…而小于 66…时,乘以 3 时就进 1,否则就不进 1。如:334×3,因为 334 大于 3,所以乘以 3 要进 1。而 333×3,因 333 小于 3,所以乘以 3 不能进 1。

超 6 进 2,就是一个数如果大于 66…时,乘以 3 时进 2。如 667×3、$6\,668 \times 3$ 都要进 2,因为 667 大于 6,6 668 也大于 6。666×3,因为 666 小于 6,所以不能进 2,只能进 1。

[例 6-4]　$273\,468 \times 3 = 820\,404$

0	2	7	3	4	6	8	………被乘数
	6	1	9	2	8	4	………本个
0	2	1	1	2	2		………后进
0	8	2	0	4	0	4	………乘积
①	②	③	④	⑤	⑥	⑦	

脑算过程:

① 被乘数首位无进位,所以积的首位数仍为 0;

② 2 的本个是 6,后位是 7,超 6 进 2,$6 + 2 = 8$,所以积的第二位数是 8;

③ 7 的本个是 1,后位是 34,超 3 进 1,$1 + 1 = 2$,所以积的第三位数是 2;

④ 3 的本个是 9,后位是 4,超 3 进 1,$9 + 1 = 10$,所以积的第四位数是 0;

⑤ 4 的本个是 2,后位是 68,超 6 进 2,$2 + 2 = 4$,所以积的第五位数是 4;

⑥ 6 的本个是 8,后位是 8,超 6 进 2,$8 + 2 = 10$,所以积的第六位数是 0;

⑦ 8 的本个是 4,所以积的末位数是 4。得数 820 404。

[例 6-5]　$6\,670\,332 \times 3 = 20\,010\,996$

0	6	6	7	0	3	3	2	………被乘数

```
8 8 1 0 9 9 6 …………本个
2 2 2 0 0 0 0 …………后进
2 0 0 1 0 9 9 6 …………乘积
① ② ③ ④ ⑤ ⑥ ⑦
```

脑算过程：

① 被乘数前三位 667，超 6 进 2，所以积的首位数是 2；

② 6 的本个为 8，后位是 67，超 6 进 2，8＋2＝10，所以积的第二位数是 0；

③ 6 的本个为 8，后位是 7，超 6 进 2，8＋2＝10，所以积的第三位数是 0；

④ 7 的本个为 1，后位是是 0，不超 3，不进位，所以积的第四位数是 1；

⑤ 0 的本个为 0，后位是 332，不超 3，不进位，所以积的第五位数是 0；

⑥ 3 的本个为 9，后位是 32，不超 3，不进位，所以积的第六位数是 9；

⑦ 3 的本个为 9，后位是 2，不超 3，不进位，所以积的第七位数是 9；

⑧ 2 的本个为 6，所以积的末位数是 6。得数 20 010 996。

练 习 题

用"一口清"计算下列各题

① 6 719 781×3＝　　　　　② 265 024×3＝

③ 94 675×3 ＝　　　　　　④ 7 862 043×3＝

⑤ 41 398×3＝　　　　　　⑥ 8 652 834×3＝

⑦ 6 345 901×3＝　　　　　⑧ 485 676×3＝

⑨ 3 981 254×3＝　　　　　⑩ 42 768×3＝

四、乘数为 4

1. 4 的个位律

与它的本个数对应关系如下：用 4 分别去乘 1、2、3、4、5、6、7、8、9 时，被乘数与它的本个数对应关系如下：

```
1 2 3 4 5 6 7 8 9…………被乘数
| | | | | | | | |
4 8 2 6 0 4 8 2 6…………本个数
```

从上面的对应关系可以看出，凡是偶数与 4 相乘，其"本个"正好是它的补数。如：2×4＝8，2 的补数是 8，4×4＝16，4 的补数是 6；6×4＝24，6 的补数是 4；8×4＝32，8 的补数是 2，凡是奇数与 4 相乘，其"本个"数正好是它的凑数（两数之和是 5 或 15 两数互为凑数）。如：1×4＝4，1 的凑数是 4；3×4＝12，3 的凑数是 2；5×4＝20，5 的凑数是 0；7×4＝28，7 的凑数是 8；9×4＝36，9 的凑数是

6。因此,把4的个位律概括口诀为"偶补奇凑"。

还能发现1和6乘以4的本个数字都是4;2和7乘以4的本个数字都是8;3和8乘以4的本个数字都是2;4和9乘以4的本个数字都是6。因此,1、2、3、4和6、7、8、9分别与4相乘积的"本个"依次是4、8、2、6。

2. 4的进位律

乘数是4的进位律,共有三句口诀;满25进1,满5进2,满75进3。

口诀中的25、5、75不是指其数值而言,而是指被乘数的有效数字。如果某一位数字是2,就必须再往后看一位,如果2的后位数字等于或大于5时,就是满25。如果某一位数大于2而小于5时,则直接判断为满25进1,如4应看作40,是满25的数。同样,假如某一位数是7,也要再往后多看一位,如果7的后位数等于或大于5时,就满75进3,不满则按满5进2。假如某一位数大于7,则直接判为满75进3。如9看作90,是满75的数。同样,某一位数小于2,则不进位。

[例 6-6] 247 536×4=990 144

```
0   2   4   7   5   3   6   ………… 被乘数
        8   6   8   0   2   4   ………… 本个
0   1   3   2   1   2           ………… 后进
0   9   9   0   1   4   4   ………… 乘积
①  ②  ③  ④  ⑤  ⑥  ⑦
```

脑算过程:

① 被乘数的首位是2,还要看其第二位数是4,不满25,则不进位,所以积的首位为0;

② 2的本个是8(2为偶数,本个是其补数8),后一位数是4,满25进1,8+1=9,所以积的第二位数是9;

③ 4的本个是6,后位是75,满75进3,6+3=9,所以积的第三位数是9;

④ 7的本个是8(7为奇数,本个是其凑数8),后一位是5,满5进2,8+2=10,舍十取个,所以积的第四位是0;

⑤ 5的本个是0,后一位3,满25进1,0+1=1,所以积的第五位数是1;

⑥ 3的本个是2,后一位6,满5进2,2+2=4,所以积的第六位数是4;

⑦ 被乘数末位6的本个为4,所以积的末位数是4。得数990 144。

[例 6-7] 743 869×4=2 975 476

```
0   7   4   3   8   6   9   ………… 被乘数
        8   6   2   2   4   6   ………… 本个
2   1   1   3   2   3           ………… 后进
2   9   7   5   4   7   6   ………… 乘积
```

① ② ③ ④ ⑤ ⑥ ⑦

脑算过程：

① 被乘数的首位是 7,还要看其第二位数是 4,不满 75,则为满 5 进 2,所以积的首位是 2;

② 7 的本个是其凑数 8,后一位 4,满 25 进 1,8＋1＝9,所以积的第二位数是 9;

③ 4 的本个是其补数 6,后一位 3,满 25 进 1,6＋1＝7,所以积的第三位数是 7;

④ 3 的本个是 2,后一位 8,满 75 进 3,2＋3＝5,所以积的第四位数是 5;

⑤ 8 的本个是 2,后一位 6,满 5 进 2,2＋2＝4,所以积的第五位数是 4;

⑥ 6 的本个是 4,后一位 9,满 75 进 3,4＋3＝7,所以积的第六位数是 7;

⑦ 9 的本个是 6,所以积的末位数是 6。得数 2 975 476。

练 习 题

用"一口清"计算下列各题

① 2 679 180 × 4 ＝   ② 541 794 × 4 ＝

③ 65 711 983 × 4 ＝   ④ 2 701 438 × 4 ＝

⑤ 49 056 × 4 ＝   ⑥ 9 283 494 × 4 ＝

⑦ 63 927 × 4 ＝   ⑧ 3 954 376 × 4 ＝

⑨ 42 073 × 4 ＝   ⑩ 49 782 × 4 ＝

五、乘数为 5

1. 5 的个位律

用 5 分别去乘 1、2、3、4、5、6、7、8、9 时。被乘数与它的"本个"数对应关系如下：

1 2 3 4 5 6 7 8 9 ·········被乘数
| | | | | | | | |
5 0 5 0 5 0 5 0 5 ·········本个数

从上面对应关系可以看出,凡是 5 与奇数相乘,其"本个"都是 5,凡是 5 与偶数相乘,其"本个"都是 0。因此,5 的个位律口诀为:奇 5 偶 0。

2. 5 的进位律

乘数是 5 的进位律共有四句口诀:满 2 进 1,满 4 进 2,满 6 进 3,满 8 进 4。也就是说,当被乘数是 2 和 3 分别与 5 相乘都进位 1;4 和 5 分别与 5 相乘都进位 2;6 和 7 分别与 5 相乘都进位 3,8 和 9 分别与 5 相乘都进位 4。所以,也可以把 5 的进位律概括为"折半取整"。

[例 6-8]   163 874×5＝819 370

```
  0  1  6  3  8  7  4  ·········被乘数
     5  0  5  0  5  0  ·········本个
  0  3  1  4  3  2     ─────  ·········后进
  0  8  1  9  3  7  0  ·········乘积
  ①  ②  ③  ④  ⑤  ⑥  ⑦
```

脑算过程：

① 被乘数的首位是 1，不进位，1 折半取整为 0，所以积的首位数为 0；

② 1 为奇数，本个是 5，后一位是 6，满 6 进 3，5＋3＝8，所以积的第二位数是 8；

③ 6 为偶数，本个是 0，后一位是 3，折半取整是 1，0＋1＝1，所以积的第三位数是 1；

④ 3 的本个是 5，后一位是 8，满 8 进 4，5＋4＝9，所以积的第四位数是 9；

⑤ 8 的本个是 0，后一位是 7，折半取整是 3，0＋3＝3，所以积的第五位数是 3；

⑥ 7 的本个是 5，后一位是 4，满 4 进 2，5＋2＝7，所以积的第六位数是 7；

⑦ 被乘数的最末位 4 为偶数，本个是 0。得数 819 370。

[例 6-9]   837 456×5＝4 187 280

```
  0  8  3  7  4  5  6  ·········被乘数
     0  5  5  0  5  0  ·········本个
  4  1  3  2  2  3     ─────  ·········后进
  4  1  8  7  2  8  0  ·········乘积
  ①  ②  ③  ④  ⑤  ⑥  ⑦
```

脑算过程：

① 被乘数首位是 8，满 8 进 4，所以积的首位数是 4；

② 8 的本个是 0，后一位 3，折半取整是 1，进位 1，0＋1＝1，所以积的第二位数是 1；

③ 3 的本个是 5，后一位 7，折半取整是 3，进位 3，5＋3＝8，所以积的第三位数是 8；

④ 7 的本个是 5，后一位 4，满 4 进 2，5＋2＝7，所以积的第四位数是 7；

⑤ 4 的本个是 0，后一位 4，满 4 进 2，0＋2＝2，所以积的第五位数是 2；

⑥ 5 的本个是 5，后一位 6，满 6 进 3，5＋3＝8，所以积的第六位数是 8；

⑦ 被乘数最末位 6 为偶数，本个是 0，所以积的最末一位是 0。得

数 4 187 280。

练 习 题

用"一口清"计算下列各题

① 2 647 901×5＝   ② 34 876×5＝

③ 7 642 086×5＝   ④ 701 453×5＝

⑤ 5 640 438×5＝   ⑥ 2 935 624×5＝

⑦ 50 627×5 ＝   ⑧ 52 103×5＝

⑨ 845 631×5 ＝   ⑩ 7 834 904×5＝

六、乘数为 6

1. 6 的个位律

用 6 分别去乘 1、2、3、4、5、6、7、8、9 时,被乘数与它的"本个"数对应关系如下:

```
1  2  3  4  5  6  7  8  9 …………被乘数
|  |  |  |  |  |  |  |  |
6  2  8  4  0  6  2  8  4 …………本个数
```

从上面的对应关系可以看出,凡是偶数与 6 相乘,其本个就该是偶数本身,如:2、4、6、8 与 6 相乘本个也分别为 2、4、6、8。凡是奇数与 6 相乘,其"本个"数就是该奇数本身加减 5(奇数大于或等于 5 就减 5;奇数小于 5 就加 5)。如:1×6 ＝6,1＋5＝6。因此,6 的个位律可以概括口诀为:偶自身,奇自身加减 5。

2. 6 的进位律

乘数为 6 的进位律可以归纳成五句口诀:超 16 进 1,超 3 进 2,满 5 进 3,超 6 进 4,超 83 进 5。

超几进几,不仅要看前一两位,而且有时还要看三位、四位……,直至确定出大于或小于为止。如:83.334 是大于 83,是超 83 进 5;如 16 666 是小于 16,不是超 16,不进位。

[例 6-10] 665 332×6＝3 991 992

```
0  6  6  5  3  3  2  …………被乘数
   6  6  0  8  8  2  …………本个
3  3  3  1  1  1     …………后进
3  9  9  1  9  9  2  …………乘积
①  ②  ③  ④  ⑤  ⑥  ⑦
```

脑算过程:

① 被乘数前三位数 665 不超 6,而满 5 进 3,所以积的首位是 3;

② 6 为偶数,本个为 6,后二位是 65,满 5 进 3,6＋3＝9,所以积的第二位是 9;

③ 6 的本个是 6,后位是 5,满 5 进 3,6＋3＝9,所以积的第三位数是 9;

④ 5 为奇数,本个为 0,后三位是 332,不超 3,而超 16 进 1,所以积的第四位数是 1;

⑤ 3 为奇数,本个是 8,后两位 32 超 16 进 1,8＋1＝9,所以积的第五位数是 9;

⑥ 3 的本个是 8,后位是 2,超 16 进 1,8＋1＝9,所以积的第六位数是 9;

⑦ 被乘数最末位 2 为偶数,本个是 2,所以积的最末一位是 2。得数 3 991 992。

[例 6-11] 843 275×6＝5 059 650

```
  0  8  4  3  2  7  5   …………被乘数
     8  4  8  2  2  0   …………本个
  5  2  1  1  4  3      …………后进
  5  0  5  9  6  5  0   …………乘积
  ①  ②  ③  ④  ⑤  ⑥  ⑦
```

脑算过程:

① 被乘数首二位 84 超 83 进 5,所以积的首位数是 5;

② 8 的本个为 8,后位 4,超 3 进 2,8＋2＝10,所以积的第二位数是 0;

③ 4 的本个为 4,后位 32,不超 3,而是超 16 进 1,4＋1＝5,所以积的第三位数是 5;

④ 3 的本个为 8,后位 2,超 16 进 1,8＋1＝9,所以积的第四位数是 9;

⑤ 2 的本个为 2,后位 7,超 6 进 4,2＋4＝6,所以积的第五位数是 6;

⑥ 7 的本个为 2,后位 5,满 5 进 3,2＋3＝5,所以积的第六位数是 5;

⑦ 5 的本个是 0,所以积的末位数是 0。得数 5 059 650。

练 习 题

用"一口清"计算下列各题

① 4 978 625×6 ＝   ② 863 509×6 ＝

③ 6 457 396×6 ＝   ④ 398 072×6 ＝

⑤ 65 104×6 ＝   ⑥ 8 879 209×6 ＝

⑦ 4 697 812×6 ＝   ⑧ 2 610 938×6 ＝

⑨ 45 219×6 ＝   ⑩ 76 341×6 ＝

七、乘数为7

1.7 的个位律

用 7 分别去乘 1、2、3、4、5、6、7、8、9 时,被乘数与它"本个"数的对应关系如下:

```
1  2  3  4  5  6  7  8  9 ·········· 被乘数
|  |  |  |  |  |  |  |  |
7  4  1  8  5  2  9  6  3 ·········· 本个数
```

从以上对应关系,可以看出:凡是偶数与 7 相乘,其本个数是它的自倍积的个位数字。如:8×7=56,8 自倍积的个位数字是 6;凡是奇数与 7 相乘,其本个是该奇数自倍积的本个数再加减 5。如:7×7=49,7 自倍积的个位数字是 4,再加 5,其本个是 9。3×7=21,3 自倍积的个位数字是 6,再减 5,其本个是 1,所以 7 的个位律概括口诀为:偶自倍,奇自倍加减 5。

7 的个位律换算比较麻烦,可分为三段熟记它们的对应关系,还能发现 7 的个位律同 3 的个位律的顺序刚好相反,741 852 963。所以在 3 的个位律基础上,再熟记 7 的个位律就比较容易。

2.7 的进位律

乘数为 7 的进位律有六句口诀:超 142 857 进 1,超 285 714 进 2,超 42 857 进 3,超 571 428 进 4,超 714 285 进 5,超 857 142 进 6。

从上述六句口诀看,数字较难记。但是,这些进位律的数字都是这六个数字按顺序循环,只是数字循环顺序排列不同。进一步观察,进位界限的首位数字与进几也有一定的规律性。即首位是 1 或 2,后位超过六个循环数的任意一位,进位数就是本身(进 1 或进 2),如:142 858 与 28 572 分别进 1 或进 2;首位是 4 或是 5,后位超过这个循环数的任意一位,进位数比首位数小 1(进 3 或进 4)。如:4 286 与 5 715 分别进 3 或进 4;首位是 7 或 8,后位超过这个循环数的任意一位进位数比首位小 2(进 5 或进 6)。如:7 143 或 858 分别进 5 或进 6。

在实际计算中,很少遇到这样大的循环数与 7 相乘,绝大多数情况按顺序前一、二、三位数就能判断出其超与不超。乘数为 7 的六句进位规律口诀,都是按 142 857 这六个数字依次序循环,所以只要熟记 142 857 这六个数字,其他口诀也就很容易掌握了。

[例 6-12] 285 736×7=2 000 152

```
0 2 8 5 7 3 6 ·········· 被乘数
  4 6 5 9 1 2 ·········· 本个
2 6 4 5 2 4   ·········· 后进
2 0 0 0 1 5 2 ·········· 乘积
① ② ③ ④ ⑤ ⑥ ⑦
```

脑算过程:

① 被乘数前五位 28 573,超 285 714 进 2,所以积的首位数是 2;

② 2 的本个是 4,后四位 8573,超 857 142 进 6,4＋6＝10,所以积的第二位数是 0;

③ 8 的本个是 6,后三位 573,超 571 428 进 4,4＋6＝10,所以积的第三位数是 0;

④ 5 的本个是 5,后两位 73,超 714 285 进 5,5＋5＝10,所以积的第四位数是 0;

⑤ 7 的木个是 9,后位 3,超 285 714 进 2,9＋2＝11,所以积的第五位数是 1;

⑥ 3 的本个是 1,后位 6,超 571 428 进 4,1＋4＝5,所以积的第六个数是 5;

⑦ 被乘数末位数 6,本个是 2,所以积的末位数是 2。得数 2 000 152。

[例 6-13] $426\ 715 \times 7 = 2\ 987\ 005$

```
0  4  2  6  7  1  5  …………被乘数
   8  4  2  9  7  5  …………本个
2  1  4  5  1  3     …………后进
2  9  8  7  0  0  5  …………乘积
①  ②  ③  ④  ⑤  ⑥  ⑦
```

脑算过程:

① 被乘数前三位 426,超 285 714 进 2,所以积的首位是 2;

② 4 的本个是 8,后两位超 142 857 进 1(不超 285 714 进 2),8＋1＝9,所以积的第二位数是 9;

③ 2 的本个是 4,后位 6,超 571 428 进 4,4＋4＝8,所以积的第三位数是 8;

④ 6 的本个是 2,后三位 715,超 714 285 进 5,2＋5＝7,所以积的第四位数是 7;

⑤ 7 的本个是 9,后两位 15 超 142 857 进 1,9＋1＝10,所以积的第五位数是 0;

⑥ 1 的本个是 7,后位 5,超 428 571 进 3(不超 571 428 进 4),7＋3＝10,所以积的第六位数是 0;

⑦ 5 的本个是 5,所以积的末位数是 5。得数 2 987 005。

练 习 题

用"一口清"计算下列各题

① 2 579 468×7 ＝   ② 451 073×7 ＝

③ 9 376 851×7 ＝   ④ 4 750 926×7 ＝

⑤ 3 589 706×7 ＝   ⑥ 45 792×7 ＝

⑦ 687 204×7 ＝   ⑧ 42 318×7 ＝

⑨ 32 604×7 ＝   ⑩ 8 923 754×7 ＝

八、乘数为8

1.8 的个位律

用8分别去乘1、2、3、4、5、6、7、8、9时,被乘数与其"本个"数的对应关系如下:

```
1 2 3 4 5 6 7 8 9 ………被乘数
| | | | | | | | |
8 6 4 2 0 8 6 4 2 ………本个数
```

从以上可以看出,乘数为8的本个数就是被乘数本身补数自倍的个位数。如6×8＝48,6的补数是4,4的自倍是8,所以6的本个是8;9×8＝72,9的补数是1,1的自倍是2,所以9的本个是2。因此,8的个位律可概括口诀为:8补自倍。

为了更好地掌握8的个位律,可以分为小数(1、2、3、4)和大数(6、7、8、9),小数先倍后补(如3自倍是6,6的补数是4)。也可以分段记忆,只要我们记住1、2、3、4的本个数分别是8、6、4、2,就可记住6、7、8、9的本个数也分别是8、6、4、2。8的本个律与2的本个律正好相反。

2.8 的进位律

乘数为8的进位律共有七句口诀:满125进1,满25进2,满375进3,满5进4,满625进5,满75进6,满875进7。

乘数为8的进位律口诀虽然较多,但只要掌握进位界限和进位数之间的内在联系,就不难记忆。可以看到,进位界限首位数小于5时,其进位数就是进位界限首位本身。如:满125进1,125的首位数为1,就进1。进位界限首位数字等于或大于5时,其进位数就是进位界限首位数减1。如:满625进5,625的首位是6就进5。还可以发现,口诀当中125与625、375与875,首数都差5,所以只要记住前三句口诀也会很容易掌握。

[例6-14] 687 439×8＝5 499 512

0	6	8	7	4	3	9	………………被乘数
	8	4	6	2	4	2	………………本个
5	6	5	3	3	7		………………后进
5	4	9	9	5	1	2	………………乘积
①	②	③	④	⑤	⑥	⑦	

脑算过程:

① 被乘数前两位 68,满 625 进 5,所以积的首位数是 5;

② 6 的本个是 8,后三位 874 满 75 进 6(不满 875),8+6=14,所以积的第二位数是 4;

③ 8 的本个是 4,后两位 74,满 625 进 5(不满 75),4+5=9,所以积的第三位数是 9;

④ 7 的本个是 6,后一位是 4,满 375 进 3,6+3=9,所以积的第四位数是 9;

⑤ 4 的本个是 2,后两位 39 满 375 进 3,2+3=5,所以积的第五位数是 5;

⑥ 3 的本个是 4,后位 9,满 875 进 7,4+7=11,所以积的第六位数是 1;

⑦ 被乘数的末位数 9 的本个是 2,所以积的末位数是 2。得数 5 499 512。

[例 6-15] 123 475×8＝987 800

0	1	2	3	4	7	5	………………被乘数
	8	6	4	2	6	0	………………本个
0	1	2	3	6	4		………………后进
0	9	8	7	8	0	0	………………乘积
①	②	③	④	⑤	⑥	⑦	

脑算过程:

① 被乘数前三位 123 小于 125,不进位,所以积的首位数是 0;

② 1 的本个是 8,后两位 23,满 125 进 1(不满 25),8+1=9,所以积的第二位数是 9;

③ 2 的本个是 6,后两位 34,满 25 进 2(不满 375),6+2=8,所以积的第三位数是 8;

④ 3 的本个是 4,后位 4,满 375 进 3,4+3=7,所以积的第四位数是 7;

⑤ 4 的本个是 2,后两位 75,满 75 进 6,2+6=8,所以积的第五位数是 8;

⑥ 7 的本个是 6,后一位 5,满 5 进 4,6+4=10,所以积的第六位数是 0;

⑦ 被乘数是末位 5,本个是 0,所以积的末位数是 0。得数 987 800。

练 习 题

用"一口清"计算下列各题

① 2 873 106×8 =　　　② 432 891×8 =

③ 89 275×8 =　　　　④ 7 291 356×8.=

⑤ 986 207×8 =　　　⑥ 73 504×8 =

⑦ 73 284×8 =　　　　⑧ 237 149×8 =

⑨ 9 614 782×8=　　　⑩ 9 568×8 =

九、乘数为9

1.9 的个位律

用9分别去乘1、2、3、4、5、6、7、8、9时,被乘数与它的"本个"数对应关系如下:

```
1  2  3  4  5  6  7  8  9 ………… 被乘数
|  |  |  |  |  |  |  |  |
9  8  7  6  5  4  3  2  1 ………… 本个数
```

从以上对应关系,很明显地看出,每个数与9相乘,其本个数正好是其本身的补数,所以9的个位律概括口诀为:9自补,也可以说自身补数。

2.9 的进位律

乘数为9的进位律共有8句口诀:超1进1,超2进2,超3进3,超4进4,超5进5,超6进6,超7进7,超8进8。也可以归纳为一句:超几进几。超几进几的几都是一个数字。

在实际计算时,要用比较被乘数后位相邻两数的大小来确定进几。如果后两位相同,还要继续往后看,直到出现异数为止。如果后位相邻两数的后位数大于前位数,那么前位数是几就进几。如:778乘9进7,8 889乘9进8。如果后位数小于或等于前位数,则进位数是前位数减1,如666乘9进5,4 443乘9进3。

[例6-16]　887 796×9＝7 990 164

```
0  8  8  7  7  9  6 ……… 被乘数
   2  2  2  3  3  1  4 ……… 本个
7  7  7  7  8  5 _____ 后进
7  9  9  0  1  6  4 ……… 乘积
①  ②  ③  ④  ⑤  ⑥  ⑦
```

脑算过程:

① 被乘数前三位887,不超8,超7进7,所以积的首位数是7;

② 8的本个是2,后两位87,超7进7,2+7=9,所以积的第二位数是9;

③ 8的本个是2,后三位779,超7进7,2+7=9,所以积的第三位数是9;

④ 7的本个是3,后两位79,超7进7,3+7=10,所以积的第四位数是0;

⑤ 7的本个是3,后两位96,超8进8,3+8=11,所以积的第五位数是1;

⑥ 9的本个是1,后位6,超5进5,1+5=6,所以织的第六位数是6;

⑦ 6的本个是4,所以积的末位数是4。得数7 990 164。

[例6-17] 648 375×9=5 835 375

0	6	4	8	3	7	5	………被乘数
4	3	6	2	7	3	5	………本个
5	4	7	3	6	4		………后进
5	8	3	5	3	7	5	………乘积
①	②	③	④	⑤	⑥	⑦	

脑算过程:

① 被乘数前两位64,超5进5,所以积的首位数是5;

② 6的本个是4,后位48,超4进4,4+4=8,所以积的第二位数是8;

③ 4的本个是6,后位83,超7进7,6+7=13,所以积的第三位数是3;

④ 8的本个是2,后位37,超3进3,2+3=5,所以积的第四位数是5;

⑤ 3的本个是7,后位75,超6进6,7+6=13,所以积的第五位数是3;

⑥ 7的本个是3,后位5,超4进4,3+4=7,所以积的第六位数是7;

⑦ 5的本个是5,所以积的末位数是5。得数5 835 375。

"一口清"及其口诀,到此介绍完了。用"一口清"作乘法计算时,切忌用"九九口诀"运算,一定要用"一口清"口诀计算。

"一口清"训练时,要注重以下几点:首先要多练。在讲清楚"一口清"口诀的由来和掌握口诀的要领基础上,要多做练习题。特别是乘数3、4、6、7、8的"个位律"和"进位律"可练习到5 000题左右。其次要分步练。先练个位律,再练进位律,最后练本个加后进运算。最后要由浅入深练。逐渐增加被乘数位数,先练"一口清",再练"一笔清",直至"一眼成"。

在熟练"一口清"的基础上,乘算加"一口清",除算减"一口清"。

[例6-18] 78 643×18 246=1 434 920 178

采用空盘前乘法运算,公式定位法[定位公式(1)]:5+5=10(位)。如表6-1所示。

表 6-1 乘算一口清

轮次	加一口清	档次（盘上累加数）									
		10	9	8	7	6	5	4	3	2	1
1	7×18 246 一口清	1	2	7	7	2	2				
2	8×18 246 一口清		1	4	5	9	6	8			
3	6×18 246 一口清			1	0	9	4	7	6		
4	4×18 246 一口清				0	7	2	9	8	4	
5	3×18 246 一口清					0	5	4	7	3	8
最后盘上积数		1	4	3	4	9	2	0	1	7	8

[例 6-19]　396 294 522÷53 859＝7 358

采用归商结合除法运算,公式定位[不够除(头小)公式]:9－5＝4（位）。如表 6-2 所示。

表 6-2 除算一口清

减一口清	商数（减余数）档次								
	4	3	2	1	0	−1	−2	−3	−4
上被除数（布数）	3	9	6	2	9	4	5	2	2
7×53 859	七	1	9	2	8	1	5	2	2
3×53 859	七	三	3	1	2	5	8	2	2
5×53 859	七	三	五	4	3	0	8	7	2
8×53 859	七	三	五	八					

练 习 题

用"一口清"计算下列各题

① 3 769 428×9 ＝　　　　　② 39 465×9 ＝

③ 680 137×9 ＝　　　　　④ 5 361 072×9 ＝

⑤ 7 548 206×9 ＝　　　　⑥ 6 258 849×9 ＝

⑦ 135 926×9 ＝　　　　　⑧ 496 178×9 ＝

⑨ 142 587×9 ＝　　　　　⑩ 43 715×9 ＝

第七章　手工点钞与传票算法

第一节　手工点钞技术

手工点钞是人们日常生活中不可缺少的一项基本技能,对财经工作者尤为重要。手工点钞的方法很多,主要介绍几种实用、快速的点钞法。

一、手持式单指单张点钞法

这种方法不受券别种类限制,易于识别假钞,便于挑剔残损破钞,适用于临柜收付清点,应用较广。

1. 持票

把整理整齐的钞券正面对点钞者竖起,将其底部 1/4 处夹在左手的中指和无名指之间,食指和中指并放贴在钞券背面,拇指贴在钞券正面上端 1/4 处左侧边缘,稍用力使钞券向外倾斜成弧状,然后拇指向右用力使钞券稍微启开;右手拇指在钞券右上角处,食指和中指在后托住钞券,准备清点。如图 7-1 所示。

2. 清点

右手拇指尖逐张捻动钞券的右上角,并向右下方斜拉,同时无名指向手心勾动,左手拇指配合右手手指轻轻捻推,钞券会自然下落。清点过程中,要求诸指协调配合,点钞的手指捻拉幅度和运行距离要小,频率要快。

3. 记数

记数用 1234567890、2234567890、3234567890、42…,至 10234567890 为一把。记数要求手脑密切配合。为避免记数跟不上手点,不要用 11、12、13… 的记法。

4. 扎把

将钞券顿齐横放,然后用右手捏住钞券右半部分,拇指在正面向外,中指和食指在背面向里用力,使钞券对内成凹形;左手拇指与食指取纸条插在横立钞券的中间处,持钞券的右手食指压住纸条。如图 7-2 所示。左手拇指与食指捏住纸条由外向里绕圈,顺手用食指把纸条折角并插进钞券凹处,即把钞券捆扎好。

扎把、折把与平摊钞券要一环扣一环,在扎好把换手时,用左手拇指折开、摊平。

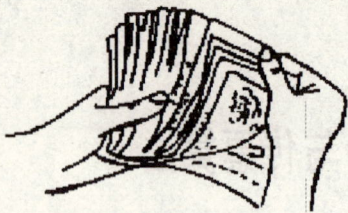

图 7-1

图 7-2

二、手持单指多张点钞法

这种方法是以手持式单指单张为基础,单指一次点多张的方法。它适用于整点各种大小钞券,比单张点钞省时、省力,操作方法除清点、记数外,其余与手持式单张点钞相同(所持票券的倾斜度要稍大些)。

1. 清点

右手拇指肚捻在钞券右上角,指尖超出券面。点两张时,用拇指肚捻第一张,指尖向下捻拉第二张。点三张、五张、七张……与其相似。捻拉的运行距离(幅度)不要过大,每点完一组向怀里方向弹拨一次。如图 7-3 所示。

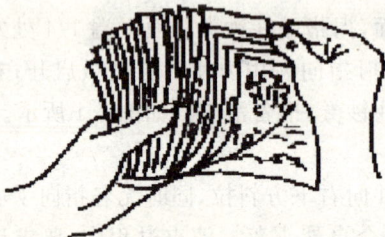

图 7-3

2. 记数

采用分组记数,如一指五张,以"5"为一组记一个数,点 20 次即为 100 张。

三、四指交替扇面点钞法

这是一种适用于复点钞券的较好方法,具有省力、省时、效率高等优点。

1. 持扇与开扇

钞券竖持,正面对点钞者。右手拇指放在钞券左下角偏上,食指和中指抵在钞券背面的下端,三指捏住钞券,无名指和小指自然曲向掌心;右手拇指按在钞券正面下半部(高于左手拇指)。其余四指在钞券背面,食指和中指放在左手食指的上面。

开扇时,以左手拇指处为轴心,右手拇指向左上捻搓,同时中指和食指向右下捻搓,左手配合右手反方向向怀内方向用力。如图 7-4 所示。开扇要刚中带柔,既快又准。熟练后,做到一二下就能将钞券打成扇形。

2. 清点

用右手拇指点第一组,食指沿着票面按逆时针方向移动按点第二组,中指、无名指顺序按点,然后再交替到拇指……依次循环。如图 7-5 所示。

右手按点的同时,持钞券的左手随着点钞的进度,以腕为轴,微向右转,以适

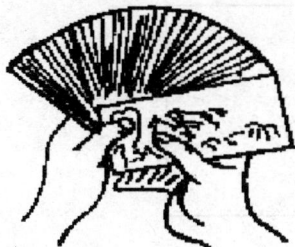

图 7-4   图 7-5

应右手按点的位置。双手要有机配合,协调一致。

清点过程中,为避免钞券移位,左手作轴的两指要坚定不移,四指点数的进度要快而一致。

第二节 传 票 算

一、传票算概述

传票是会计凭证。经济部门的会计核算、统计报表、财务分析等业务活动,其数字来源皆出自基础凭证的计算。而这些原始凭证的计算,其实就是传票计算。它的计算速度的快慢、计算结果的准确性,直接影响到各项业务活动的可靠性与及时性,因此,传票计算是财会工作的基本功。所以,财经工作者及财经院校的学生,必须熟练地掌握好传票计算这门技术,以便更好地为国家经济建设服务。

为了掌握过硬的传票运算技术,这里以全国珠算比赛的方式和要求为例阐述传票运算方法。

1. 传票的规格和数码编排

全国珠算技术比赛用的传票,一般长 19 厘米,宽 9 厘米,用四号手写体铅字 60 克书写纸印刷而成。每本 100 页,在左上角装订成册。每页各有五笔数,列成五行,每行数字下加横线,其中第二行和第四行为粗线。每笔数字最多为 7 位数,最少为 4 位数,均为金额单位,要求 0～9 各数码平衡出现。各行数字从 1 页至 100 页的总和均为 550 字。每页的右上角有阿拉伯数字,表示传票的页数。其规格样式如图 7-6 所示。

这是第 10 页的五行数字。传票命题是每连续 20 页的某行数字为一题。要求每连续 20 页内各行数字的和都是 110 字。要符合这一要求,传票的前 20 页(1～20)页,必须把 4 位至 7 位这四种数排列好,使 1 至 20 页内每行各种数字

	10
（一）	764.52
（二）	86 432.19
（三）	93.64
（四）	2 149.76
（五）	4 092.83

图 7-6

（4～7 位）都出现 5 次。排好了前 20 页，后面的 80 页，就只要按照前面 20 页循环就可以了。如第一页的（一）行是四位数，那么第 21、41、61、81 页的（一）行也都排 4 位数，这样，只要 1 页至 20 页是 110 个数码，则 2 至 21 页就也是 110 个数码。所以只要这样排下去，不管从哪页起，每页连续 20 页的数码和都是 110 个了。

2. 传票算的题型

全国珠算技术比赛的传票算，是采取限时不限量的比赛办法。赛题的数量，一般估计选手（绝大多数）在规定的时间内不能计算完（少数的尖子选手则采取加题的办法）。按照中珠协的比赛题型规定，每连续计算 20 页中的某一行为一题。所以命题时应注意起止页数。格式如表 7-1 所示。

表 7-1　　　　　　　　命　题　格　式

序号	行数	起止页数	答数	序号	行数	起止页数	答数
一	（二）	3～22		二十一	（三）	8～27	
二	（四）	14～33		二十二	（一）	11～30	
三	（一）	42～61		二十三	（二）	44～63	
四	（五）	78～61		二十四	（四）	51～70	
…	…	…		…	…	…	

二、传票算方法

（一）传票算基本方法

传票在计算前一定要进行仔细的检查，检查时应逐页逐页地翻好，以防漏页和重页，同时还要注意检查印刷是否清晰。发现问题要及时处理，发现重页，只要将重页撕下即可。若有漏页，则应调换。印刷不清的要问明描清。

1. 将传票打成扇面状

检查完后将传票进行整理，因传票运算时，左手要一页一页地翻传票。为了加快翻传票的速度和避免翻重页的现象出现,运算前需将传票捻成扇面形状,使每张传票松动。方法是左手拇指在传票的封面中部稍左,其余四指在传票封底的中部稍左;右手拇指放到传票封面右上面,其余四指放到传票封底中部稍右。

双手按上述方法握好传票后,右手向怀内方向扇动,左手配合右手反方向用力。然后用夹子将传票的左上角夹住即可。

根据个人需要,如第一次扇开过大或过小,可作第二次扇动调整。练习久后,要求扇动一次即可打成扇面状。

2. 翻页、运算

传票算是用右手打算盘,左手翻传票。左手分工及翻页方法:小指和无名指勾起,轻轻抵在传票封面上;中指稍弯曲靠在封面上;拇指(用鼓起部分的外侧)负责翻页;食指挡在掀过页的背面,和中指夹住运算完的那部分传票。拇指翻一页,食指立即挡一页。

翻页时,应分批折页(将折过的部分用小指压住),不要一页一折过。

3. 找页

找页是传票算的基本功之一,要加强练习。

① 熟悉传票的厚度,凭手的感觉掌握前 15 页、30 页、50 页、70 页等的厚度。经过反复练习,基本上能一次翻到 15 页、30 页、50 页、70 页等。

② 练习翻各算题的开始页。方法是:自己默念一个页码,凭手感至多翻动三次传票,就要翻到默念的页码。

如念 34 页,凭手感一次翻到 30 页略多,迅速用左手向前(或后)调整一下页码,就要翻到 34 页。

4. 看、翻、写、清的配合

① 翻、看结合。翻到起始页,立即看记、拨算该页数,同时,拇指稍稍掀起第一页;当最后两个数字摸珠入盘时,拇指迅速掀过第一页,同时看记、拨算下页数,食指挡住第一页,拇指稍稍掀起第二页。

② 写、看结合。运算完一题,进行看盘写数(眼不看笔)的同时,用眼的余光看记下一题的起始页数。

③ 写、找结合。看记下题起始页之后,右手仍在继续写答数,同一时间内,拿传票的左手迅速翻找页,力争答数写完,页数也找到。

④ 清、看结合。清盘的同时,迅速看下一题要求计算哪一行。此时,左手若尚未找准下一题起始页,就在清盘看行的同时,继续找页。

上述几个环节中,看页、找页、看行不单独占用时间。若能有机配合,则能节省时间,提高运算速度。

（二）传票算具体方法

传票算，要用穿梭打法。

1. 一加一页翻算法

计算时始终将整个左手放在每题的起始页中部偏左处，左手翻页（方法如前所述），右手拨珠算，心里默记页数。此时借助眼睛余光作用是很大的，需要用心去体会，不是绝对地去看数再拨入盘中，也不是孤立地看算，而是眼睛看数的同时，手已拨珠到位，即所谓"眼到手到"。

2. 一加多页传票算法

一次翻加一页的传票算法，有一定局限性，使我国传票成绩在较长时期内提高较慢。1984 年 11 月全国珠算技术广州邀请赛中，吉林选手郭晓娟用"一加两页"的传票打法，成绩飞跃。从此，全国练习"一加多页"者风起云涌。

（1）"一加两页"的翻算法

方法一　将中指、无名指和小指放在传票封面中部或中部偏左。食指抵在掀过页背面，拇指（用鼓起部分）先翻起起始页，（用稍前部分）再翻起第二页，使两页有一定间隙（高度以能同时看到两页的行数字为宜），并心算其和一次入盘。当和数的最后两个数字将摸珠入盘时，拇指迅速将前两页翻过，食指抵住，以后用同样方法一次翻算两页。

方法二　小指、无名指放到传票封面中部，中指抵在掀过的那页背面；食指挑起开始页，拇指翻开第二页，同时心算两页的同一行数之和。将和数拨珠入盘。在和数的最后两个数字摸珠入盘的同时，拇指将已心算过的两页掀起。（食指抽出）中指迅速跨过这两页，并抵在第一、二页的背面，同时，食指挑起第三页，依次类推。如第 37 页、38 页的第四行数之和为 43 290.76，该和数最后的两个数字 76 入盘的同时，拇指迅速将 38 页连同 37 页掀起，中指跨过 37、38 两页，并抵住 38 页（1～38 页由无名指和中指夹住），同时食指挑起 39 页，拇指跨过 39 页翻开 40 页，继续进行计算。

（2）"一加三、四页"的翻页方法

"一加三、四页"的打法与"一加两页"相似，难度是需要心算更多行数之和。

"一加三页"的翻页方法：无名指和小指放在传票封面，中指抵在掀过页背面，食指挑起开始页，拇指掀起第二页，心算三张同一行数之和，随最后两个数字摸珠入盘的同时，拇指迅速翻起第三页，连同前两页一并翻过，由中指抵住，以下用同样方法一次翻算三页。"一加四页"的翻页方法：小指放在传票封面，无名指抵在掀过页前面，中指挑起开始页，食指挑起第二页，拇指翻起第三页，摸珠拨加和数的同时，拇指迅速翻起第四页，连同前三页一并翻过，算过的页由无名指压住。

三、传票算练习应注意的问题

在做传票算练习时,应注意以下问题:

① 在传票计算时,左手翻页切忌不能用右手帮忙。

② 初学打传票,特别是利用"一加两页"计算方法时,面对第 2 页的运算,需要左手拇指进行调整,上下要随时煽动,利用缝隙心算一次拨珠到位。

③ 左手要始终放在传票中间。

第三节　账　表　算

在实际工作中,各核算部门经常要在月末、季末、年末向上级主管部门报送各种核算报表,报表中分列着各种指标,这些指标填列后要计算汇总,并进行内在的试算平衡。这就是账表算,要求有过硬的基本功,保证准确性与及时性。

一、账表算格式

账表算每张表纵向五栏,每栏 20 笔数,横向 20 行,每行 5 笔数,要求纵横轧平,结算出总计数。

账表中各行数字最少 4 位,最多 8 位。纵向每题 120 个数码,由 4 位至 8 位各一笔数组成,均为整数,不带角分。数码要求 0~9 均衡出现。

每张账表都有 4 个减号,纵向第四、第五题各有两个,横向分别在四个题中,每题各有一个减号。每个带有减号的题都为正值,不设得负数的题。账表算的格式如表 7-2 所示。

表 7-2　　　　　　　全国珠算技术比赛标准练习题

单位		姓名		考号	

纵对题	横对题	轧平对题	分数	初评	复评

账表算

	一	二	三	四	五	小计
1	4 257	41 802 639	71 836	580 723	8 124 073	
2	5 702 914	9 152	856 012	36 592	74 603 812	
3	93 482	350 284	3 107 945	41 603 279	5 369	

4	125 049	6 614 703	58 340 271	9 465	68 154	
5	63 051 794	83 461	4 378	− 6 245 017	290 637	
6	8 532	7 038 516	92 653	89 072 017	539 701	
7	270 168	1 975	6 437 109	17 982	42 056 873	
8	87 631	34 295 087	589 024	2 481 306	− 3 912 048	
9	70 652 914	46 238	2 865	960 273	81 975	
10	2 946 805	927 601	80 913 472	3 429	406 389	
11	3 487	50 471 396	7 204 916	78 914	6 870 253	
12	91 562	8 523	29 065 743	301 762	57 612	
13	7 036 259	703 948	8 259	60 187 235	20 594 78	
14	560 743	6 190 234	31 486	4 596	9 175	
15	28 109 643	25 789	690 372	− 5 862 071	35 742 069	
16	8 195	851 067	5 386 107	39 158	83 512	
17	376 801	9 952	74 952 081	8 045 736	6 418	
18	13 784	4 647 501	203 914	19 750 834	− 178 049	
19	6 981 037	74 902 186	65 748	5 481	4 510 932	
20	20 834 965	39 748	7 195	914 508	89 463	
小计						

二、账表算计算要领

① 起盘时从高向低位计算,然后尾起从低位向高位计算,穿梭式打法运算。

② 横行表算每一行有五个数码组成。运算时需要左右兼顾,因此算盘要随着各数码位置的变化而左、右移动,时时保持算盘的位置与所计算的数码相对应,以提高运算速度。

③ 横行表算第一行运算结束后,由于算盘处于表中偏右处,书写完答案后,第二行起算盘要从右开始由高向低位运算,采用穿梭式打法,使运算不断循环往复。

④ 纵、横表算的每一题答案要书写工整,便于纵、横表算两个合计数相等,账表平衡。

三、账表算算法

(一)纵列表算

1. 加法题

可采用一目三行直加法、一目三行弃九加法等方法。

2. 加减混合题

可采用一目多行混合加减法方法。这些方法前面已介绍,不再重复。

(二)横行表算

1. "一、二、二"打法

具体步骤为:

① 先将第一笔数码从高位向低位拨入盘中。

② 将算盘移至第二、三笔数码中间,利用心算从高位向低位一次拨珠到位,书写该行答案。

③ 将算盘移至第四、五笔数码中间,利用心算从高位向低位一次拨珠到位,书写该行答案。

④ 第二行运算从高位向低位计算第四五笔数码,再从低位向高位计算第二、三笔数码,最后从高位向低位计算第一笔数码,并书写第二行答案。如此往复。

2. "二、一、二"打法

原理同上,只是先计算前两个数码,再计算第三个数码,最后心算计算后两个数码,书写答案。

3. "三、二"打法

"三、二"打法是最常用的方法,与前两个方法比较,它可以减少拨珠次数,提高运算速度及准确程度。

原理是利用心算将前三个数码一次拨珠到位,然后采用穿梭式打法将后两个数码利用心算一次拨珠到位,书写答案。

前三个数码利用心算处理有两种方法,其一是横向三个数码直加法,其二是横向三个数码弃九加法。

平时练习较多的是竖列连加法,采用一目三行弃九加法已形成习惯,一旦横向三个数码采用弃九加法就感觉不能用,这只是一个习惯性问题,经实践证明,横向弃九加法是切实可行的,不但能提高账表的运算速度,而且能提高账表运算的准确程度。

四、比赛规定

珠算比赛共分加减算、乘算、除算、传票算、账表算等 5 个单项及全能比赛项目。各项比赛采取限定时间不限制题量的原则,每项比赛时间定为 10(或 5)min。比赛题型采用全国珠算技术比赛标准化试题。

评分标准:加减法每一题 14 分,乘法、除法每一题 4 分,传票算每一题 15 分,账表算纵向题每一题 14 分,横向题每一题 4 分,每一张账表轧平再加 50 分,即每一张账表满分为 200 分。

附　　录

一、如何进行珠算技术等级鉴定

　　财政部(85)财会字第 60 号文件,批示同意《全国珠算技术等级鉴定标准》(以下简称《标准》)作为考核财会人员珠算技术水平的试行标准。要求凡担任财会专业职务的人员,对其珠算技能的考核,起码达到该《标准》的普通五级,才为珠算技能合格。目前,各部门、各行业根据财会工作的实际情况和形势发展需要,对此《标准》又有更高的要求,以不断提高广大财会人员的业务素质,适应社会主义市场经济的需要。

　　《全国珠算技术等级鉴定标准》简介:

　　1979 年,中国珠算协会成立之后,珠算技术比赛和鉴定工作得到了初步开展,继而全国各地普遍要求有个统一的标准,经中国珠算协会会同有经验的专家反复研究和推敲,于 1984 年武汉会议上讨论通过,并在全国范围试行。

　　1. 标准的特点

　　(1) 科学性

　　《标准》分为两等 12 级,即能手级 6 个级别、普通级 6 个级别(其中一级为高)。能手级主要为选手比赛用的,普通级主要为广大业务人员及在校学生日常应用。

　　《标准》是符合初等数学原理的,加算、减算、乘算和除算四种运算均有,有整数,也有小数。从普通五级以上,乘算和除算均有四舍五入的题,随着级别的不同,要求的难度也不同。级别越高,难度越大。加减算,在普通三级以上均有小数题,特别是能手级还有两个倒减题,而普通三级以下的加减均无小数题。初次参加鉴定的人员,根据本人的珠算水平,申请参加相应的级别进行鉴定,对复试继续晋升的人员允许适当跨级参加鉴定考试。

　　(2) 群众性

　　该《标准》是根据我国当前财经人员珠算技术水平现状而制定的,它分为两等 12 级,从而满足了广大财会人员逐步提高珠算技术水平的要求,满足了各类专业人员业务考核的需要。因此,深受大家的欢迎。

　　财政部要求财会人员珠算技能必须达到普通五级,而有些单位则要求达到四级、三级,还有许多大专院校和中等专业学校,将珠算技术等级鉴定成绩作为学生的毕业考试成绩,同时,所获得相应的珠算等级证书,被社会承认。

（3）广泛性

它以广大珠算爱好者和运用者为对象,各机关、团体、企业、事业、部队中的有关人员,以及在校学生和城乡个人,均可集体或个人单独向珠算协会申请,参加本《标准》的考核。《标准》以实际珠算运算的能力来定级,适合于广大珠算运用者。其不同的鉴定结果,可以作为会计、经济、统计等系列专业技术初级职称的评定条件之一,也可以作为某种职业、职务或岗位的一项技能要求,还可以取其某一级作为及格线,用于检验、评定学生的珠算学习成绩,或作为评比、鼓励集体或个人的一项内容。

2. 珠算技术等级鉴定的内容

（1）组织鉴定的有关事项

① 凡独立承担等级鉴定任务的珠算协会,都要建立鉴定工作委员会或领导小组,由中国珠算协会培训的称为"注册鉴定员",可以进行任何种类和级别的鉴定工作。经省珠算协会培训的,称为"责任鉴定员",可以进行普通级鉴定工作。两级鉴定员的工作受其鉴定委员会(或领导小组)的领导。无相当级别鉴定员在场的鉴定结果无效,对于不积极、不履行职责义务的鉴定员,可撤销其资格。

② 进行珠算鉴定考核时,该鉴定委员会(或领导小组)必须选出两名鉴定员主持鉴定工作。为了严肃珠算等级鉴定工作,真实反映参试者的水平,我们认为参试者每场不得超过 50 人,凡超过 50 人,需增派相应的鉴定员监考为宜。珠算等级是以单卷考试成绩予以鉴定,可只考一场,但为了给报考者多提供一次机会,可实行两卷制,即报名一次,连考两场。每场之间适当休息数分钟,最后通过择优原则定成绩。

③《标准》鉴定卷的卷面格式由中国珠算协会统一设计,出题和印刷权限归省珠算协会。

《中华人民共和国珠算技术等级证书》由中国珠算协会统一印刷,不得仿制和翻印。

④ 珠算等级鉴定工作是为社会提供单项技术证件和科技咨询服务性活动,可以适当收费。

（2）鉴定员的注意事项

① 鉴定员要思想作风正派,不徇私情,鉴定中要严格按《标准》办事,要积极热情地为参试人员服务,鉴定前,要耐心向参试人员讲清考核要求和注意事项,尽量使参试人员情绪稳定,精神不紧张,以便充分发挥出水平。

② 鉴定员要严格遵守纪律,不得窃题或外传,代报考人修正和补填答案等。如有上述情况发生,经查明,不论属于专职人员还是兼职人员,以后均不准再参

加等级鉴定工作。属于工作失误,如判卷认定不慎所造成的错判,经复查属实,应予以纠正,但不必过多追究个人责任。

③ 参试人员入场按编号入座后,鉴定员要核定准考证相片和号码,准确无误后,即可发试卷。每场鉴定结束后,鉴定员要收集试卷,并清点张数,收回数与发出数要相符。

④ 在考核过程中,如遇有违纪行为,鉴定员应及时记下考生的姓名和准考证号,不得轻易采取清除出场的简单做法,应予以批评教育,通报其所在单位或吊销其已取得的珠算技术等级证书,并在一定时期内不准重新报考。

(3)参试人员须知

① 参试人员要在规定的时间内持两张一寸免冠照片到鉴定单位报名,准时应考。参试人员在考试时可以携带算盘,蓝(黑)钢笔或圆珠笔入场,不要携带书包、书籍、电子计算器和与考试无关的物品。

参试人员应在考前 10 分钟入场,听从鉴定员的指挥,对号入座出示准考证(或学生证)。

② 当鉴定员发卷后,参试人员要在卷面规定的地方将姓名、单位、考号填写清楚,然后将考卷扣过来,等待发令。当鉴定员发出"准备"口令时,参试人员立即翻过试卷,发出"开始"口令后即进行运算。如果发现试题中某数不清时,可任意填写"0"以外的数进行计算,答案书写要清晰可辨。

③ 珠算技术等级鉴定是在限定的时间内以实际答对题数为依据,与珠算比赛得分有所区别,不考虑小分。在书写技巧上要注意三点:一是每题不准保留两个自己未做取舍的答案;二是改写过的数码必须清楚,能够辨认;三是凡有小数的答案,必须准确点出小数点,小数以下比规定多保留的位数,只要得数正确,不妨碍四舍五入的正确数值,可算对题。

④ 考生不能用笔算,不能用电子计算器代替珠算,不得相互对答案,不得传递数据,不得替人应试,不得抄录试题答案或将试卷带出场外,一经发现任何违犯考场纪律的行为,根据情节轻重,给予必要的处理。

二、各级核定标准要求情况说明

级别	题型	计算要求	达到本级标准要求对题数量			说明
			加减	乘算	除算	
普通六级	普通六级题加减、乘除算各10题	计算时间 20 分钟,乘除算无小数	8	8	8	

普通五级	普通五级题加减、乘除算各10题	计算时间20分钟,带小数乘除算保留小数二位,以下四舍五入	8	8	8	① 每级合格标准为必须达到本级要求题数。其中两项达到本级,其余项低于本级,按最低项目核定。例如:能手级题型加、减对12题,乘、除各对14题,按12题核定为能手四级
普通四级	普通四级题加减、乘除算各10题	(同上)	8	8	8	
普通三级	普通三级题加减、乘除算各10题	(同上)	8	8	8	
普通二级	普通二级题加减、乘除算各10题	(同上)	9	9	9	
普通一级	普通一级题加减、乘除算各10题	(同上)	9	9	9	
能手六级	能手1~6级题加减乘除算各20题	计算时间20分钟,带小数乘除算保留小数四位,以下四舍五入	8	10	10	
能手五级	(同上)	(同上)	16	11	11	②《全国珠算技术等级鉴定标准》说明中规定:为减轻各级珠协组织鉴定的工作量,能手级实行一套题鉴定,按完成正确题数确定6个级别
能手四级	(同上)	(同上)	12	12	12	
能手三级	(同上)	(同上)	14	14	14	
能手二级	(同上)	(同上)	16	16	16	
能手一级	(同上)	(同上)	18	18	18	

三、用综合卷核定标准要求情况说明

级别	题型	计算要求	达到本级标准要求对题数量			说明
			加减	乘算	除算	

普通六级	普通四级题加减、乘除算各10题	计算时间20分钟,带小数乘除算保留两位	6	6	6	① 每级合格标准必须达到本级要求题数。其中两项达到本级,其余项低于本级,按最低项目核定。例如:加、减对8题,乘、除算各对9题核定为普通二级
普通五级	(同上)	(同上)	7	7	7	②《全国珠算技术等级鉴定标准》说明中规定:普通6个级别可以采用两套题核定,即用普通一级题鉴定1~3级,用普通四级题鉴定4~6级,均按完成正确题数确定6个级别
普通四级	(同上)	(同上)	8	8	8	
普通三级	普通一级题加减、乘除算各10题	(同上)	6	6	6	
普通二级	(同上)	(同上)	8	8	8	
普通一级	(同上)	(同上)	9	9	9	

四、全国珠算技术等级鉴定标准练习题

普通六级加减算

一	二	三	四	五
87	6 895	976	2 049	4 023
25	37	14	−934	571
401	402	8 053	87	−89
4 593	91	21	−78	3 096
76	17	408	67	−31
138	54	165	9 802	342
52	208	5 692	−51	3 908
9 064	2 163	243	26	−74
209	36	76	342	−2 560
4 321	42	297	−20	52
3 718	978	369	24	67
2 546	3 026	−6 315	51	−54
31	51	5 018	342	41
709	784	6 432	28	892

六	七	八	九	十
183	4 069	1 745	306	804
6 059	81	23	7 824	3 569
47	527	809	−47	−84
32	93	61	6 071	51
97	76	97	482	−613
5 024	8 054	82	−13	6 792
81	12	504	295	−2 075
706	348	2 836	9 568	38
15	6 039	74	−86	403
924	271	9 056	−2 059	147
6 078	95	361	24	36
739	29	42	37	−97
61	8 735	457	−915	−21
5 842	106	3 018	10	9 085

普通六级乘除算

一	104×74=	一	1 800÷72=
二	93×62=	二	9 212÷94=
三	125×78=	三	1 940÷20=
四	85×503=	四	1 224÷51=
五	604×96=	五	1 368÷38=
六	23×407=	六	731÷43=
七	19×34=	七	3 950÷79=
八	16×28=	八	1 080÷60=
九	58×159=	九	2 320÷58=
十	37×26=	十	1 008÷16=

普通五级加减算

一	二	三	四	五
3 069	481	537	8 096	9 157
579	562	864	−659	−512
142	7 039	1 209	431	206
671	614	892	805	−930
2 083	2 097	6 095	927	5 384
895	453	341	−1 082	891
3 806	303	156	213	239
927	9 146	9 428	9 874	−6 478
154	875	708	−347	741
438	914	230	−3 172	3 025
7 065	328	4 981	506	−768
219	5 706	675	351	605
731	3 940	248	−964	−9 042
604	165	3 510	6 258	173
8 952	287	976	409	489

六	七	八	九	十
3 947	703	234	9 025	1 273
628	1 638	1 069	−752	−419
105	954	753	846	706
571	582	7 893	903	980
8 096	3 097	642	281	7 095
432	461	501	−3 068	462
509	6 015	970	−194	−6 037
6 283	248	4 315	237	−582
761	379	286	4 089	831
8 054	894	163	−6 354	−2 358
967	207	518	516	724
312	3 156	5 029	859	280
574	679	834	−781	6 149
206	4 085	697	1 432	653
9 813	123	4 120	670	−194

普通五级乘除算

一	$4\ 206 \times 61 =$	一	$1\ 302 \div 42 =$
二	$0.568 \times 0.315 =$	二	$10\ 404 \div 36 =$
三	$831 \times 63 =$	三	$36\ 557 \div 80.7 =$
四	$317 \times 974 =$	四	$6\ 324 \div 93 =$
五	$94 \times 7.502 =$	五	$6\ 527 \div 61 =$
六	$725 \times 49 =$	六	$14\ 688 \div 408 =$
七	$36 \times 278 =$	七	$2\ 652 \div 52 =$
八	$401 \times 54 =$	八	$24\ 354 \div 27 =$
九	$0.27 \times 0.602 =$	九	$1\ 022 \div 14 =$
十	$59 \times 813 =$	十	$35\ 388 \div 65.9 =$

普通四级加减算

一	二	三	四	五
325	3 675	105	307	971 406
1 876	92 418	384 267	710 695	−8 079
94 703	501	3 809	−21 053	855
8 014	3 267	195	861	−21 534
596	948 073	8 764	−689	4 029
465	802	47 083	3 842	745
309 682	694	692	9 524	−261
741	145	94 351	−4 174	6 312
6 937	1 086	8 276	205	109
258	238	6 501	427	−49 398
501	80 751	153	1 936	687
8 230	5 396	207 948	−63 058	5 234
6 147	4 957	8 437	948 713	306 485
70 329	783	512	5 260	−576
985 164	654 120	906	−974	1 792

六	七	八	九	十
590 726	3 059	973	9 634	706
2 318	641 278	408	205 871	241 869
−429	502	2 615	728	−60 982
641	49 817	453 806	1 069	8 534
−8 756	965	1 729	495	3 405
892	2 684	37 291	74 382	−574
705	7 091	6 584	965	−3 051
−130	650 123	83 052	8 201	127
3 281	749	367	573	407 698
5 064	837	104	6 049	−943
937	28 316	7 036	93 214	4 315
−61 239	5 490	215 948	608 157	473
−40 578	124	209	306	2 081
7 163	960	8 567	1 497	596
208 495	7 538	341	428	−18 267

普通四级乘除算

一	$3.901 \times 0.627 =$	一	$14\ 455 \div 413 =$
二	$54 \times 5\ 429 =$	二	$63.173 \div 35.7 =$
三	$781 \times 3\ 198 =$	三	$76\ 896 \div 96 =$
四	$917 \times 605 =$	四	$265\ 167 \div 621 =$
五	$7\ 805 \times 46 =$	五	$12\ 712 \div 908 =$
六	$0.423 \times 0.735 =$	六	$434\ 313 \div 451 =$
七	$2\ 638 \times 13 =$	七	$16.642 \div 2.3 =$
八	$69 \times 8\ 402 =$	八	$512\ 472 \div 786 =$
九	$4\ 036 \times 18 =$	九	$13\ 662 \div 27 =$
十	$52 \times 7\ 094 =$	十	$19\ 656 \div 504 =$

普通三级加减算

一	二	三	四	五
685	139	21 378	30 724	631 078
7 941	6 725	9 164	604 317	2 594
302 618	908 264	806 291	5 193	−3 264
95 743	20 745	50 734	−327	−408
250 974	81 053	607	276	726
18 662	2 691	159 483	74 085	367 081
357	147 982	76 152	805 467	−90 147
84 129	50 346	8 049	27 951	94 032
31 096	837	730 828	−8 649	813
639 408	742 906	423	−846 501	280 643
8 537	70 518	915	932	51 379
63 714	561	34 508	−20 172	−863 952
5 203	49 053	128 573	237 815	−17 495
486	786 214	63 714	4 609	9 217
590 172	8 904	5 203	−16 538	40 586

六	七	八	九	十
50.61	831.24	87.95	6 421.37	4.01
7 952.84	6 109.73	6 104.25	−934.72	−2.79
7.68	27.04	27.04	9.07	6 083.95
140.29	1.89	1.89	5 482.61	2 674.18
3 572.06	508.61	508.61	90.78	−546.13
81.95	7 153.92	7 153.92	−81.05	71.53
913.72	78.24	78.24	−4.06	927.86
206.45	96.53	96.53	1 607.92	−80.27
110.57	9 180.47	9 180.47	−573.89	15.04
9 674.38	2.36	2.36	90.48	7 938.65
4 085.12	405.68	405.68	−2 318.86	−506.13
29.53	34.92	34.92	19.28	1.02
467.81	123.75	123.75	195.23	369.48
3.09	8 069.47	8 069.47	8.64	−9 842.57
45.89	432.82	432.82	753.12	846.27

普通三级乘除算

一	24 068×978=	一	470 344÷908=
二	0.301×5.82=	二	291 617÷713=
三	5 324×246=	三	397.675÷62.4=
四	0.873×6.09=	四	4 890 180÷596=
五	7.581×127=	五	658 983÷831=
六	0.396×25.34=	六	129.571÷35.2=
七	507×746=	七	1 133 650÷6 478=
八	195×8.051=	八	140 448÷304=
九	462×613=	九	208 861÷21.9=
十	917×40 938=	十	141 605÷705=

普通二级加减算

一	二	三	四	五
12 538	38 024	2 064 598	45 768	9 065 483
4 796	4 197 503	71 382	−1 357	−8 302
9 071 835	2 678	503 794	614 732	72 051
2 064	491 582	8 652	9 057 364	−497 516
84 673	105 367	93 078	−80 249	6 985 172
509 216	53 406	1 647	12 598	4 039
123 678	9 827	426 103	801 926	61 495
6 059	54 391	1 435	−426 085	803 267
2 095 381	876 012	30 921	509 417	−89 734
308 547	769 245	978 256	2 853	−150 623
97 162	1 038	7 013	−93 617	6 578
513 497	234 185	8 462 579	7 948 206	3 201
640 823	6 420 759	304 285	3 175	216 945
7 912	5 174	60 917	−238 901	−41 829
86 405	60 893	1 435	6 095	308 794

六	七	八	九	十
83. 71	710. 62	92 468. 37	74 790. 36	97 531. 03
206. 94	35. 89	504. 18	−76. 94	−390. 58
52 074. 89	4 308. 65	57. 32	439. 75	59. 74
1 365. 94	97. 12	75 120. 84	−3 501. 82	3 926. 45
6 173. 52	482. 37	10. 56	6 872. 09	91. 07
60. 37	50 146. 79	630. 47	15. 43	−47. 26
724. 51	8 062. 53	6 129. 85	5 820. 94	182. 64
8 097. 46	6 453. 91	8 045. 63	2 783. 61	28. 91
51. 23	90. 28	302. 71	−107. 53	−1 964. 32
70 938. 15	5 709. 46	4 273. 01	59. 06	85 072. 13
6 519. 72	39 628. 15	5 346. 19	348. 17	4 603. 57
348. 06	72. 04	42 897. 05	26. 81	7 061. 39
8 159. 37	1 259. 76	10. 86	−601. 58	249. 85
40. 28	104. 38	235. 79	23 095. 47	−6 014. 28
455. 61	792. 44	6 789. 03	6 498. 72	2 464. 44

普通二级乘除算

一	$0.867\ 5 \times 54.12 =$	一	$22.332\ 6 \div 2.36 =$
二	$0.653\ 89 \times 5.93 =$	二	$2\ 139\ 790 \div 614 =$
三	$4\ 102 \times 3\ 876 =$	三	$35\ 874\ 998 \div 527 =$
四	$879 \times 21\ 764 =$	四	$572\ 448 \div 804 =$
五	$9\ 013 \times 5\ 341 =$	五	$2\ 190.466\ 1 \div 350.98 =$
六	$2\ 135.4 \times 0.208 =$	六	$2\ 672\ 539 \div 701 =$
七	$0.237 \times 609.8 =$	七	$0.773\ 767 \div 0.378 =$
八	$9\ 142 \times 721 =$	八	$2\ 062\ 306 \div 2\ 146 =$
九	$506 \times 8\ 345 =$	九	$56\ 052 \div 519 =$
十	$6\ 874 \times 7\ 609 =$	十	$645.287\ 7 \div 73.95 =$

普通一级加减算

一	二	三	四	五
54 178	47 132	90 648	7 862	79 230 654
20 639 784	895 789	563 649	13 140 789	817 946
926 831	2 695	69 752 134	−28 196	−3 875
3 094	14 708 263	5 406	49 205 713	−9 264 618
7 620 851	9 485 701	397 182	−3 057 428	21 503
564 713	2 675	2 874	60 875 231	28 376 054
20 987	948 301	631 095	4 986	1 783
4 908 365	2 379 154	70 241	−619 354	67 045 291
1 642	80 273 546	7 809 563	9 246 075	−509 362
30 187 529	60 158	40 518 328	−1 432 507	−9 658 147
87 391 406	3 047	80 917	13 068	80 479
635 298	35 026 489	154 328	752 134	76 538
334 517	−74 589	29 546 701	−80 691	−473 102
6 908 235	610 732	5 603 297	8 905	6 037 829
17 042	9 251 836	1 843	68 429 371	45 908 231

六	七	八	九	十
38.49	201.43	186 059.37	84 601.52	10 945.67
902 651.87	5 678.91	42 981.53	−75.29	−8 473.05
265.31	27.68	706.42	7 936.48	30.82
9 407.13	50 943.72	62.13	413 075.96	−921.65
60 895.24	469 310.85	8 075.29	159.08	146 238.79
8 314.69	678.51	13 247.85	−1 430.86	5 312.86
52.07	3 492.07	746 820.91	374 218.69	7 509.48
463 780.92	60.94	32.07	−30 962.71	−20 786.31
109.85	15 984.36	591.64	527.03	63.93
51 243.76	780 135.24	34.76	−5 780.14	−396.24
343 026.98	280 054.13	2 081.59	609 814.35	40.51
701.52	7 526.49	580.21	243.17	803 257.19
64.31	708 349.16	63 794.05	29.84	625.97
829 573.16	165.39	239 816.74	70.65	783 104.26
4 098.75	72.08	45 608.97	−23 586.49	−94 751.08

普通一级乘除算

一	81 273×7 098＝	一	8 102 482÷8 251＝
二	7 835×1 903＝	二	51. 909 57÷0. 739＝
三	8 096×42 831＝	三	58 002 774÷90 347＝
四	96. 04×12. 37＝	四	1 901. 408÷28. 6＝
五	3 218×7 649＝	五	26 354 144÷31 768＝
六	53. 71×69. 04＝	六	119. 380 6÷9. 15＝
七	0. 405×582. 1＝	七	1 525 854÷4 026＝
八	62. 49×564. 9＝	八	60 066 544÷632＝
九	60 954×3 456＝	九	3 281 691÷5 041＝
十	7 132×7 265＝	十	54 442. 031÷71. 5＝

能手级加减算(1)

一	二	三	四	五
58 236 147. 09	96 360 452. 71	432 867. 59	37 842 610. 59	28 410. 36
9 064 513. 82	89 013 420. 64	60 148. 35	－360 825. 47	58 674 293. 01
17 052. 98	8 761 420. 95	1 679 084. 72	8 649. 03	－102 634. 87
643 789. 51	7 854. 39	48 216 597. 03	15 790. 32	9 574. 03
7 603. 24	68 201. 57	27 605 941. 38	8 657 124. 03	－2 583 710. 96
350 268. 91	50 729 618. 43	9 356 408. 27	－1 946 308. 75	35 268. 19
47 932 316. 05	86 549. 72	5 732. 41	40 761 825. 93	－459 083. 71
76 924. 13	294 135. 08	958 320. 16	－974 056. 21	7 891. 51
2 591 870. 46	3 097. 18	70 819. 64	67 890 532. 14	86 790 135. 42
8 405. 37	1 095 376. 24	4 123. 86	－9 043 271. 58	－7 946. 25
4 021. 68	4 250 763. 89	8 013 275. 94	2 057. 81	940 352. 68
6 485 230. 79	92 037. 46	31 927 058. 48	529 403. 16	90 831 627. 54
18 357. 42	564 981. 03	706 495. 81	70 382. 64	7 210 309. 85
803 196. 57	2 751 860. 39	30 950. 67	85 917. 42	－3 602 195. 48
28 059 764. 13	4 725. 18	7 689. 05	－2 163. 89	61 947. 23

续表

六	七	八	九	十
902 684	1 294 065	73 596	26 570 491	15 967 463
72 395 146	7 308	5 201 847	8 205	−38 095
8 023 567	65 783	6 103	−690 458	3 851
1 904	92 140 836	94 281 357	3 894 672	−562 417
37 582	519 724	904 168	−87 321	6 930 724
54 018 927	9 043 215	1 358 609	174 602	−4 296
386 592	6 758	274 918	58 931	810 437
4 031	308 672	6 035	−592 013	986 512
7 690 453	37 041	53 790 421	9 203 586	−80 325 147
67 218	58 462 197	84 672	73 321 164	7 369
80 371	82 631 409	1 635 984	90 082 536	2 431 508
21 049 865	469 572	7 205	−45 706	49 062
5 723	7 581 903	41 763	−376 149	−6 917
4 856 219	8 531	36 852 091	1 869	−103 784
697 403	20 467	709 284	49 718 053	7 854 103
6 320 875	36 281 954	1 837	2 695 734	75 926
493 507	7 135 802	460 528	−56 328	81 239
2 817	497 061	3 052 476	7 801	26 847 905
29 046	56 308	86 940 712	−9 140 287	−9 680 058
17 640 358	7 249	19 358	4 629	16 875 304
15 603	43 268	3 492	3 492	492 374

能手级加减算（2）

十一	十二	十三	十四	十五
6 049 713.58	21 974.56	45 763.08	14 082 965.37	13 695 207.48
2 531.86	580 613.92	9 251 804.76	274 803.95	−671 924.53
420 719.63	87 034 156.29	3 210.97	18 695.73	8 205.74
95 302.47	8 473.06	23 684 157.09	7 932.04	−80 625.41
79 364 180.52	3 510 742.98	63 285.14	−6 210 345.79	−80 469.21
3 798 264.05	75 961 428.03	396 040.27	8 456.92	9 632 147.85
652 130.49	15 263.49	81 209 437.56	4 065 879.13	60 391 478.52
8 695.71	672 580.31	7 058.41	49 580.21	−7 853 062.49
54 897 206.13	8 906.14	8 960 741.32	−893 071.46	7 691.03
30 857.24	6 849.75	58 192.63	60 327.58	94 850.36
1 745.03	107 395.62	19 326.81	93 087 214.65	20 946 583.17
206 478.91	9 413 207.85	7 049.31	−5 476 123.89	−50 318.72
4 560 982.37	4 289 031.67	582 460.73	−1 058.26	402 785.61
15 593 208.74	64 381.02	4 708 926.15	946 702.31	−4 815 036.97
59 821.36	60 842 519.73	26 140 573.98	39 571 268.04	239 641.05

续表

六	七	八	九	十
3 407	2 871 539	35 026 794	3 407 985	12 345 078
469 812	6 409	38 601	−240 378	9 641
2 563	1 302	297 514	32 564 089	−427 109
8 197 024	657 498	1 789	−96 517	80 295
36 975 043	26 074 513	4 036 258	5 721	−5 863 429
45 210 897	5 197	53 906	60 473	3 679 084
58 306	84 623 015	4 724 826	−405 328	521 736
674 231	38 741	7 862	698 152	−7 163
9 231 675	9 510 826	981 427	5 826	18 304 275
8 019	307 964	140 935	79 531 604	−91 802 457
12 385 904	48 916 205	92 748	8 049 231	196 802
196 782	30 751	62 145 307	−7 691 845	19 678 034
37 504	482 679	359 028	3 507	−6 503
6 283	3 569 284	6 025 479	1 892 764	−89 042
9 507 146	1 073	1 386	−60 213	15 924
7 890 146	7 932	6 013	−517 092	7 361 598
26 401 958	5 210 846	927 845	1 703	4 027
628 375	79 108	4 078 231	29 563 084	−671 381
10 469	56 931 084	56 109	−38 469	39 805
3 725	724 365	84 573 692	14 725 896	2 457 163

能手级乘除算

一	$0.307\ 6 \times 4.253 =$	一	$446\ 563\ 146 \div 92.738 =$
二	$860\ 219 \times 41\ 328 =$	二	$46\ 123\ 695 \div 6\ 879 =$
三	$1\ 365 \times 80\ 519 =$	三	$3\ 997\ 045\ 558 \div 491\ 702 =$
四	$5\ 190\ 643 \times 1.905\ 7 =$	四	$1\ 689\ 074\ 068 \div 0.205\ 8 =$
五	$45\ 681 \times 637\ 289 =$	五	$1\ 626\ 681\ 310 \div 170\ 495 =$
六	$453\ 026 \times 3\ 407 =$	六	$2\ 669\ 057\ 580 \div 3\ 804 =$
七	$84.315 \times 0.506\ 8 =$	七	$408\ 822\ 026 \div 589.31 =$
八	$980\ 274 \times 8\ 312 =$	八	$618\ 990\ 944 \div 3\ 706 =$

续表

九	6 487×593 027=	九	1 928 950 142÷60 718=
十	0.724 8×0.390 6=	十	8 934 627 947÷371 564=
十一	2.983 7×52.743=	十一	40 021 719÷92 615=
十二	47 902×1 493=	十二	92 308 915÷9 243=
十三	6 053×4 718=	十三	264 866 005÷40.631=
十四	5.217 6×0.513 6=	十四	109 301 784÷85 126=
十五	9 034×49 782=	十五	227 011 361÷0.735 4=
十六	95 841×17 056=	十六	15 938 036÷3 479=
十七	0.729 6×2.416 5=	十七	30 244 313÷8 063=
十八	1 802×6 097=	十八	320 803 979÷0.654 2=
十九	68 237×640 829=	十九	708 925 560÷2 985=
二十	0.510 9×71.698 5=	二十	174 938 036÷3 479=

参考文献

[1]　陈宝定.现代珠算教材[M].上海:立信会计出版社,1997.

[2]　李海波.珠算[M].上海:立信会计出版社,2000.

[3]　李哲,谭建新.珠算技术[M].北京:冶金工业出版社,2000.

[4]　刘彩珍.计算与点钞技能(修订本)[M].成都:西南财经大学出版社,2000.

[5]　谭旭红.珠算实用教程[M].哈尔滨:东北林业大学出版社,1997.

[6]　汪正明.计算技术[M].合肥:中国科学技术大学出版社,1998.

[7]　姚克贤,王宗江.计算技术[M].北京:中国财政经济出版社,1998.

[8]　姚克贤.计算技术[M].北京:中国财政经济出版社,1995.

[9]　岳璞,邵春梅.计算技术[M].徐州:中国矿业大学出版社,2009.

[10]　张崇敏.珠算教程与应试模拟练习[M].北京:首都经济贸易大学出版社,1996.